全国水利水电高职教研会
中国高职教研会水利行业协作委员会 **规划推荐教材**

高职高专土建类专业系列教材

土力学与地基基础

主　编　秦植海
副主编　孙　萍　叶火炎　蒋　红
　　　　史美东　张　茹

中国水利水电出版社
www.waterpub.com.cn

内 容 提 要

本书为高职高专系列教材之一。全书内容共分9章，包括：土的物理性质与工程分类、土的渗透性、土中应力、地基变形计算、土的抗剪强度与地基承载力、土压力与土坡稳定、天然地基上的浅基础设计、桩基础与其他深基础、地基处理。每章正文之前有学习目标，每章正文之后有小结、思考题、习题。

本书参照我国最新修订的《建筑地基基础设计规范》和其他相关新规范、新规程和新标准编写，内容精炼，实用性强，本书除用作高职高专、成人高校的土建类相关专业的课程教材外，也可供土建类专业勘察、设计和施工人员参考。

图书在版编目（CIP）数据

土力学与地基基础/秦植海主编. —北京：中国水利水电出版社，2008（2022.8 重印）

全国水利水电高职教研会、中国高职教研会水利行业协作委员会规划推荐教材. 高职高专土建类专业系列教材

ISBN 978-7-5084-6103-8

Ⅰ. 土… Ⅱ. 秦… Ⅲ. ①土力学—高等学校：技术学校—教材②地基—基础（工程）—高等学校：技术学校—教材 Ⅳ. TU4

中国版本图书馆CIP数据核字（2008）第189409号

书　　名	高职高专土建类专业系列教材 全国水利水电高职教研会 中国高职教研会水利行业协作委员会　规划推荐教材 **土力学与地基基础**
作　　者	主编 秦植海　副主编 孙萍 叶火炎 蒋红 史美东 张茹
出版发行	中国水利水电出版社 （北京市海淀区玉渊潭南路1号D座　100038） 网址：www.waterpub.com.cn E-mail：sales@waterpub.com.cn 电话：（010）68367658（营销中心）
经　　售	北京科水图书销售中心（零售） 电话：（010）88383994、63202643、68545874 全国各地新华书店和相关出版物销售网点
排　　版	中国水利水电出版社微机排版中心
印　　刷	天津嘉恒印务有限公司
规　　格	184mm×260mm　16开本　12.75印张　302千字
版　　次	2008年12月第1版　2022年8月第7次印刷
印　　数	19001—23000册
定　　价	**45.00**元

前言

《土力学与地基基础》为高职高专系列规划教材之一，是根据教育部制定的高职高专土建类课程教学的基本要求，并结合目前教学改革发展的需要，以及在实际工程中专业的最新动态编写的。

本书共分 9 章，包括：土的物理性质与工程分类、土的渗透性、土中应力、地基变形计算、土的抗剪强度与地基承载力、土压力与土坡稳定、天然地基上的浅基础设计、桩基础与其他深基础、地基处理。全书采用《建筑地基基础设计规范》（GB 50007—2002）以及其他相关新规范、新规程和新标准，结合高职高专的特点，强调实用性。在编写过程中注重理论联系实际，以应用为重点。

本书由秦植海任主编，孙萍、叶火炎、蒋红、史美东、张茹任副主编，浙江水利水电专科学校秦植海编写绪论及第 2 章、第 6 章、第 9 章；广西水利电力职业技术学院孙萍编写第 1 章；湖北水利水电职业技术学院叶火炎编写第 4 章；浙江水利水电专科学校史美东编写第 8 章；山西水利职业技术学院张茹编写第 3 章；安徽水利水电职业技术学院蒋红编写第 7 章；湖北水利水电职业技术学院余丹丹编写第 5 章。全书由秦植海统稿。

本书在编写过程中参考了相关单位的资料及已出版的相关教材，还得到了石家庄铁道学院张力霆教授的大力支持，在此一并表示感谢。

由于编者的理论水平和实践经验有限，错误及不妥之处在所难免，恳请读者批评指正。

编　者

2008 年 12 月

目录

前言

绪论 …… 1

0.1 土力学与地基基础的基本概念 …… 1

0.2 土力学与地基基础的重要性 …… 2

0.3 学科的发展历史 …… 3

0.4 本课程的特点和学习要求 …… 4

第1章 土的物理性质与工程分类 …… 7

1.1 土的成因与特性 …… 7

1.2 土的三相组成 …… 11

1.3 土的物理性质指标 …… 15

1.4 土的物理状态指标 …… 20

1.5 土的压实机理 …… 25

1.6 地基岩土工程分类 …… 27

小结 …… 32

思考题 …… 33

习题 …… 33

第2章 土的渗透性 …… 35

2.1 土的渗透规律 …… 35

2.2 渗透力与渗透变形 …… 41

小结 …… 45

思考题 …… 45

习题 …… 46

第3章 土中应力 …… 47

3.1 土的自重应力 …… 47

3.2 基底压力 …… 48

3.3 地基中的附加应力 …… 51

小结 …… 58

思考题 …… 59

习题 …… 59

第4章 地基变形计算 …… 61

4.1 土的压缩性 …… 61
4.2 地基最终沉降量计算 …… 65
4.3 地基沉降与时间的关系 …… 73
小结 …… 77
思考题 …… 78
习题 …… 78
第5章 土的抗剪强度与地基承载力 …… 79
5.1 土的抗剪强度与极限平衡条件 …… 79
5.2 抗剪强度指标的测定 …… 82
5.3 地基承载力的确定 …… 87
小结 …… 91
思考题 …… 91
习题 …… 92
第6章 土压力与土坡稳定 …… 93
6.1 概述 …… 93
6.2 土压力及产生条件 …… 94
6.3 朗肯土压力理论 …… 96
6.4 库仑土压力理论 …… 100
6.5 工程实际中的土压力计算 …… 103
6.6 挡土墙的设计 …… 105
6.7 土坡稳定分析 …… 111
小结 …… 117
思考题 …… 118
习题 …… 118
第7章 天然地基上的浅基础设计 …… 119
7.1 浅基础的类型 …… 119
7.2 基础埋置深度的选择 …… 122
7.3 基础底面尺寸的确定 …… 123
7.4 基础结构设计 …… 128
7.5 减轻不均匀沉降的措施 …… 141
小结 …… 143
思考题 …… 143
习题 …… 144
第8章 桩基础与其他深基础 …… 145
8.1 桩基础的类型 …… 145
8.2 桩的承载力 …… 149
8.3 桩基础设计 …… 154
8.4 其他深基础 …… 172

小结 …… 174
思考题 …… 174
习题 …… 175
第9章 地基处理 …… 176
9.1 概述 …… 176
9.2 软土及其工程特性 …… 176
9.3 机械压实法 …… 177
9.4 换土垫层法 …… 178
9.5 预压法 …… 181
9.6 挤密桩法 …… 185
9.7 强夯法 …… 191
9.8 化学加固法 …… 193
小结 …… 195
思考题 …… 195
习题 …… 195
参考文献 …… 196

绪　论

0.1　土力学与地基基础的基本概念

任何建筑物都支承于地层上，受建筑物荷载影响的那一部分地层称为地基。建筑物的下部通常要埋入地下一定的深度，使之坐落在较好的地层上，建筑物向地基传递荷载的下部结构称为基础。建筑物的地基、基础如图 0.1 所示。

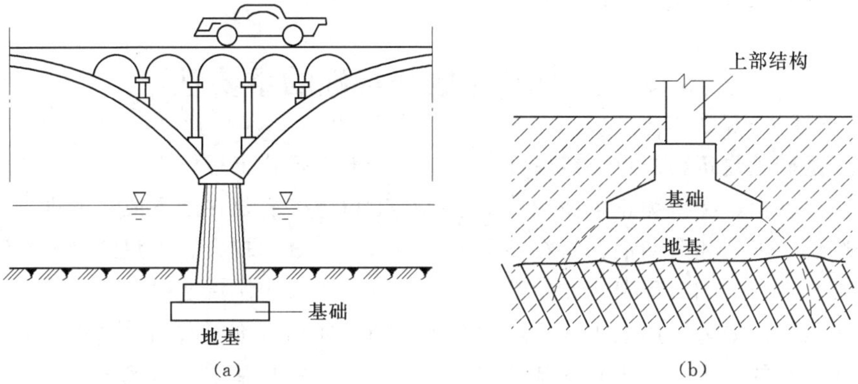

图 0.1　地基与基础

地球表面的大块岩体经自然界风化、搬运、沉积等地质作用形成松散的堆积物或沉淀物，在建筑工程中称为土。土是各种矿物颗粒的集合体。土是自然界的产物，它与其他建筑材料相比，在质地、强度等诸多方面存在着较大差异。特别是某些土在含水量很高的情况下，其压缩性很大、承受荷载的能力很低。

由于土的形成年代、生成环境及矿物成分不同，所以其性质也是复杂多样的。例如，沿海及内陆地区的软土，华北、东北及西北地区的黄土，分布在全国各地区的黏土、膨胀土和杂填土等，都具有不同的性质。因此，进行建筑物设计之前，必须对建筑场地进行勘察，提供岩土工程勘察报告。然后根据上部荷载、桥梁涵洞或房屋使用及构造上的要求，采用一些必要的措施，使基地压力小于地基承载力特征值，地基变形不超过其允许值，并保证建筑物和构筑物是稳定的。

未经人工处理的地基，称为天然地基。如果地基软弱，其承载力及变形不能满足设计要求时，则要对地基进行加固处理，这种地基称为人工地基（例如采用机械压实、强力夯实、换土垫层、排水固结等方法处理过的地基）。

基础根据埋深不同可分为浅基础和深基础。对一般房屋的基础，如土质较好，埋深通常不大（1～5m），可用简便的施工方法开挖基坑和排水，这类基础称为浅基础。如果建筑物荷载较大或地层较软弱时，需要把基础埋置于深处较好的地层，要采用特殊的基础类型或特殊的施工方法，这种基础称为深基础（例如桩基础、沉井、地下连续墙等）。

《土力学与地基基础》这门课程，包括土力学及地基基础两部分。土力学是利用力学的一般原理以土为研究对象，研究土的特性及其受力后，应力、变形、渗透、强度和稳定性及其随时间变化规律的学科。它是力学的一个分支，是为解决建筑物的地基基础、土工建筑物和地下结构物的工程问题服务的。地基基础主要研究常见的房屋、桥梁、涵洞等地基基础的类型、设计计算和施工方法。

建筑物由地基、基础和上部结构三部分组成，虽然各自功能及研究方法不同，但对一个建筑物来说，在荷载作用下，三者是相互联系、相互制约的整体。目前，由于受人们对建筑物的研究程度及计算方法的限制，要把三者完全统一起来进行设计计算还不现实。但在解决地基基础问题时，从地基—基础—上部结构相互作用的整体概念出发，全面考虑问题，乃是建筑物设计的发展方向。

0.2　土力学与地基基础的重要性

地基与基础是建筑物的重要组成部分，又属于地下隐蔽工程，因此，它的质量好坏关系到建筑物的安全、经济和正常使用。由于基础工程施工需要在地下或水下进行，施工难度较大，造价、工期和劳动消耗量在整个工程中占的比重均较大。视建筑物复杂程度和设计施工是否合理，基础工程费用在建筑物的总造价中所占的比重变幅很大，其工期可占总工期的 1/4 以上。如果采用人工地基或深基础，则工期和造价所占的比例将更大。实践证明，建筑物事故的发生，很多与地基基础有关，并且，地基基础一旦发生事故，将不易补救。随着高层建筑物的兴起，深基础工程增多，对地基基础的设计与施工提出了更高的要求。

建于 1941 年的加拿大特朗斯康谷仓（图 0.2），由 65 个圆柱形筒仓组成，高 31m，宽 23m，其下为片筏基础，由于事前不了解基础下埋藏有厚达 16m 的软黏土层，建成后初次贮存谷物时，基底压力超过了地基承载力，致使谷仓一侧突然陷入土中 8.8m，另一

图 0.2　加拿大特朗斯康谷仓的地基事故

侧则抬高 1.5m，仓身倾斜达 27°。这是地基发生整体滑动、建筑物失稳的典型例子。由于该谷仓整体性较强，谷仓完好无损，事后在下面做了 70 多个支承于基岩上的混凝土墩，用 388 个 500kN 的千斤顶，才将仓体扶正，但其标高比原来降低了 4m。

建于 1954 年的上海工业展览馆中央大厅，总重力约 100000kN，平面尺寸为 45m×45m 的两层箱形基础。地基为厚约 14m 的淤泥质软黏土。建成后基础当年下沉 0.6m，1979 年沉降趋于稳定，大厅平均下沉量达 1.6m。墙面由于不均匀沉降而产生了较大裂缝。

又如 1173 年兴建的意大利比萨斜塔，当建至 24m 时发现倾斜，被迫停工。100 年后续建至塔顶（高约 55m）。至今塔身一侧下沉了 1m 多，另一侧下沉了约 3m，倾斜 5.8°。1932 年曾于塔基灌注了 1000t 水泥，效果仍然不明显。在以后的数十年里该塔仍以每年 11mm 的速度下沉，意大利当局被迫于 1990 年关闭斜塔，斜塔因此而成为世界上著名的基础工程问题。在经历了 10 多年的应力解除并辅以配重的矫正工程后，工程专家组于 2001 年 6 月 16 日正式交给比萨市政当局。专家组声称比萨斜塔至少可以再良好地保持 300 年。

以上工程实例说明，在建筑物地基基础设计中就建筑物安全方面必须遵守两条规则：①应满足地基强度要求；②地基变形应在允许范围之内。这就要求工程技术人员熟练掌握土力学与地基基础的基本原理和主要概念，结合建筑场地及建筑物的结构特点，因地制宜地进行设计和必要的验算。

0.3 学科的发展历史

土力学与地基基础既是一门古老的工程技术，又是一门新兴的应用学科。它伴随着生产实践的发展而发展。它的发展也总是与社会各历史阶段的生产和科学水平相适应。

就土力学与地基基础学科而论，它也和其他学科一样，经历过从感性认识到理性认识、形成独立学科和新的发展四个阶段。

土力学学科最早为感性认识阶段，我国劳动人民远在春秋战国时期开始兴建的万里长城以及隋唐时期修通的南北大运河，穿越各种复杂的地质条件，历尽千百年风雨沧桑而不毁，被誉为亘古奇观；宏伟壮丽的宫殿寺院，要依靠精心设计的地基基础，才能逾千百年而流存至今；遍布各地的高塔，正是由于有牢固的基础，才能遇多次强震而无恙。隋朝李春作为石匠在河北省修建的赵州石拱桥，不仅因其建筑和结构设计而闻名于世，其地基基础处理也是非常合理的。他将桥台砌置于密实粗砂层上，1300 多年来估计沉降量仅几厘米，现在通过验算桥台的基底压力约为 500～600kPa，这与用现代土力学理论方法给出的该土层的承载力非常接近。

18 世纪中叶，随着欧洲工业革命的兴起，大规模的城市建设和水利、铁路的兴建，遇到了许多与土有关的力学问题，积累了许多成功的经验，也总结了不少失败的教训，它促使人们对积累的经验作理论上的解释。随之土力学的理论才开始逐渐产生和发展。1773 年，法国库仑（Coulomb）根据实验提出了砂土的抗剪强度公式和挡土墙土压力的滑动楔体理论（统称为库仑理论）；1857 年，英国朗肯（Rankine）又从另一途径建立了土压力理论，这一土压力理论与库仑土压力理论统称为古典土压力理论，对后来土体强度理论的建立起了推动作用；1885 年布辛涅斯克（Boussinesq）求得了弹性半无限空间体表面在集中力作用下的应力、应变理论解答；弗伦纽斯（Follenius）为解决铁路塌方问题提出了土坡稳定分析方法。这些理论和方法至今仍作为土力学的基本理论被广泛应用着。

1925 年美国土力学专家太沙基（Terzaghi）著名的《土力学》专著被公认为是近代土力学的开始。他在总结实践经验和大量试验的基础上提出了很多独特的见解，其中，著名的土的有效应力原理和固结理论是对土力学学科的突出贡献。至此，土力学才成为一门独立学科，以后在工程实践中不断丰富、提高。

20 世纪 50 年代开始，现代科技成就特别是电子技术渗入了土力学与地基基础的研究领域。实验技术实现了自动化、现代化，人们对地层的性质有了更深的了解。土力学理论和基础工程技术出现了令人瞩目的进展。

长期以来，在计算地基变形时，假定土体是弹性体；在进行挡土墙土压力计算和边坡稳定分析时，又将土看作理想的刚性体。而实际土体的应力应变关系是非线弹性的，因此确切地讲，土力学的理论对于那些高重建筑物的设计，其相符性和精度是远远不能满足要求的。借助电子技术及试验技术，许多学者已开展了土的弹塑性应力应变关系的研究，提出了各种本构关系的模型，有些已用于工程计算和分析。我国不少学者对土力学理论的发展也作出了可贵的贡献。如陈宗基教授 1957 年提出的土流变学和黏土结构模式，已被电子显微镜观测证实；黄文熙教授 1957 年提出非均质地基考虑侧向变形影响的沉降计算方法和砂土液化理论。我国成功地建造了一大批高层建筑，解决了大量复杂基础工程问题，为土力学与地基基础理论和实践积累了丰富的经验。

时至今日，土建、水利、桥隧、道路、港口、海洋等有关工程中，以岩土体的利用、改造与整治问题为研究对象的科技领域，因其区别于结构工程的特殊性和各专业岩土问题的共同性，已融合为一个自成体系的新专业——“岩土工程”（Geotechnical Engineering）。它的工作方法就是：调查勘察、试验测定、分析计算、方案论证、监测控制、反演分析、修改方案；它的研究方法是以三种相辅相成的基本手段，即数学模拟（建立岩土力学模型进行数值分析）、物理模拟（定性的模型试验、以离心机中的模型进行定量测试和其他物理模拟试验）和原体观测（对工程实体或建筑物的性状进行短期或长期观测）综合而成的。我国的地基基础科学技术，已经遵循现代岩土工程的工作方法和研究方法取得了较大的成就，并将为我国的现代化建设作出更大的贡献。

当然，由于土的性质的复杂性，到目前为止，土力学与地基基础的理论虽已有了很大发展，但与其他成熟学科相比较，尚不完善，在假定条件下得出的理论，应用于实践时多带有近似性，有待于人们不断实践、研究，以获得更加令人满意的突破。

0.4　本课程的特点和学习要求

如前所述，土力学是以土为研究对象的。土不同于一般固体材料，它是由固体颗粒、土中水和气体组成，土颗粒构成土的骨架，土中孔隙由气体和液体填充，所以，我们称土体为三相体系。土体的强度一般比土粒强度小得多，这就决定了土的松散性。其成因类型和空间分布情况构成土的多样性。与连续介质比较，土体更具复杂性，而且受外界环境影响较大，诸如在温度、湿度、压力、水流、振动等环境影响下，其性质会有显著变化。现有的土力学理论还很难准确地模拟天然土层在荷载作用下所显现出来的力学性质，所以，土力学虽是指导人们进行地基基础设计的重要理论依据，但还应通过实验、实测并根据实践经验进行综合分析，才能获得比较满意的结果。只有通过这种理论与实践的反复比较，才能逐步提高对理论的认识，从而不断增强解决地基基础问题的能力。

土力学与地基基础是一门理论性与实践性均较强的技术基础课，它是联系基础课和专业课的桥梁。在学习该课程之前应该具备物理、化学、理论力学、材料力学、结构力学、建筑材料、弹性理论、工程地质、水力学、钢筋混凝土及砖石结构等课程的基本知识。

本课程内容广泛、综合性强、学习时应抓住重点，兼顾全面。从专业要求出发，必须牢固掌握土的应力、变形、强度和地基计算等土力学的基本概念和原理，从而应用这些概念和原理并结合建筑结构设计和施工知识，分析和计算地基基础问题。

本课程内容的广泛性还体现在土力学学科应用的广泛上，土木建筑、道路桥梁、交通运输、冶金、能源、国防等，凡是有关土木工程的行业，建筑物都需建在地基上，从事这些行业的设计和施工人员都需具备坚实的土力学基础知识。

土力学的研究方法同其他科学一样，具有共同性，但是也有自己的特殊性，表现在以下几个方面。

（1）对于土的有关知识从感性阶段过渡到理性阶段，人们往往把实际复杂的土加以简化。在相应所研究的问题中，忽略土的繁杂而又次要的现象，抓住其突出而主要的性能，并且对这种主要性能又给以一定的假设，使其符合于当时解决该问题所达到的科学水平。这样，原来的土就被某种比较简单的理想的模型所代替。譬如，在研究土体中应力分布时，布辛奈斯克只抓住土体可压缩这个主要性能，并且把实际的松散体看成是一种理想的半无限连续弹性体，把应力分布和传播方式按光线辐射原理来处理。这个理论目前仍广泛应用于土力学中。应当指出，任何简化模型的假设都必须以比较丰富而且正确的经验和感性知识为依据，必须对土的自然性质具有比较清楚的概念。可是，到目前为止，土力学还非常年轻，对于同一问题的研究，常常出现不同的模型假设和相应的各种理论方法，它们的解答结果往往相差很大。只有在生产和科学研究水平不断提高的过程中，上述矛盾才能逐步得到解决，使土力学的理论日益接近土的客观实际。目前应用这些理论时，必须注意其应用场合和条件，结合一定的模型试验和工程经验加以比较分析。对待土力学的发展过程应当采用现实的态度，一方面承认原有理论的不足和存在尚待改进之处，另一方面也承认它们在当前条件下对生产实践的应用价值。

（2）土力学理论通常使用一些土的物理、力学性质指标和参数。这些指标和参数的准确性对于理论解答的影响往往大于理论本身的精确性。因此，必须对这些指标和参数的概念有正确的理解。使所采用的试验方法和仪器都符合于这些概念的要求。同时，还要弄清这些指标和参数被视为常数时所需的条件和范围，超出这个范围，就应当按因果关系考虑它们的变化。

（3）土力学中的公式和方法，绝大部分都是半理论半经验性的混合产物，纯理论和纯经验的方法是不多的。而我国土地辽阔，幅员广大，由于自然地理环境的不同，分布着多种不同的土类，如软弱土、湿陷性黄土、膨胀土、多年冻土和红黏土等。天然地层的性质和分布，不但因地而异，即使在较小的范围内，也可能有很大的变化，因此不能像其他建筑材料一样，有统一的规格可供查阅。每一建筑场地都必须进行地基勘察，采取原状试样进行土工测试，以其试验结果作为地基基础设计的依据。在学习本课程时，要紧紧抓住其研究对象复杂多变的特点，合理选用勘察设备、勘察方法和室内、原位测试方法，正确选用有关指标和参数，既重视所运用的基础理论，更要重视土的实践，做到理论和实践相结合。

第1章　土的物理性质与工程分类

学习目标：了解土的生成与组成的基本概念；熟练掌握并计算土的物理性质与物理状态指标；掌握土的压实机理；掌握土的工程分类。

1.1　土的成因与特性

土是岩石经风化、搬运、沉积所形成的产物。不同的土其矿物成分和颗粒大小存在着很大差异，颗粒、水和气体的相对比例也各不相同。

土体的物理性质，如轻重、软硬、干湿、松密等在一定程度上决定了土的力学性质，它是土的最基本的特征。土的物理性质由三相物质的性质、相对含量以及土的结构构造等因素决定。在工程设计中，必须掌握这些物理性质的测定方法和指标间存在的换算关系，熟练按有关特征及指标对地基土进行工程分类及初步判定土体的工程性质。

1.1.1　土的生成

构成天然地基的物质是地壳外表的土和岩石。地壳厚度一般为30～80km，地壳以下存在着高温、高压的复杂的硅酸盐熔融体，即人们所说的岩浆。岩浆活动可使岩浆沿着地壳薄弱地带侵入地壳或喷出地表，岩浆冷凝后生成的岩石称为岩浆岩。在地壳运动和岩浆活动的过程中，原来生成的各种岩石在高温、高压及挥发性物质的作用下，生成另外一种新的岩石，称为变质岩。地壳表层的岩石长期受自然界的空气、水、温度、周围环境以及各种生物的共同作用，发生风化，使大块岩体不断地破碎与分解，产生新的产物——碎屑。这些风化产物在山洪、河流、海浪、冰川或风力作用下，被剥蚀、搬运到大陆低洼处或海洋底部沉积下来。在漫长的地质年代中，沉积物越来越厚，在上覆压力和胶结物质的共同作用下，最初沉积下来的松散碎屑逐渐被压密、脱水、胶结、硬化（钙化）生成的岩石，称为沉积岩。而上述过程中，未经成岩过程而形成的松散沉积物，即是土。

土是由地球外壳坚硬整体的岩石，经风化、剥蚀、搬运、沉积，形成固体矿物、液体水和气体的一种集合体。常被称为第四纪松散沉积层，厚度仅数米至数百米。

不同的风化作用形成不同性质的土，风化作用有下列三种。

1. 物理风化

岩石经受风、霜、雨、雷的侵蚀，温度、湿度的变化，不均匀膨胀与收缩，使岩石产生裂隙，塌解为碎块。这种风化作用，只改变颗粒的大小与形状，不改变原来的矿构成分，称为物理风化。

由物理风化生成的土为巨粒土，如块石与碎石和粗粒土呈松散状态，又如砾石与砂土等，这种土呈松散状态，总称无黏性土。

2. 化学风化

当岩石的碎屑，与水、氧气和二氧化碳等物质相接触，使这些岩石碎屑逐渐发生化学变化，改变了原来组成矿物的成分，产生一种新的成分——次生矿物。这类风化称为化学风化。

经化学风化生成的土为细粒土，具有黏结力，如黏土与粉质黏土，总称为黏性土。

3. 生物风化

由动物、植物和人类活动对岩体的破坏称生物风化，例如：长在岩石缝隙中的树，因树根伸展使岩石缝隙扩展开裂，以及人们开采矿山、石材，修铁路打隧道，劈山修公路等活动形成的土，其矿物成分没有变化。

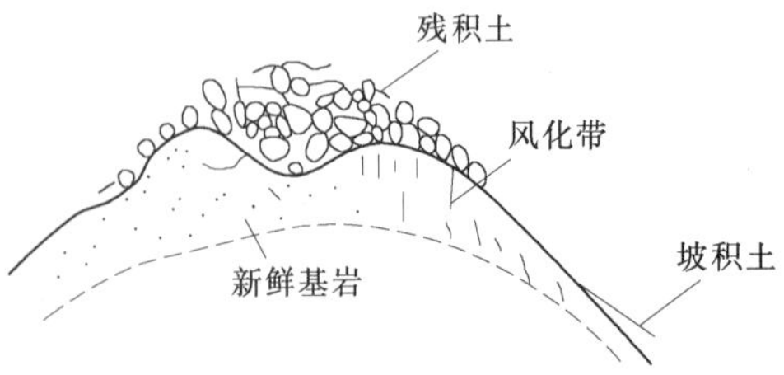

图 1.1　残积土示意图

土由于不同的成因而具有各异的工程地质特征，下面简单介绍几种主要类型。

1. 残积土

残积土是残留在原地未被搬运的那一部分原岩风化剥蚀后的产物（图 1.1）。

未被搬运的颗粒棱角分明。残积土与基岩之间没有明显的界限，一般分布规律为，上部为残积土、中部为风化带、下部为新鲜岩石。残积土中残留碎屑的矿物成分在很大程度上和下卧岩层一致，根据这个道理也可推测下卧岩层的种类。由于残积土没有层理构造，土的物理性质相差较大，且有较大的孔隙，作为建筑地基容易引起不均匀沉降。

2. 坡积土

坡积土是降水水流的作用力将高处岩石风化产物缓慢冲刷、剥蚀，顺着斜坡向下逐渐移动，沉积至较平缓的山坡上而形成的沉积物。它分布于坡腰至坡脚，上部与残积土相接，基岩的倾斜程度决定了坡积土的倾斜度（图 1.2）。坡积土随斜坡自上而下呈现由粗而细的分选现象，矿物成分与下卧基岩无直接关系，这一点与残积土不同。

坡积土由于在山坡形成，故常发生沿下卧基岩斜面滑动的现象。组成坡积土的颗粒粗细混杂，土质不均匀，厚度变化大，土质疏松，压缩性较大。

3. 洪积土

降水造成的暂时性山洪急流，具有很大的剥蚀和搬运能力。它可以挟带地表大量碎屑堆积在山谷冲沟出口或山前平原而形成洪积土。山洪流出山谷后，因过水断面增大，流速骤减，被搬运的粗颗粒大量堆积下来，离山越远，颗粒越细，分布范围也越大（图 1.3）。

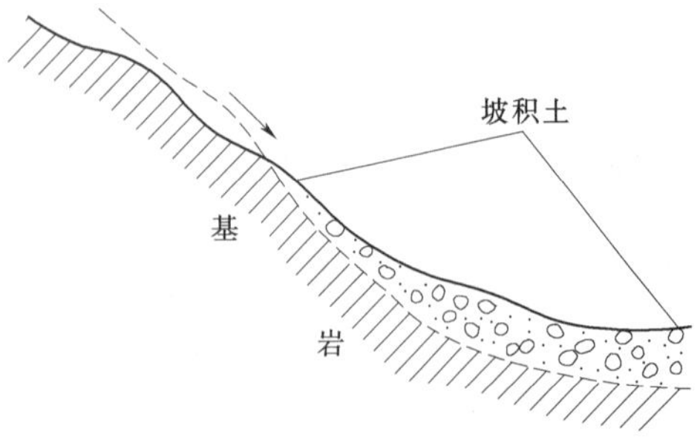

图 1.2　坡积土示意图

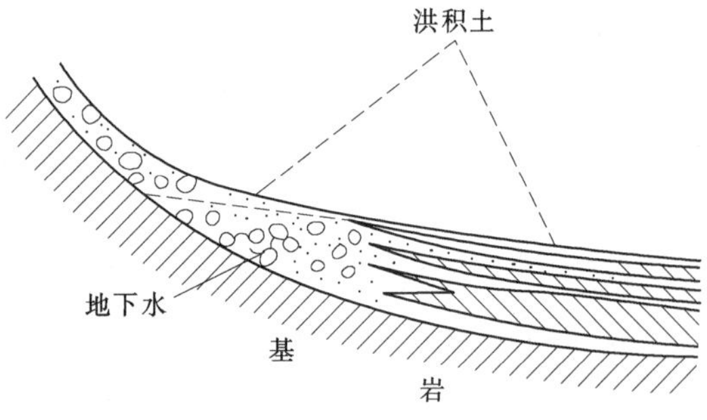

图 1.3　洪积土示意图

洪积土的颗粒虽因搬运过程中的分选作用而呈现由粗到细的变化，但由于搬运距离短，颗粒棱角仍较明显。由于靠近山地的洪积土颗粒较粗，承载力一般较高，属于良好的天然地基；离山较远的地段所形成的洪积土颗粒较细，成分均匀，厚度较大，这部分土分为两种情况，一种因受到周期性干旱的影响，土质较为密实，是良好的天然地基；另一种由于场地环境影响，地下水溢出地表，造成沼泽地带，因此承载力较低。

4. 冲积土

冲积土是流水的作用力将河岸基岩及上部覆盖的坡积土、洪积土剥蚀后搬运、沉积在河道坡度较平缓的地带形成的。随着水流的急、缓、消失重复出现，冲积土呈现出明显的层理构造。由于搬运过程长，搬运作用显著，棱角颗粒经碰撞、滚磨逐渐形成亚圆形或圆形的颗粒。搬运距离越长，沉积的颗粒越细。

5. 其他沉积土

除上述几种沉积土之外，还有海洋沉积土、湖泊沉积土、冰川沉积土、海陆交互相沉积土和风积土。它们分别由海洋、湖泊、冰川及风的地质作用而形成。下面仅介绍湖泊沉积土。

湖泊沉积土主要由湖浪冲击湖岸，破坏岸壁形成的碎屑组成。近岸带沉积的主要为粗颗粒，远岸带沉积的是细颗粒。近岸带有较高的承载能力，远岸带则差些。湖心沉积物是由河流和湖流夹带的细小颗粒到达湖心后沉积形成的，主要是黏土和淤泥，常夹有细砂、粉砂薄层，称为带状土。这种土压缩性高，强度低。

土与其他连续介质的建筑材料相比，具有下列 3 个显著的工程特性。

1. 压缩性高

反映材料压缩性高低的指标弹性模量 E（土体称变形模量），随着材料性质不同而有极大的差别，例如：当应力数值相同，材料厚度一样时，卵石的压缩性为钢筋压缩性的 4200 倍；饱和细砂的压缩性比 C20 混凝土的压缩性高 1600 倍，足以证明土的压缩性极高。软塑或流塑状态的黏性土往往比饱和细砂的压缩性还要高。

2. 强度低

土的强度特指抗剪强度，而非抗压强度或抗拉强度。

无黏性土的强度来源于土粒表面粗糙不平产生的摩擦力；黏性土的强度除摩擦力外，还有黏聚力。无论摩擦力和黏聚力，均远远小于建筑材料本身的强度，因此，土的强度比其他建筑材料（如钢材、混凝土等）都低得多。

3. 透水性大

材料的透水性可以用实验来说明：将一小杯水倒在桌面上可以保留很长时间，说明木材透水性小。如将水倒在混凝土地板上，也可保留一段时间。若将水倒在室外土地上，则发现水即刻不见，这是由于土体中固体矿物颗粒之间具有无数的孔隙，这些孔隙是透水的。因此土的透水性比木材、混凝土都大，尤其是粗颗粒的卵石或砂土，其透水性极大。

上述土的 3 个工程特性（压缩性高、强度低、透水性大）与建筑工程设计和施工关系密切，需高度重视。

1.1.2 土的结构

土的结构是指土颗粒之间的相互排列和联结形式等综合特征。

土的结构一般分为下列 3 种。

1. 单粒结构

单粒结构是无黏性土的基本组成形式，由较粗颗粒土（如卵石和砂土等）在自重作用下沉积而成。在沉积过程中，每个颗粒单独下沉并达到稳定状态，颗粒间没有连接力，如图 1.4（a）所示。

2. 蜂窝结构

当土颗粒较细（粒径在 0.005～0.05mm 范围）时，在水中单个下沉，碰到已沉积的土粒，因土粒之间的分子引力大于土粒自重，则下沉的土粒被吸引不再下沉。依次一粒粒被吸引，形成具有很大孔隙的蜂窝状结构，如图 1.4（b）所示。

3. 絮状结构

当粒径极细的黏土颗粒（粒径小于 0.005mm）在水中长期悬浮，这种土粒在水中运动，相互碰撞而吸引逐渐形成小链环状的土团粒，质量增大而下沉，当一个小链环碰到另一个小链环时相互吸引，不断扩大形成大链环状，称为絮状结构。此种絮状结构在海积黏土中常见，如图 1.4（c）所示。

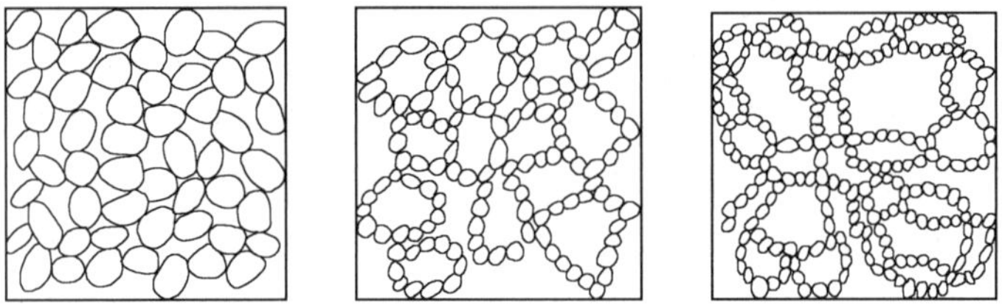

(a)　　(b)　　(c)

图 1.4　土的结构

以上 3 种结构中，以密实的单粒结构工程性质最好；蜂窝结构与絮状结构如被扰动破坏天然结构，则强度低、压缩性高，不可用作天然地基。

1.1.3　土层构造

土的构造是指同一土层中土颗粒之间相互关系的特征。

土的构造常见的有下列几种。

1. 层状构造

土层由不同的颜色或不同的粒径的土组成层理，一层一层互相平行。平原地区的层理通常呈水平方向。这种层状构造反映不同年代不同搬运条件形成的土层，为细粒土的一个重要特征。

2. 分散构造

土层中土粒分布均匀，性质相近，如砂与卵石层为分散构造。

3. 结核状构造

在细粒土中混有粗颗粒或各种结核，如含姜石的粉质黏土、含砾石的冰碛黏土等，均属结构状构造。

4. 裂隙状构造

土体中有很多不连续的小裂隙，某些硬塑或坚硬状态的黏土为此种构造。

通常分散构造的工程性质最好；结核状构造工程性质好坏取决于细粒土部分；裂隙状构造中，因裂隙强度低、渗透性大，工程性质差。

1.2 土的三相组成

土的三相组成是指土由固体矿物、液体水和气体三部分组成。土中的固体矿物构成土的骨架，骨架之间贯穿着大量孔隙，孔隙中充填着液体水和空气。

随着环境的变化，土的三相比例也发生相应的变化。例如，天气的晴雨、季节的变化、温度的高低、地下水的升降，以及建筑物荷重作用等，都会引起土的三相之间的比例产生变化。土体三相比例不同，土的状态和工程性质也随之各异，例如：

固体＋气体（液体＝0）为干土。此时黏土呈坚硬状态，砂土呈松散状态。

固体＋液体＋气体为湿土。此时黏土多为可塑状态。

固体＋液体（气体＝0）为饱和土。此时粉细砂或粉土遇强烈地震，可能产生液化，而使工程遭受破坏；黏土地基受建筑荷载作用发生沉降需很长时间才能稳定。

由此可见，研究土的各项工程性质，首先需从最基本的、组成土的三相（即固相、液相和气相）开始研究。

1.2.1 土的固相

土的固体颗粒是土的三相组成中的主体，是决定土的工程性质的主要成分。

1. 土粒的矿物成分

土粒的矿物成分取决于母岩的矿物成分及风化作用，可分为原生矿物和次生矿物。原生矿物是由岩石经物理风化而成，其成分与母岩相同，常见的有石英、长石、云母、角闪石与辉石等。一般较粗颗粒的砾石、砂等都是由原生矿物组成。这种矿物成分的性质稳定，由其组成的土表现出无黏性，透水性大，压缩性低。含多种矿物，如巨粒土的漂石、卵石和粗粒土的砾石，往往为多矿物颗粒。

次生矿物是母岩岩屑经化学风化，改变原来的成分而成的一种新矿物，其成分与母岩完全不同，主要是黏土矿物。黏土矿物的粒径 $d<0.005$mm，常见的黏土矿物有蒙脱石、伊利石、高岭石等。次生矿物性质不稳定，具有较强的亲水性，遇水易膨胀。

如果土的固体颗粒中腐殖质含量多，会使土的压缩性增大。对有机质含量超过 3%～5%的土应予注明，不宜作为填筑材料。

2. 土的颗粒级配

自然界中土颗粒的大小相差悬殊。例如，巨粒土漂石，粒径 $d>200$mm，细粒土黏粒粒径 $d<0.005$mm，两者粒径相差超过 4 万倍。颗粒大小不同的土，它们的工程性质也各异。为便于研究，把土的粒径按性质相近的原则划分为 6 个粒组，见表 1.1。

每个粒组之内土的工程性质相似。通常粗粒土的压缩性低、强度高、渗透性大。自然界里的天然土，很少是一个粒组的土，往往由多个粒组混合而成，土的颗粒有粗有细。为了表示土粒的大小及组成情况，工程上常用土中各粒组的相对含量，即各粒组占土粒总质量的百分数来表示，称为土的颗粒级配。这是决定无黏性土工程性质的主要因素，以此作为土的分类定名的标准。

确定各粒组相对含量的方法称为颗粒分析试验。工程中常用两种试验方法，互相配合使用。

表 1.1　　土粒的粒组划分

粒组名称		粒径范围（mm）
漂石或块石颗粒		＞200
卵石或碎石颗粒		20～200
圆砾或角砾颗粒	粗	10～20
	中	5～10
	细	2～5
砂粒	粗	0.5～2
	中	0.25～0.5
	细	0.1～0.25
	极细	0.075～0.1
粉粒	粗	0.01～0.075
	细	0.005～0.01
黏粒		＜0.005

注　1. 漂石、卵石和圆砾颗粒均呈一定的磨圆形状（圆形或亚圆形），块石、碎石和角砾颗粒都带有棱角。
2. 黏粒或称黏土粒，粉粒或称粉土粒。
3. 黏粒的粒径上限也有采用 0.002mm 的。

（1）筛析法：适用于土粒直径 d＞0.075mm 的土。筛析法的主要设备为一套标准分析筛，筛子孔径分别为 20mm，10mm，5mm，2.0mm，1.0mm，0.5mm，0.25mm，0.1mm，0.075mm，如图 1.5 所示。将干土样倒入标准筛中，盖严上盖，置于筛析机上震筛 10～15 分钟。按自上而下顺序称各级筛上及底盘内试样的质量。少量试验可用人工筛。

（2）密度计法：适用于土粒直径 d＜0.075mm 的土。密度计法的主要仪器为土壤密度计和容积为 1000mL 的量筒。根据土粒直径大小不同，在水中沉降的速度也不同的特性，将密度计放入悬液中，测记 1min、2min、5min、15min、30min、60min、240min 和 1440min 的密度计读数，计算而得。

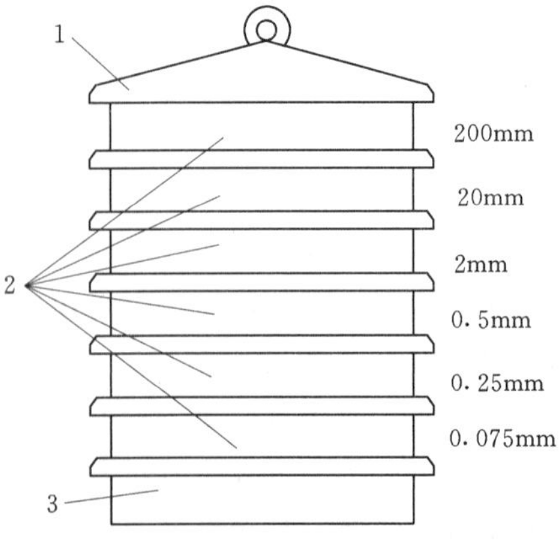

图 1.5　标准筛
1—筛盒；2—筛盘；3—底盘

根据颗粒分析试验结果，在半对数坐标纸上绘制土的颗粒级配曲线，如图 1.6 所示。纵坐标表示小于某粒径的土占总质量的百分数；横坐标表示土的粒径，用对数尺度。由曲线的陡缓大致可判断土的均匀程度。若曲线较陡，则表示土粒均匀；若曲线平缓，则表示土粒不均匀。

在工程中，采用定量分析的方法判断土的级

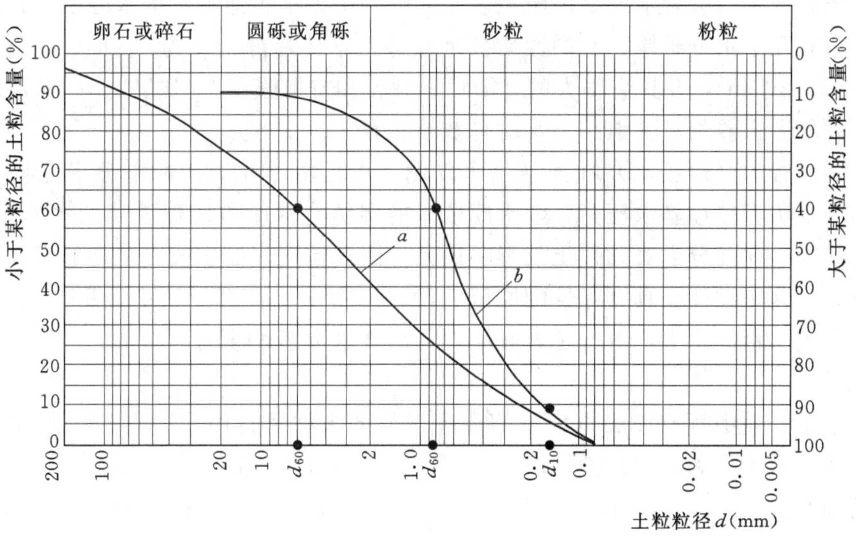

图 1.6 颗粒级配曲线

配，常以不均匀系数 C_u 表示土的不均匀程度，即

$$C_u = \frac{d_{60}}{d_{10}} \tag{1.1}$$

式中 d_{60}——小于某粒径颗粒含量占总土质量的 60%时的粒径，该粒径称为限定粒径；

d_{10}——小于某粒径颗粒含量占总土质量的 10%时的粒径，该粒径称为有效粒径。

不均匀系数 C_u 反映土颗粒组成的分布情况。当 C_u 很小时曲线较陡，表示土粒均匀，级配不良；当 C_u 很大时曲线平缓，土粒越不均匀，表示土的级配良好。工程中将 $C_u<5$ 的土称为级配不良的土，$C_u>10$ 的土称为级配良好的土。

1.2.2 土的液相

土中水即土的液相。在天然情况下，土中常有一定数量的水，其含量和性质明显影响土的性质（尤其是黏性土）。土中水除了一部分以结晶水的形式存在于固体颗粒的晶格内部外，建筑工程中所讨论的水，主要是以液态形式存在着的结合水和自由水，如图 1.7 所示。

1. 结合水

土的孔隙中有水，水分子为极性分子。土粒表面一般带负电荷，在土粒周围形成电场，吸引水分子，使其定向排列，形成结合水膜。根据受电场作用力的大小及离颗粒表面的远近，结合水又可以分为强结合水和弱结合水两种。

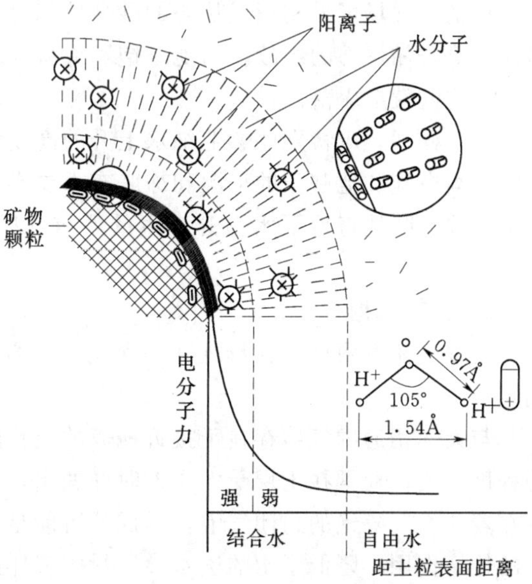

图 1.7 土中水示意图

(1) 强结合水（吸着水）是由土粒表面的电分子力牢固地吸引的水分子，紧靠土粒表面，厚度只有几个水分子厚，它的性质接近固体，不传递静水压力，100℃不蒸发，密度约为 1.2～2.4g/cm³，并具有很大的黏滞性、弹性和抗剪强度。当黏性土只含强结合水时呈固体坚硬状态；砂土只含强结合水时呈散粒状态。

(2) 弱结合水（薄膜水）在强结合水外侧，也是由土粒表面的电分子力吸引的水分子。弱结合水仍不传递静水压力，但水膜较厚的弱结合水能向邻近较薄的水膜缓慢移动，呈黏滞体状态。此部分水对黏性土的影响最大，因黏粒比表面积较大，含薄膜水较多，其可塑性较大，这是黏性土具有黏性的原因。砂粒则由于比表面积较小，几乎不具可塑性。随着与土粒表面距离增大，电分子力减小，弱结合水逐渐过渡为自由水。

2. 自由水

存在于土孔隙中颗粒表面电场影响范围以外的水称为自由水。它的性质和普通水一样，能传递静水压力和溶解盐类，冰点为0℃ 。自由水按其移动所受作用力的不同分为重力水和毛细水。

(1) 重力水。重力水位于地下水位以下，受重力作用由高处向低处流动，具有浮力的作用。重力水是在土孔隙中受重力作用能自由流动的水，具有一般液态水的共性，存在于地下水位以下的透水层中。重力水在土的孔隙中流动时，能产生动水压力，带走土中细颗粒，而且还能溶解土中的盐类。这两种作用会使土的孔隙增大，压缩性提高，抗剪强度降低。地下水位以下的土粒受水的浮力作用，使土的应力状态发生变化。在水头作用下重力水会产生动水压力，对开挖基坑、排水等方面均产生较大影响。

(2) 毛细水。毛细水是受到水与空气界面处表面张力作用的自由水。毛细水存在于地下水位以上的透水层中，受毛细作用而上升，粉土中孔隙小，毛细水上升高。土孔隙中局部存在的毛细水中，毛细水的弯液面和土粒接触处的表面引力反作用于土粒上，使土粒之间由于这种毛细压力而挤紧，土呈现出黏聚现象，这种力称为毛细黏聚力，也称假黏聚力。在施工现场可见到稍湿状态的砂性地基可开挖成一定深度的直立坑壁，就是因为砂粒间存在着假黏聚力的缘故。当地基饱和或特别干燥时，不存在水与空气的界面，假黏聚力消失，坑壁就会塌落。

在工程中，应特别注意毛细水上升的高度和速度，因为毛细水的上升对建筑物地下部分的防潮措施和地基土的浸湿和冻胀有重要影响。在寒冷地区要注意冻胀，尤其要注意毛细水源源不断地将地下水上升产生的严重冻胀。地下室受毛细水的影响，要采取防潮的措施。

1.2.3 土的气相

土中气体有两种存在形式：一种与大气相通；另一种在土的孔隙中封闭着，与大气隔绝。

与大气相通的气体存在于接近地表的土孔隙中，其含量与孔隙体积大小及孔隙被填充的程度有关，通常在土层受力压缩时即逸出，它对土的工程性质影响不大。在细粒土中常存在着与大气隔绝的封闭气泡，其成分可能是空气、水汽或天然气等，它不易逸出，因气泡的栓塞作用，降低了土的透水性。封闭气体的存在，增大了土的弹性和压缩性，对土的性质有较大的影响。

1.3 土的物理性质指标

组成土的三相成分及各自的性质对土的性质有显著影响。三相成分的体积和质量间的比例关系也决定着土的物理、力学性质。土的各组成部分质量和体积之间的比例关系，用土的物理性质指标表示。它们对评价土的工程性质有重要的意义。

1.3.1 土的三相图

土中三相之间相互比例不同，土的工程性质也不同。现在需要定量研究三相之间的比例关系，即土的物理性质指标的物理意义和数值大小。

为了阐述和标记方便，把自然界中土的三相混合分布的情况分别集中起来：固相集中于下部，液相居中部，气相集中于上部，并按适当的比例画一个草图，图左边标出各相的质量，图右边标明各相的体积，如图 1.8 所示。

1.3.2 土的物理性质指标

1.3.2.1 由试验直接测定的指标

1. 土的密度 ρ 和土的重力密度 γ

天然状态下单位体积内湿土的质量称为土的湿密度 ρ，简称天然密度或密度，其表达式为

$$\rho = \frac{m}{V} \quad (t/m^3 \text{ 或 } g/cm^3) \tag{1.2}$$

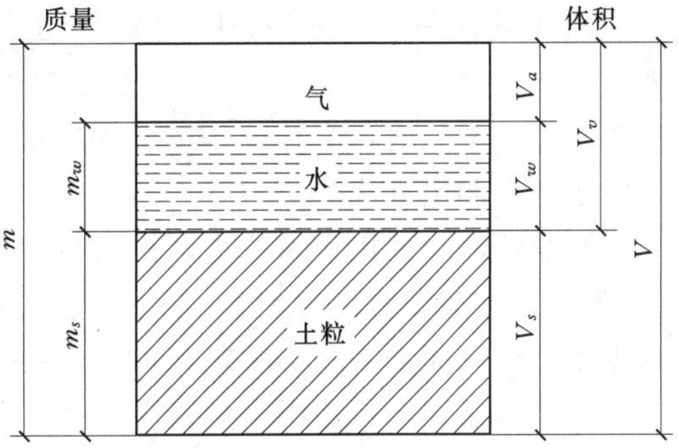

图 1.8 土的三相图

m—土的总质量；m_s—土料质量；m_w—土中水质量；V—土的总体积；V_s—土粒体积；V_w—土中水体积；V_a—土中气体体积；V_v—土中孔隙体积

γ 为单位体积土受到的重力，称为土的重力密度，简称重度，其值等于土的湿密度乘以重力加速度 g，工程上可取 $g=10m/s^2$，即 $\gamma=\rho g$（kN/m³）。

天然状态下，土的密度和重度的变化范围较大，一般 $\rho=1.6\sim2.2$（t/m³），$\gamma=16\sim22$（kN/m³）。

土的密度的测定方法常用环刀法，现场测定可用灌水法。

（1）环刀法：主要适用于黏性土、粉土与砂土。用不锈钢环刀切土样，用天平称其质量而得。

（2）灌水法：主要适用于卵石、砾石与原状砂土。现场挖试坑，将挖出的试样装入容器，称其质量，再用塑料薄膜摊平铺于试坑内，注水入薄膜袋直至袋内水面与坑口齐平，注入的水量即为试坑的体积。

2. 土粒比重 d_s

土中固体矿物的质量与同体积 4℃时的纯水质量的比值，称为土粒比重 d_s，其表达式为

$$d_s = \frac{m_s}{V_s \rho_w} \tag{1.3}$$

式中 ρ_w——水的密度，可取 1t/m³。

土粒的比重取决于土的矿物成分和有机质含量，一般：

砂　土　$d_s=2.65\sim2.69$；

粉　土　$d_s=2.70\sim2.71$；

黏性土　$d_s=2.72\sim2.75$。

土的比重的测定方法用比重瓶法。通常用容积为 100mL 玻璃制的比重瓶，将烘干试样 15g 装入比重瓶，用 1/1000 精度的天平称瓶加干土质量。注入半瓶纯水后煮沸 1 小时左右以排除土中气体，冷却后将纯水注满比重瓶，再称总质量，测瓶内水温计算而得。

3. 土的含水量 w

土的含水量表示土中含水的数量，为土体中水的质量与固体颗粒质量的比值，用百分数表示。其表达式为

$$w=\frac{m_w}{m_s}\times100\% \tag{1.4}$$

含水量是标志土的湿度的一个重要指标。天然土层含水量变化范围较大，它与土的种类和自然环境有关。一般情况下，同一种土的含水量的增大，其强度降低，力学性质随之改变。

含水量的常见值：砂土 $w=0\sim40\%$；黏性土 $w=20\%\sim60\%$。

含水量的测定方法。

(1) 烘箱法：适用于黏性土、粉土与砂土常规试验。取代表性试样，黏性土为 15～20g，砂性土与有机质土为 50g，装入称量盒内称其质量后，放入烘箱内，在 105～110℃ 的恒温下烘干（通常需 8 小时左右），取出烘干后土样冷却后再称质量，计算而得。

(2) 酒精燃烧法：适用少量试样快速测定。将称完质量的试样盒放耐热桌面上，倒入工业酒精至试样表面齐平，点燃酒精燃烧，熄灭后用针仔细搅拌试样，重复倒入酒精燃烧 3 次，冷却后称质量，计算而得。

(3) 铁锅炒干法：适用于卵石或砂夹卵石。取代表性试样 3～5kg，称完质量后倒入铁锅，加热炒干，至不冒水汽为止。冷却后再称质量，计算而得。

1.3.2.2　换算指标

1. 土的孔隙比 e

土的孔隙比为土中孔隙体积与固体颗粒的体积之比值，用小数表示。其表达式为

$$e=\frac{V_v}{V_s} \tag{1.5}$$

孔隙比是评价天然土层密实程度的一个重要的物理性质指标，其常见值为：砂土 $e=0.5\sim1.0$，当砂土 $e<0.6$ 时，呈低压缩性密实状态，为良好地基；黏性土 $e=0.5\sim1.2$，当黏性土 $e>1.0$ 时，为高压缩性的软弱地基。

2. 土的孔隙率 n

土中孔隙体积与土的总体积之比称为土的孔隙率，用百分数表示。其表达式为

$$n=\frac{V_v}{V}\times100\% \tag{1.6}$$

3. 土的饱和度 S_r

土中水的体积与孔隙体积之比称为土的饱和度，可用小数或百分数表示。其表达式为

$$S_r = \frac{V_w}{V_v} \tag{1.7}$$

土的饱和度表示水在孔隙中充满的程度，是反映潮湿程度的物理性质指标。工程上，以饱和度作为砂土与粉土湿度划分的标准。

当 $S_r<0.5$ 时，土为稍湿的；

当 $S_r=0.5\sim0.8$ 时，土为很湿的；

当 $S_r>0.8$ 时，土为饱和的。

4. 不同情况下土的密度和重度

(1) 土的干密度 ρ_d 和土的干重度 γ_d。单位土体积内土颗粒的质量称为干密度，其表达式为

$$\rho_d = \frac{m_s}{V}\ (\text{t/m}^3\ \text{或}\ \text{g/cm}^3) \tag{1.8}$$

单位土体积内土颗粒受到的重力称为干重度，其值等于土的干密度乘以重力加速度，即

$$\gamma_d = \rho_d g\ (\text{kN/m}^3)$$

工程上通常用干密度作填方工程，包括土坝、路基和人工压实地基，土体压实质量控制的标准。土的干密度 ρ_d（或干重度 γ_d）越大，表明土体压得越密实，亦即工程质量越好，但花费的压实费用也越大。根据工程的重要程度和当地土的性质，设计规定一个合理的 ρ_d（或 γ_d）数值。

(2) 土的饱和密度 ρ_{sat} 和土的饱和重度 γ_{sat}。土体孔隙中完全充满水时，单位土体积内饱和土的质量称为土的饱和密度 ρ_{sat}，其表达式为

$$\rho_{sat} = \frac{m_s + V_v\rho_w}{V}\ (\text{t/m}^3\ \text{或}\ \text{g/cm}^3) \tag{1.9}$$

单位土体积内饱和土受到的重力称为土的饱和重度，其值等于土的饱和密度乘以重力加速度，即

$$\gamma_{sat} = \rho_{sat} g\ (\text{kN/m}^3)$$

(3) 土的有效密度（浮密度）ρ' 和有效重度（浮重度）γ'

处于地下水位以下的土，其土粒受到水的浮力作用时，单位土体积内土粒的质量称为土的有效密度，其表达式为

$$\rho' = \frac{m_s - V_s\rho_w}{V}\ (\text{t/m}^3\ \text{或}\ \text{g/cm}^3) \tag{1.10}$$

很容易证明：$\rho'=\rho_{sat}-\rho_w$

处于地下水位以下的土，考虑土粒受到水的浮力作用时，单位土体积内土粒所受的重力扣除浮力后的重度，称为土的有效重度。其值等于土的浮密度乘以重力加速度，即

$$\gamma' = \rho' g = \gamma_{sat} - \gamma_w\ (\text{kN/m}^3)$$

式中 γ_w——水的重度，一般为 10kN/m^3。

综上所述，土的物理性质指标一共有 9 个，即，土的密度 ρ、土粒比重 d_s、土的含水量 w、土的孔隙比 e、土的孔隙率 n、土的饱和度 S_r、土的干密度 ρ_d、土的饱和密度 ρ_{sat} 和土的有效密度 ρ'。这 9 个物理性指标既各自独立，又相互关联，其中 ρ、d_s 和 w 由实验室

测定后，其余 6 个物理性指标，可以通过三相草图换算求得。

三相草图计算物理性质指标的方法：首先绘制三相草图，然后根据三个实测指标数值和各物理性质指标的定义进行计算。把三相草图中质量和体积逐个计算出数值并填入草图，由此即可求得所需要的各指标值。

1.3.3　指标换算

三相草图计算有一个技巧，如令 $V_s=1$，因土的三相之间是相对的比例关系，令其中一项为 1，则计算大为简化。下面通过例题进一步说明其中的计算规律。

【例题 1.1】　在某住宅地基勘察中，已知一个钻孔原状土试样结果为：土的天然密度 $\rho=1.76\text{g/cm}^3$，土粒比重 $d_s=2.70$，土的含水量 $w=18.0\%$。求其余 6 个物理性质指标。

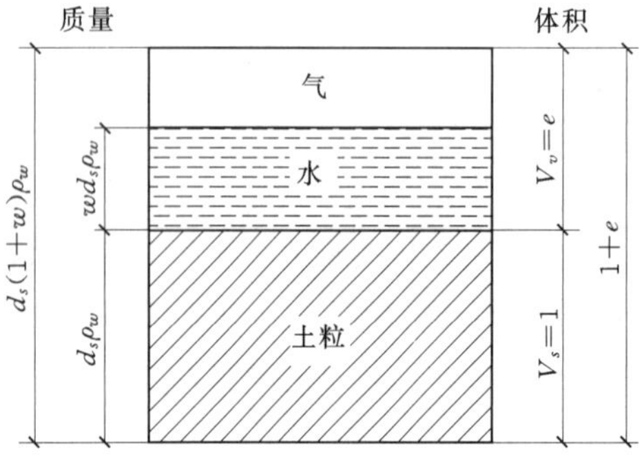

图 1.9　土的三相物理指标换算图

解：(1) 绘制三相计算草图，如图 1.9 所示。根据已知条件求出三相草图中的体积和质量。

设　$V_s=1\text{cm}^3$

根据　$d_s=\dfrac{m_s}{V_s\rho_w}=2.70$

得到　$m_s=d_sV_s\rho_w=2.70(\text{g})$

根据　$w=\dfrac{m_w}{m_s}\times100\%=18.0\%$

得到　$m_w=wm_s=0.46(\text{g})$

则　$V_w=0.46\text{cm}^3$

根据 $\rho=\dfrac{m}{V}=\dfrac{m_s+m_w}{V}=1.76(\text{g/cm}^3)$，得到 $V=1.81\text{cm}^3$，则 $V_v=0.81\text{cm}^3$。

(2) 将体积和质量代入所求指标的定义式。

$$e=\frac{V_v}{V_s}=\frac{0.81}{1}=0.81$$

$$n=\frac{V_v}{V}\times100\%=\frac{0.81}{1.81}=44.75\%$$

$$S_r=\frac{V_w}{V_v}=\frac{0.46}{0.81}=0.567$$

$$\rho_d=\frac{m_s}{V}=\frac{2.70}{1.81}=1.49(\text{g/cm}^3)$$

$$\rho_{sat}=\frac{m_s+V_v\rho_w}{V}=\frac{2.70+0.81\times1}{1.81}=1.91(\text{g/cm}^3)$$

$$\rho'=\frac{m_s-V_s\rho_w}{V}=\rho_{sat}-\rho_w=0.91(\text{g/cm}^3)$$

从计算结果可以看出 $\rho_{sat}>\rho>\rho_d>\rho'$。

上述三相计算中，若设土的体积 $V=1\text{cm}^3$，采用同样的计算方法，与设 $V_s=1\text{cm}^3$ 计算相比，可得相同的结果。

【例题 1.2】　用体积为 60cm^3 环刀切取土样，用天平称得湿土质量为 112.3g，烘干后土样质量为95.7g，已知土粒比重为2.71。试计算该土样的天然密度ρ、含水量w、孔隙比e、孔隙率n、饱和度S_r、干密度ρ_d、饱和密度ρ_{sat}、有效密度ρ'。

解：（1）绘制三相计算草图，如图1.10所示。根据已知条件求出三相草图中的体积和质量。

$m_s=95.7\text{g}$

$m_w=m-m_s=112.3-95.7=16.6\ (\text{g})$

$V_w=16.6\text{cm}^3$

$V_s=\dfrac{m_s}{d_s\rho_w}=\dfrac{95.7}{2.71\times1}=35.31\ (\text{cm}^3)$

$V_v=V-V_s=60-35.31=24.69\ (\text{cm}^3)$

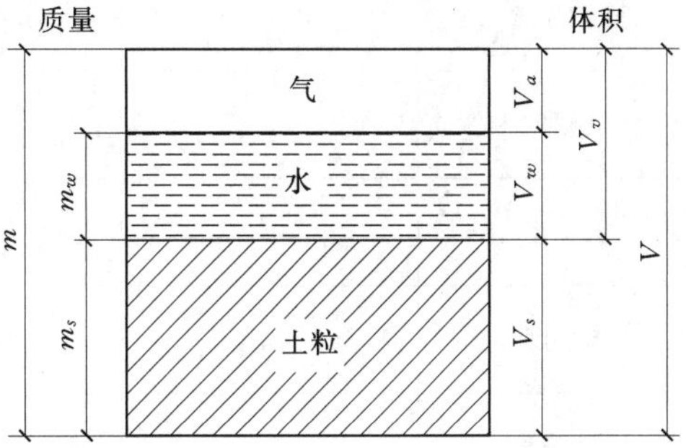

图1.10 三相计算简图

（2）将体积和质量代入所求指标的定义式。

$$\rho=\frac{m}{V}=\frac{112.3}{60}=1.87\ (\text{g/cm}^3)$$

$$w=\frac{m_w}{m_s}\times100\%=\frac{16.6}{95.7}\times100\%=17.3\%$$

$$e=\frac{V_v}{V_s}=\frac{24.69}{35.31}=0.70$$

$$n=\frac{V_v}{V}\times100\%=\frac{24.69}{60}\times100\%=41.2\%$$

$$S_r=\frac{V_w}{V_v}=\frac{16.6}{24.69}=0.67$$

$$\rho_d=\frac{m_s}{V}=\frac{95.7}{60}=1.60\ (\text{g/cm}^3)$$

$$\rho_{sat}=\frac{m_s+V_v\rho_w}{V}=\frac{95.7+24.69\times1}{60}=2.01\ (\text{g/cm}^3)$$

$$\rho'=\rho_{sat}-\rho_w=2.01-1=1.01\ (\text{g/cm}^3)$$

应当指出：三相计算是工程技术人员的一个基本功，要求大家熟练地掌握。在阅读使用工程地质勘察报告、设计地基基础等各种场合，根据各物理性质指标的定义，利用三相草图，可以很方便地计算所需的物理性质指标。

若实验室工作需要大量进行三相计算时，可用表1.2所列公式，利用换算方法直接计算指标。

表1.2　　土的三相比例指标换算公式

名　称	符号	表达式	常用换算公式	单位
密　度	ρ	$\rho=\dfrac{m}{V}$	$\rho=\dfrac{d_s+S_re}{1+e}\rho_w$	t/m³
含水量	w	$w=\dfrac{m_w}{m_s}\times100\%$	$w=\dfrac{S_re}{d_s}=\dfrac{\gamma}{\gamma_d}-1$	

续表

名 称	符号	表达式	常用换算公式	单位
土粒比重	d_s	$d_s=\frac{m_s}{V_s\rho_w}$	$d_s=\frac{S_re}{w}$	
孔隙比	e	$e=\frac{V_v}{V_s}$	$e=\frac{wd_s}{S_r}=\frac{d_s\rho_w}{\rho_d}-1$	
孔隙率	n	$n=\frac{V_v}{V}\times 100\%$	$n=\frac{e}{1+e}\times 100\%$	
饱和度	S_r	$S_r=\frac{V_w}{V_v}$	$S_r=\frac{wd_s}{e}$	
干土密度	ρ_d	$\rho_d=\frac{m_s}{V}$	$\rho_d=\frac{\rho}{1+w}$	t/m³
饱和土密度	ρ_{sat}	$\rho_{sat}=\frac{m_s+V_v\rho_w}{V}$	$\rho_{sat}=\frac{d_s+e}{1+e}\rho_w$	t/m³
浮密度	ρ'	$\rho'=\frac{m_s-V_s\rho_w}{V}$	$\rho'=\rho_{sat}-\rho_w$	t/m³

【例题 1.3】 某饱和土样，土粒比重 2.71，天然含水量 20%。试求土的密度 ρ、干密度 ρ_d 和孔隙比 e。

解： 饱和土样取饱和度 $S_r=100\%$，可以用三相草图法，也可以直接利用换算公式计算。

$$e=\frac{wd_s}{S_r}=\frac{20\%\times 2.71}{1}=0.54$$

$$\rho=\frac{d_s+S_re}{1+e}\rho_w=\frac{2.71+1\times 0.54}{1+0.54}\times 1=2.11\ (\mathrm{g/cm^3})$$

$$\rho_d=\frac{\rho}{1+w}=\frac{2.11}{1+20\%}=1.76\ (\mathrm{g/cm^3})$$

1.4 土的物理状态指标

土的物理状态，对于无黏性土是指土的密实程度，对于黏性土则指土的软硬程度或称为黏性土的稠度。

1.4.1 无黏性土的密实度

天然状态下的砂土、碎石土处于从密实到松散的不同的密实度。无黏性土的密实度与其工程性质有着密切的关系。无黏性土呈密实状态时，强度较大，属于良好的天然地基；呈松散状态时，则属不良地基。

1. 砂土的密实度

砂土的密实度可用天然孔隙比衡量。当 $e<0.6$ 时，属密实砂土，强度高，压缩性小；当 $e>0.95$ 时，为松散状态，强度低，压缩性大。这种判断砂土密实度的方法较简单，但没有考虑土颗粒级配的影响。对于同样孔隙比的砂土，当颗粒均匀时较密实，当颗粒不均时较疏松。砂土层由于取原状砂样和测定孔隙比存在实际困难，故在实用上也存在问题。

考虑土粒级配的影响，通常用砂土的相对密度 D_r 表示砂土的密实度。

$$D_r=\frac{e_{max}-e}{e_{max}-e_{min}} \tag{1.11}$$

式中 e_{max}——砂土的最大孔隙比，即最疏松状态的孔隙比，其测定方法是将疏松的风干土样通过长颈漏斗轻轻地倒入容器，求其最小干密度，计算孔隙比，即为 e_{max}；

e_{min}——砂土的最小孔隙比，即最密实状态的孔隙比，其测定方法是将疏松风干土样分三次装入金属容器，并加以振动和锤击，至体积不变为止，测出最大干密度，算出其孔隙比，即为 e_{min}；

e——砂土在天然状态下的孔隙比。

从式（1.11）可知，若砂土的天然孔隙比 e 接近于 e_{min}，D_r 接近 1，则土呈密实状态；若砂土的天然孔隙比 e 接近于 e_{max}，D_r 接近 0，则土呈疏松状态。

按 D_r 的大小将砂土分成下列三种密实度状态。

$1\geqslant D_r>0.67$，密实的；

$0.67\geqslant D_r>0.33$，中密的；

$0.33\geqslant D_r>0$，松散的。

相对密度 D_r 从理论上能反映土粒级配、形状等因素。但是由于对砂土很难取得原状土样，故天然孔隙比不易测准，其相对密度的精度也就无法保证了。《建筑地基基础设计规范》(GB 50007—2002)（本章以下简称《规范》）用标准贯入试验锤击数 N 来划分砂土的密实度，见表 1.3。

标准贯入试验，是在现场进行的一种原位测试。N 是在标准贯入时，用质量为 63.5kg 的重锤，落距 76cm，自由落下，将贯入器竖直击入土中 30cm 所需要的锤击数。N 值的大小，反映土的贯入阻力的大小，亦即密实度的大小，这种方法科学而准确。

表 1.3 **砂土的密实度**

标准贯入试验锤击数 N	$N\leqslant 10$	$10<N\leqslant 15$	$15<N\leqslant 30$	$N>30$
密实度	松散	稍密	中密	密实

2. 碎石土的密实度

碎石土既不易获得原状土样，也难于将贯入器击入土中。对这类土可根据《规范》要求，用重型动力触探锤击数 $N_{63.5}$ 来划分密实度，见表 1.4。

表 1.4 **碎石土的密实度**

重型动力触探锤击数 $N_{63.5}$	$N_{63.5}\leqslant 5$	$5<N_{63.5}\leqslant 10$	$10<N_{63.5}\leqslant 20$	$N_{63.5}>20$
密实度	松散	稍密	中密	密实

注 1. 表 1.3 中的 N 为标准贯入试验锤击数，表 1.4 中的 $N_{63.5}$ 为重型动力触探试验锤击数。
2. 本表适用于卵石、碎石、圆砾、角砾，对于漂石、块石以及粒径大于 200mm 的颗粒含量较多的碎石土，可按野外鉴别的方法划分其密实度。

对于漂石、块石以及粒径大于 200mm 的颗粒含量较多的碎石土，可根据《规范》要求，按野外鉴别方法划分为密实、中密、稍密、松散 4 种，见表 1.5。

表 1.5　　碎石土密实度野外鉴别方法

密实度	骨架颗粒含量和排列	可挖性	可钻性
密实	骨架颗粒含量大于总重的 70%，呈交错排列，连续接触	锹、镐挖掘困难，用撬棍方能松动；井壁一般较稳定	钻进极困难；冲击钻探时，钻杆、吊锤跳动剧烈；孔壁较稳定
中密	骨架颗粒含量大于总重的 60%～70%，呈交错排列，大部分接触	锹、镐可挖掘；井壁有掉块现象；从井壁取出大颗粒处，能保持颗粒凹面形状	钻进较困难；冲击钻探时，钻杆、吊锤跳动较剧烈；孔壁有坍塌现象
稍密	骨架颗粒含量大于总重的 55%～60%，排列混乱，大部分不接触	锹可以挖掘；井壁易坍塌；从井壁取出大颗粒后，填充物砂土立即坍落	钻进较容易；冲击钻探时，钻杆稍有跳动；孔壁易坍塌
松散	骨架颗粒含量小于总重的 55%，排列十分混乱，绝大部分不接触	锹易挖掘；井壁极易坍塌	钻进很容易；冲击钻探时，钻杆无跳动；孔壁极易坍塌

注　1. 骨架颗粒指与表 1.1 碎石土分类名称相对应粒径的颗粒。
　　2. 碎石土密实度的划分，应按表列各项要求综合确定。

1.4.2　黏性土的稠度

黏性土的颗粒很细，黏粒粒径 $d<0.005$mm，比表面积大，受水的影响较大。细土粒周围形成电场，电分子力吸引水分子定向排列，形成结合水膜。土粒与孔隙中水相互作用很显著。同一种黏性土，当土中含水量较小时，土体比较坚硬，处在固体或半固体状态。当含水量逐渐增大，土体具有可塑状态的性质，即在外力作用下，土可以塑造成一定形状而不开裂，也不改变其体积，外力去除后，仍保持原有的形状。含水量继续增大，土体即开始流动，如图 1.11 所示。我们把黏性土在某一含水量下对外力引起的变形或破坏所具有的抵抗能力称为黏性土的稠度（即软硬程度）。

图 1.11　黏性土的状态与含水量的关系

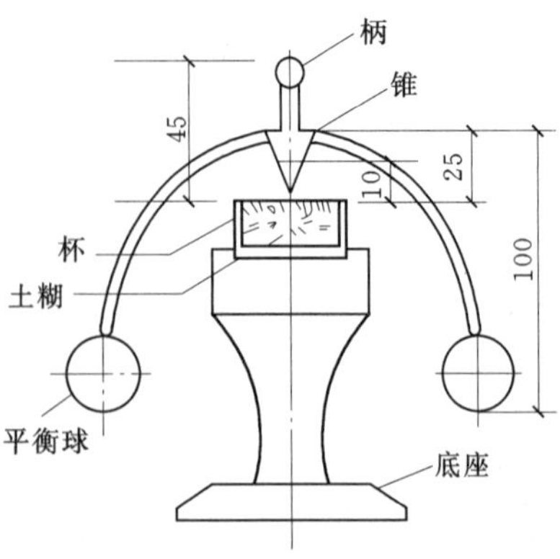

图 1.12　锥式液限仪

黏性土的稠度，反映土粒之间的联结强度随着含水量高低而变化的性质，其中，各不同状态之间的分界含水量具有重要的意义。

1. 液限 w_L（%）

（1）定义：黏性土呈液态与塑态之间的分界含水量称为液限 w_L。

（2）测定方法。

1）锥式液限仪。如图 1.12 所示，先将土样调制成土糊状，装入金属杯中，刮平表面，放在底座上，置于水平桌面。用质量为 76g 的圆锥式液限仪来测试：手持液限仪顶部的小柄，将角度为30°的圆锥体的锥尖，置于土样表面的中心，松手，让液限仪在自重作用下沉入土中。此圆锥体距锥尖10mm处有一刻度。若液限仪经过5s沉入土中深度为10mm，即锥体的水平刻度恰好与土样表面齐平，则此土样的含水量即为液限含水量w_L。如液限仪沉入土样中以后锥体的刻度高于或低于土面，则表明土样的含水量低于或高于液限。此时，需从金属杯中取出土样，加少量水或反复搅拌使土样中水分蒸发降低后，再测试，直到达到锥尖下沉10mm标准为止。

2）碟式液限仪。如图1.13所示。美国、日本等国采用碟式液限仪测定液限。将制备好的试样铺于铜碟前半部，用调土刀平铜碟前沿将试样刮成水平，试样厚度为10mm。用特制开槽器由上至下，将试样划开，形成V形槽，以每秒两转的速度转动摇柄，使铜碟反复起落，坠击底座。试样受振向中间流动。当击数为25次，铜碟中V形槽两边试样合拢长度为13mm时，试样的含水量即为液限含水量w_L。

使用碟式液限仪测定的液限含水量与我国一直沿用的76g圆锥下沉10mm为标准测定的液限含水量值不一致。通过大量对比试验发现，取圆锥仪下沉深度17mm为标准，与碟式液限仪结果相当。目前，由于在工程实践中积累的资料不足，在计算塑性指数、液性指数以及相应的土的分类、确定地基承载力等相关内容中，仍然以圆锥沉入土中10mm为标准。

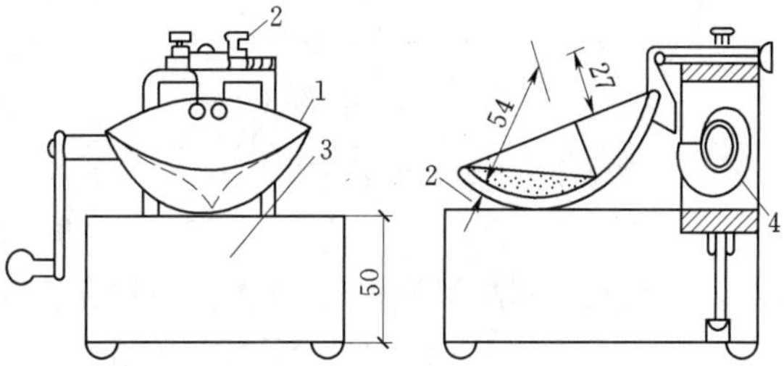

图1.13　碟式液限仪（单位：mm）

1—铜碟；2—支架；3—底架；4—锅形轴

2. 塑限w_P（%）

（1）定义：黏性土呈塑态与半固态之间的分界含水量称为塑限w_P。

（2）测定方法。

1）搓条法。取代表性试样如枣核大小，约8～10g（若土中含有粒径大于0.5mm的颗粒时，先过0.5mm的筛，将大颗粒去掉），调配成略高于塑限含水量的试样，用手搓成圆形土条，放在毛玻璃板上用手掌滚搓。要求手掌均匀加压在土条上，不得使土条在毛玻璃板上无力滚动。土条的水分被毛玻璃板吸去一部分而逐渐变干，同时土条的直径由粗逐渐搓细。当土条搓成直径为3mm时，产生裂缝并开始断裂，则此时土条的含水量即为塑限w_P。若土条$d<3$mm不断裂或$d>3$mm已断裂，说明土条含水量大于或小于塑限，重新取土样滚搓。取搓好的合格土条3～5g测定含水量即为所求w_P。搓条法测塑限的方法，表面看来很简单，实际很难。通常手掌滚搓用力不易均匀，测得塑限数值偏高。

2）液、塑限联合测定法。此法可以减少反复测试液、塑限时间。制备3份不同稠度的试样，试样的含水量分别为接近液限、塑限和两者的中间状态。用76g质量的圆锥式液限仪，分别测定三个试样的圆锥下沉深度和相应的含水量，然后以含水量为横坐标，圆锥下沉深度为纵坐标，绘于双对数坐标纸上，将测得的三点连成直线。如图1.14所示。

由含水量与圆锥下沉深度关系曲线上：查出下沉10mm对应的含水量即为w_L；查得下沉深度为2mm所对应的含水量即为w_P。

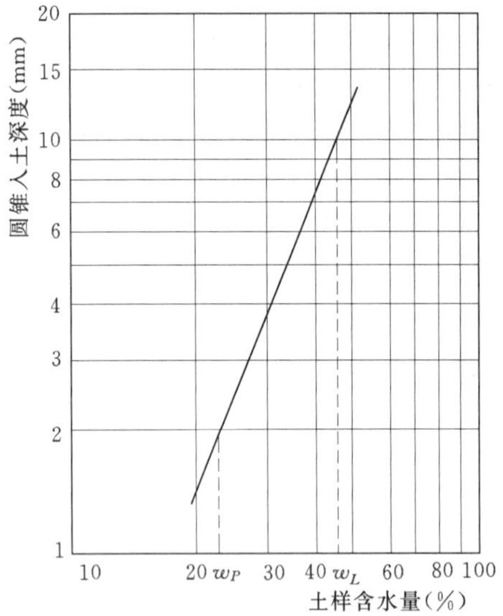

图1.14　圆锥入土深度与含水量的关系

3. 缩限 w_S（%）

(1) 定义：黏性土呈半固态与固态之间的分界含水量称为缩限 w_S。因含水量减小至缩限后，土体体积发生收缩而得名。

(2) 测定方法：用收缩皿法，可参考《土工试验方法标准》(GBT 50123—1999)。

4. 塑性指数 I_P

(1) 定义：液限与塑限的差值称为塑性指数 I_P，不带百分数。其表达式为

$$I_P = w_L - w_P \tag{1.12}$$

应当指出：w_L 与 w_P 都是分界含水量，以百分数表示。而 I_P 只取其数值，去掉百分数。例如某一土样 $w_L=33.4\%$，$w_P=16.6\%$，则 $I_P=16.8$。

(2) 物理意义：细颗粒土体处于可塑状态下，含水量变化的最大区间。一种土的 w_L 与 w_P 之间的范围大，即 I_P 大，表明该土能吸附结合水多，但仍处于可塑状态，亦即该土黏粒含量高或矿物成分吸水能力强。

(3) 工程应用：用塑性指数 I_P，作为黏性土与粉土定名的标准。

5. 液性指数 I_L

(1) 定义：黏性土的液性指数为天然含水量与塑限的差值和液限与塑限差值之比，其表达式为

$$I_L = \frac{w - w_P}{w_L - w_P} \tag{1.13}$$

(2) 物理意义：液性指数又称相对稠度，是将土的天然含水量 w 与 w_L 及 w_P 相比较，以表明是 w 靠近 w_L 还是靠近 w_P，反映土的软硬不同。

(3) 工程应用：根据液性指数 I_L 大小不同，可将黏性土分为5种软硬不同的状态，见表1.6。

表1.6　黏性土的状态

液性指数 I_L	$I_L \leqslant 0$	$0 < I_L \leqslant 0.25$	$0.25 < I_L \leqslant 0.75$	$0.75 < I_L \leqslant 1$	$I_L > 1$
状态	坚硬	硬塑	可塑	软塑	流塑

当 $w < w_P$ 时，$I_L < 0$，土呈坚硬状态；当 $w > w_L$ 时，$I_L > 1$，土处于流塑状态；$I_L=0 \sim 1$ 之间为可塑态，可分为3个状态，靠近坚硬的为硬塑状态，靠近流塑的为软塑，中间为可塑状态。

液性指数 I_L 在建筑工程中的一个重要用途是确定黏性土承载力的重要指标。

6. 灵敏度 S_t

处在天然状态的黏性土，一般都具有一定的结构性，当受到外界扰动时，其强度降

低，压缩性增大。土体的这种受扰动而降低强度的性质，通常用灵敏度来衡量。

(1) 定义：黏性土的原状土无侧限抗压强度与原土结构完全破坏的重塑土（含水量保持不变）的无侧限抗压强度的比值，称为灵敏度 S_t，其表达式为

$$S_t = \frac{q_u}{q'_u} \tag{1.14}$$

式中 q_u——原状土的无侧限抗压强度，kPa；

q'_u——重塑土的无侧限抗压强度，kPa。

(2) 物理意义：灵敏度反映黏性土结构性的强弱。根据灵敏度的数值大小可分为三类土。

$S_t>4$，高灵敏土；

$2<S_t\leqslant 4$，中灵敏土；

$S_t\leqslant 2$，低灵敏土。

(3) 工程应用。

1) 保护基槽。遇灵敏度高的土，施工时应特别注意保护基槽，防止人来车往践踏基槽，破坏土的结构，以免降低地基强度。

2) 利用触变性。当黏性土结构受扰动时，土的强度就降低。但静置一段时间，土的强度又逐渐增长，这种性质称为土的触变性。这是由于土粒、离子和水分子体系随时间而趋于新的平衡状态之故。

1.5 土的压实机理

人类在很早以前就用土作为工程材料修筑道路、堤坝和建筑物。通过实践人们认识到使土变密可以显著改善土的力学特性。公元前200多年，我国秦朝修建行车大道时就已懂得用铁锤夯土使之坚实的道理。以后的工程实践证明，无论对填土或软土进行地基处理，设法使土变密常常是一种经济合理的改善土的工程性质的措施。

在路基、堤坝填筑过程中，土体都要经过夯实或压实。软弱地基也可以用重锤夯实或机械碾压的方法进行一定程度的改善；挡土墙、地下室周围的填土、房屋回填土也要经过夯实。所以，有必要研究在击（压）实功的作用下土的密度变化的特性，这就是土的击实性。研究击实性的目的在于：如何用最小的击实功，把土击实到所要求的最大密度。通常可在室内用击实仪进行击实试验，也可在现场用碾压机械进行填筑碾压试验。本书仅介绍室内击实试验。

实践证明，对过湿的土进行夯实或碾压会出现软弹现象（俗称橡皮土），此时土的密度是不会增大的；对很干的土进行夯实或碾压，也不能将土充分压实。所以，要使土的压实效果最好，含水量一定要适宜。在一定的击实能量作用下使土最容易压实，并能达到最大密实度时的含水量，称为土的最优含水量（或称最佳含水量）用 w_{op} 表示；相对应的干密度叫最大干密度，用 $\rho_{d\max}$ 表示。

室内击实试验方法大致过程（详见《土工试验方法标准》）是把某一含水量的试样分三层放入击实筒内，对每一层用击实锤击打至一定击数，对每一层土所做的击实功为锤体

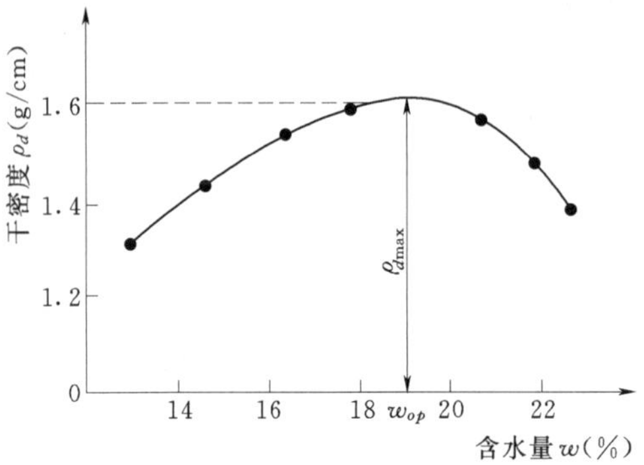

图 1.15　黏性土的击实曲线

重量、锤体落距和击打次数三者的乘积，将土层分层击实至满筒后（试验时使击实土稍超出筒高，然后将多余部分削去），测定击实后土的含水量和湿密度，算出干密度。用同样的方法将 5 个以上的不同含水量的土样击实，每一土样均可得到击实后的含水量与干密度，以含水量为横坐标，干密度为纵坐标绘出这些数据点，连接各点绘出的曲线即为能反映土体击实特性的曲线，称为击实曲线。如图 1.15 所示。

1.5.1　黏性土击实特性

用黏性土的击实数据绘出的击实曲线如图 1.15 所示。由图可知，当含水量较低时，随着含水量的增加，土的干密度也逐渐增大，表明压实效果逐步提高，当含水量超过某一限量时，干密度则随着含水量增大而减小，即压密效果下降。这说明土的压实效果随着含水量而变化，并在击实曲线上出现一个峰值，相应于这个峰值的含水量就是最优含水量 w_{op}。

黏性土的击实机理为：当含水量较小时，土中水主要是强结合水，土粒周围的水膜很薄，颗粒间具有很大的分子引力，阻止颗粒移动，受到外力作用时不易改变原来位置，因此压实就比较困难；当含水量适当增大时，土中结合水膜变厚，土粒间的连接力减弱而使土粒易于移动，压实效果就变好；但当含水量继续增大时，土中水膜变厚，以致土中出现了自由水，击实时由于土样受力时间较短，孔隙中过多的水分不易立即排出，势必阻止土粒的靠拢，所以击实效果反而下降。

通过大量试验，人们发现，黏性土的最优含水量 w_{op} 与土的塑限 w_P 很接近，大约是 $w_{op}=w_P\pm2\%$。当土中所含黏土矿物越多、颗粒越细时最优含水量越大。最优含水量还与击实功的大小有关。对同一种土，如用人力夯实或轻量级的机械压实，因为能量较小，要求土粒间有更多的水分使其润滑，因此，最优含水量较大而得到的最大干密度较小。当用机械夯实或用重量级的机械压实时，压实能量大，得出的击实曲线如图 1.16 所示。所以当土体压实程度不足时，可以加大击实功，以达到所要求的密度。土粒级配对压密效果影响很大，均匀颗粒的土不如不均匀土易压密。

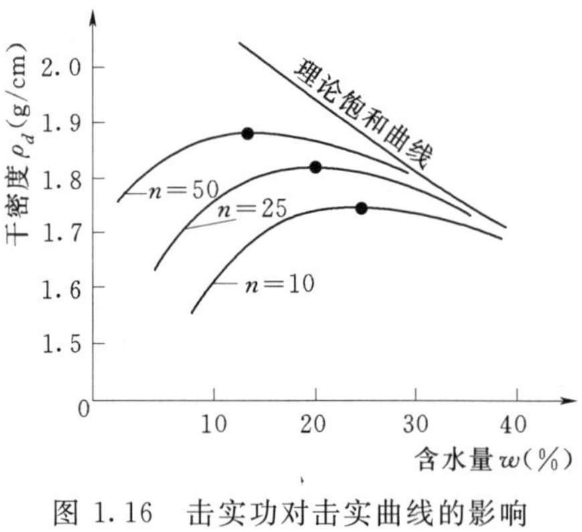

图 1.16　击实功对击实曲线的影响
（n 表示击实功的大小）

图 1.16 中还给出了理论饱和曲线，它表示当土处于饱和状态时，含水量与干密度的关系。击实试验不可能将土击实到完全饱和状态，击实过程只能将与大气相通的气体排出去，而封闭气体无法排出，仅能产生部分压缩。试验证明，黏性土在最优含水量时，压实到最大干密度，其饱

和度一般为 80%左右。因此，击实曲线位于饱和曲线的左下方，而不会相交。

1.5.2 无黏性土击实特性

相对于黏性土来说，无黏性土具有下列一些特性：颗粒较粗，颗粒之间没有或只有很小的黏聚力，不具有可塑性，多成单粒结构，压缩性小，透水性高，抗剪强度较大且含水量的变化对它的性质影响不显著。因此，无黏性土的击实特性与黏性土相比有显著差异。

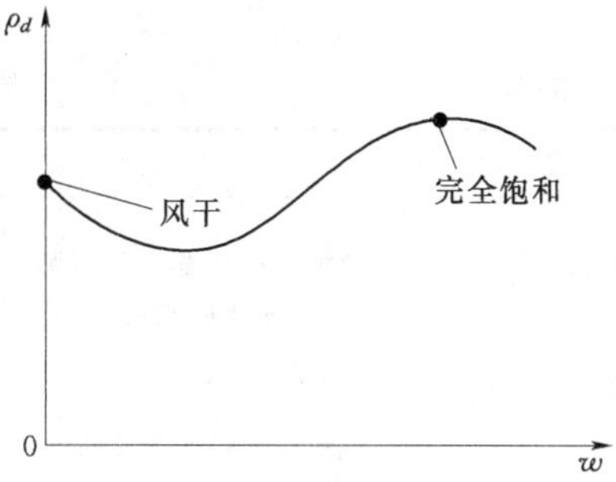

图 1.17 无黏性土的击实曲线

用无黏性土的击实试验数据绘出的击实曲线如图 1.17 所示。由图可以看出，在风干和饱和状态下，击实都能得出较好的效果。其机理是在这两种状态时不存在假黏聚力。在这两种状态之间时，受假黏聚力的影响，击实效果最差。

工程实践证明，对于无黏性土的压实，应该有一定静荷载与动荷载联合作用，才能达到较好的压实度。所以，对于不同性质的无黏性土，振动碾是最为理想的压实工具。

1.6 地基岩土工程分类

对地基土（岩）进行工程分类的目的是为判别土的工程特性和评价土作为建筑材料的适宜性，把工程性质接近的土划为一类，这样既便于选择正确的对土的研究方法，也便于对土作出合理的评价，又能使工程人员对土有共同的概念，便于经验交流。因此，必须选择对土的工程性质最有影响、最能反映土的基本属性和便于测定的指标作为分类的依据。

地基土（岩）的分类方法很多，我国不同行业根据其用途对土采用各自的分类方法。作为建筑物地基的岩、土，主要依据它们的工程性质和力学性能分为岩石、碎石土、砂土、粉土、黏性土和人工填土等。

1.6.1 岩石的工程分类

岩石应为颗粒间牢固联结、呈整体或具有节理裂隙的岩体，作为建筑场地和建筑物地基，除应确定岩石的地质名称外，还应划分其坚硬程度、完整程度和质量等级。

（1）岩石按其成因分为岩浆岩、沉积岩和变质岩。

（2）岩石的坚硬程度应根据岩块的单轴饱和抗压强度标准值 f_{rk} 按表 1.7 分为坚硬岩、较硬岩、较软岩、软岩和极软岩。

表 1.7　　岩石坚硬程度的划分

坚硬程度类别	坚硬岩	较硬岩	较软岩	软岩	极软岩
单轴饱和抗压强度标准值 f_{rk}（kPa）	$f_{rk}>60$	$60\geqslant f_{rk}>30$	$30\geqslant f_{rk}>15$	$15\geqslant f_{rk}>5$	$f_{rk}\leqslant 5$

当缺乏单轴饱和抗压强度资料或不能进行该项试验时，可在现场通过观察定性划分，划分标准可按表 1.8 执行。

表 1.8　　岩石坚硬程度的定性划分

名称		定性鉴定	代表性岩石
硬质岩	坚硬岩	锤击声清脆，有回弹，振手，难击碎；基本无吸水反应	未风化或微风化的花岗岩、闪长岩、辉绿岩、玄武岩、鞍山岩、片麻岩、石英岩、硅质砾岩、石英砂岩、硅质石灰岩等
	较硬岩	锤击声较清脆，有轻微回弹，稍振手，较难击碎；有轻微吸水反应	1. 微风化的坚硬岩； 2. 未风化或微风化的大理岩、板岩、石灰岩、钙质砂岩等
软质岩	较软岩	锤击声不清脆，无回弹，较易击碎；指甲可划出印痕	1. 中风化的坚硬岩和较硬岩； 2. 未风化或微风化的凝灰岩、千枚岩、砂质泥岩、泥灰岩等
	软岩	锤击声哑，无回弹，有凹痕，易击碎；浸水后，可捏成团	1. 强风化的坚硬岩和较硬岩； 2. 中风化的较软岩； 3. 未风化或微风化的泥质砂岩、泥岩等
极软岩		锤击声哑，无回弹，有较深凹痕，手可捏碎；浸水后，可捏成团	1. 风化的软岩； 2. 全风化的各种岩石； 3. 各种半成岩

（3）岩石的风化程度可分为未风化、微风化、中风化、强风化和全风化。

（4）岩体完整程度应按表 1.9 划分为完整、较完整、较破碎、破碎和极破碎。

表 1.9　　岩体完整程度划分

完整程度等级	完整	较完整	较破碎	破碎	极破碎
完整性指数	＞0.75	0.55～0.75	0.35～0.55	0.15～0.35	＜0.15

注　完整性指数为岩体纵波波速与岩块纵波波速之比的平方。选定岩体、岩块测定波速时应有代表性。

当缺乏试验数据时，岩体的完整程度按表 1.10 执行。

表 1.10　　岩体完整程度的近似划分

名称	控制性结构面平均间距（m）	相应结构位移
完整	＞1.0	整体状或巨厚层状结构
较完整	0.4～1.0	块状或厚层状结构
较破碎	0.2～0.4	裂隙块状、镶嵌状、中薄层状结构
破碎	＜0.2	破碎状结构、页状结构
极破碎	无序	散体状结构

（5）岩石的质量等级应按表 1.11 划分。

表 1.11　　岩石质量等级划分

坚硬程度＼完整程度	完整	较完整	较破碎	破碎	极破碎
坚硬岩	Ⅰ	Ⅱ	Ⅲ	Ⅳ	Ⅴ
较硬岩	Ⅱ	Ⅲ	Ⅳ	Ⅳ	Ⅴ
较软岩	Ⅲ	Ⅳ	Ⅳ	Ⅴ	Ⅴ
软　岩	Ⅳ	Ⅳ	Ⅴ	Ⅴ	Ⅴ
极软岩	Ⅴ	Ⅴ	Ⅴ	Ⅴ	Ⅴ

1.6.2 碎石土的工程分类

碎石土应为粒径大于 2mm 的颗粒含量超过全重 50%的土。根据粒组含量和颗粒形状划分为漂石、块石、卵石、碎石、圆砾、角砾（表 1.12）。碎石土的密实度可按表 1.4 划分。

表 1.12　　碎石土的分类

土的名称	颗粒形状	粒组含量
漂石	圆形及亚圆形为主	粒径大于 200mm 的颗粒含量超过全重的 50%
块石	棱角形为主	
卵石	圆形及亚圆形为主	粒径大于 20mm 的颗粒含量超过全重的 50%
碎石	棱角形为主	
圆砾	圆形及亚圆形为主	粒径大于 2mm 的颗粒含量超过全重的 50%
角砾	棱角形为主	

注　分类时应根据粒组含量栏从上到下以最先符合者确定。

1.6.3 砂土的工程分类

砂土应为粒径大于 2mm 的颗粒含量不超过全重的 50%、而粒径大于 0.075mm 的颗粒含量超过全重 50%的土。根据各粒组含量，砂土分为砾砂、粗砂、中砂、细砂和粉砂（表 1.13）。

表 1.13　　砂土的分类

土的名称	粒组含量
砾砂	粒径大于 2mm 的颗粒含量占全重的 25%～50%
粗砂	粒径大于 0.5mm 的颗粒含量超过全重的 50%
中砂	粒径大于 0.25mm 的颗粒含量超过全重的 50%
细砂	粒径大于 0.075mm 的颗粒含量超过全重的 85%
粉砂	粒径大于 0.075mm 的颗粒含量超过全重的 50%

注　分类时应根据粒组含量栏从上到下以最先符合者确定。

砂土的密实度按标准贯入锤击数 N 可分为密实、中密、稍密和松散 4 种（表 1.3）。

砂土的湿度按饱和度 S_r 可分为饱和、很湿和稍湿三种（表 1.14）。

表 1.14　　砂土湿度按饱和度 S_r 划分

饱和度	$S_r \leqslant 50\%$	$50\% < S_r \leqslant 80\%$	$S_r > 80\%$
湿度	稍湿	很湿	饱和

1.6.4　黏性土的工程分类

黏性土为塑性指数 $I_P > 10$ 的土，可按表 1.15 分为黏土、粉质黏土。

表 1.15　黏性土按塑性指数 I_P 分类

土的名称	塑性指数 I_P
黏土	$I_P > 17$
粉质黏土	$10 < I_P \leqslant 17$

由于黏性土的工程性质与土的成因、生成年代的关系很密切，不同成因或不同生成年代的黏性土即使某些物理性质指标很接近，但其工程性质可能相差悬殊，因此某些行业标准与规范又将黏性土按生成年代进行分类。

黏性土的状态，可按表 1.6 分为坚硬、硬塑、可塑、软塑和流塑。

1.6.5　粉土的工程分类

粉土为介于砂土与黏性土之间，塑性指数 $I_P \leqslant 10$ 且粒径大于 0.075mm 的颗粒含量不超过全重 50%的土。其中黏质粉土、砂质粉土按表 1.16 划分。

表 1.16　　粉 土 的 分 类

土的名称	粒 组 含 量
黏质粉土	粒径小于 0.075mm 的颗粒含量超过全重的 10%
砂质粉土	粒径大于 0.075mm 的颗粒含量超过全重的 30%

1.6.6　人工填土

人工填土是指由于人类活动而堆填的土。这类土物质成分复杂，均匀性差。可根据其组成和成因以及堆积年代进行分类。

1. 按人工填土的组成物质和成因

分为下列三种。

(1) 素填土。素填土是由碎石土、砂土、粉土、黏性土等组成的填土，不含杂质或含杂质很少。经分层压实或夯实的素填土称为压实填土。

(2) 杂填土。杂填土为含有建筑垃圾、工业废料、生活垃圾等杂物的填土。通常大中小城市地表都有一层杂填土。

(3) 冲填土。冲填土是由水力冲填泥沙形成的填土。

2. 按人工填土堆积年代

分以下两种。

(1) 老填土。凡黏性土填筑时间超过 10 年，粉土填筑时间超过 5 年，称为老填土。

(2) 新填土。若黏性土填筑时间少于 10 年，粉土填筑时间少于 5 年，称为新填土。

通常人工填土的工程性质不良，强度低，压缩性大且不均匀。其中压实填土相对较好。杂填土因成分复杂，平面与立面分布很不均匀、无规律，工程性质最差。

以上六大类岩土，在工业与民用建筑工程中经常会遇到。此外，还有以下几种特殊性质的土，与上述六大类岩土不同，需要特别加以注意。

1. 软土

软土是指沿海的滨海相、溺谷相、内陆或山区的河流相、湖泊相、沼泽相等主要由细粒土组成的高压缩性、高含水量、大孔隙比、低强度的土层，包括淤泥、淤泥质土。这类土大多具有高灵敏度的特性。

淤泥应为在静水或缓慢的流水环境中沉积，并经生物化学作用形成，其天然含水量大于液限、天然孔隙比大于或等于 1.5 的黏性土。当天然含水量大于液限而天然孔隙比小于 1.5 但大于 1.0 的黏性土或粉土应为淤泥质土。

2. 湿陷性土

湿陷性土应为土体在一定压力下受水浸湿后产生湿陷变形达到一定数值的土，可进一步划分为自重湿陷性土和非自重湿陷性土。湿陷性土的湿陷性可由湿陷系数衡量，当自重湿陷系数 δ_{zs} 大于 0.015 时，为湿陷性土。自重湿陷系数 δ_{zs} 的表达式为

$$\delta_{zs}=\frac{h_z-h_z'}{h_0} \tag{1.15}$$

式中 δ_{zs}——自重湿陷系数；

h_0——试样原始高度；

h_z——在饱和自重压力作用下试样变形稳定后的高度；

h_z'——在饱和自重压力作用下试样浸水湿陷变形稳定后的高度。

土的这种特性，在工程设计中应给予高度重视，以避免出现重大工程事故。

3. 膨胀土

膨胀土一般是指黏粒成分主要由亲水性黏土矿物所组成的黏性土，受温度、湿度的变化影响，可产生强烈的胀缩变形，同时具有吸水膨胀和失水收缩的特性。在这类地基上修建建筑物，当土体吸水膨胀时，可能由于强烈的膨胀力使建筑物发生破坏。而当土体失水收缩时，可能产生大量裂隙，使土体自身强度下降或消失。

4. 红黏土和次生红黏土

红黏土应为碳酸盐岩系的岩石经红土化作用形成的高塑性黏土，其液限一般大于50%。红黏土经再搬运后仍保留其基本特性，液限大于 45%的土称为次生红黏土。

红黏土和次生红黏土通常强度高、压缩性低。因受基岩起伏影响，厚度不均匀，上硬下软。由于胀缩交变，土层中网状裂隙发育，破坏了土体的完整性。

除上述几种特殊土之外，还有多年冻土、混合土、盐渍土、污染土等，它们都具有显著的工程特性。

【例题 1.4】 某饱和土体，测定得到土粒比重 $d_s=2.65$，天然密度 $\rho=1.8\text{t/m}^3$，含水量 $w=32.45\%$，塑限含水量 $w_P=36.4\%$，液限含水量 $w_L=18.9\%$，试确定：(1) 土的干密度；(2) 土的名称及稠度。

解： (1) 土的干密度

$$\rho_d=\frac{\rho}{1+w}=\frac{1.8}{1+0.3245}=1.36\ (\text{t/m}^3)$$

（2）土的名称及稠度

土的塑性指数

$$I_P = w_L - w_P = 36.4 - 18.9 = 17.5 > 17.0$$

土的液性指数

$$I_L = \frac{w - w_P}{w_L - w_P} = \frac{32.45 - 18.9}{17.5} = 0.77$$

$$0.75 < I_L \leqslant 1.0$$

该土体为黏土，处于软塑状态。

【例题 1.5】　某无黏性土样，筛分结果见表 1.17，试确定土的名称。

表 1.17　某土样的颗粒级配

粒径（mm）	<0.075	0.075～0.25	0.25～0.5	0.5～1.0	>1.0
粒组含量（%）	6.0	34.0	45.0	12.0	3.0

解： 按照定名时以粒径分组由大到小以最先符合者为准的原则：

粒径大于 0.5mm 的颗粒，其含量占全部重量的百分数为

$$(12+3)\% = 15\% < 50\%$$

粒径大于 0.25mm 的颗粒，其含量占全部重量的百分数为

$$(12+3+45)\% = 60\% > 50\%$$

故该土可定名为中砂。

小　　结

1. 土的定义：地球表面岩石经风化、搬运、沉积而形成的松散集合物。

2. 土的组成

（1）固体颗粒——土体骨架部分。土是由大小不同的颗粒组成，土颗粒的形状、大小、矿物成分及组成情况是决定土的物理力学性质的主要因素。土的颗粒级配可以在一定程度上反映土的某些性质。

（2）液体——主要是水，对细粒土的性质影响很大。根据其存在形式可将水分为存在于土粒晶格之间的结晶水，在电分子引力下吸附于土粒表面的结合水，存在于土颗粒表面电场影响范围以外的自由水。

（3）气体——根据存在形式分为与大气连通气体和封闭气体。

3. 土的物理性质指标（三相比例指标）

（1）直接测定的指标。

（2）间接换算的指标。

4. 土的物理状态指标

（1）砂土的密实度。通常用砂土的相对密度 D_r 来衡量砂土的密实度状态。D_r 越大，土越密实；D_r 越小，土越松散。相对密度从理论上能反映土粒级配、形状等因素，但其精度无法保证。

（2）黏性土的稠度。

1）黏性土的界限含水量缩限、塑限、液限的测定方法。

2）塑性指数 I_P 为液限与塑限的差值，不带百分数。

3）液性指数 I_L 为天然含水量与塑限的差值和液限与塑限差值之比。I_L 越大土越软，I_L 越小土越硬。

5. 土的击实特性

土的密实程度是可以改变的。在一定的击实功下，其密实程度（压实效果）随着含水量而变化，并在击实曲线上出现一个峰值，该峰值对应的含水量为最优含水量，对应的干密度为最大干密度。

6. 地基土的工程分类

粗粒土（粒径大于 0.075mm）按颗粒形状与粒径大小分类，细粒土（粒径小于 0.075mm）按塑性指数分类（有时需考虑其形成年代）。

思 考 题

1.1 何谓土的结构？土的结构有哪几种？试对各种结构土的工程性质作一比较。

1.2 土由哪几部分组成？土中次生矿物是怎样生成的？黏土矿物分哪几种？蒙脱石有什么特性？

1.3 土的粒径分哪几组？何谓黏粒？各粒组的工程性质有什么不同？

1.4 何谓土的颗粒级配？颗粒级配曲线的纵坐标表示什么？不均匀系数 $C_u>10$ 反映土的什么性质？

1.5 土中水包括哪几种？结合水有何特性？

1.6 土的物理性质指标有哪些？其中哪几个可以直接测定？常用测定方法是什么？

1.7 土的密度 ρ 与土的重力密度 γ 的物理意义和单位有何区别？说明天然重度 γ、饱和重度 γ_{sat}、有效重度 γ' 和干重度 γ_d 之间的相互关系，并比较其数值的大小。

1.8 无黏性土最主要的物理状态指标是什么？用孔隙比、相对密度和标准贯入试验锤击数来划分密实度各有何优缺点？

1.9 黏性土最主要的物理特征是什么？何谓液限？如何测定？何谓塑限？如何测定？

1.10 塑性指数的定义和物理意义是什么？大小与土颗粒粗细有何关系？

1.11 何谓液性指数？如何应用液性指数来评价土的工程性质？

1.12 下列土的物理指标中，哪几项对黏性土有意义，哪几项对无黏性土有意义？

①粒径级配；②相对密度；③塑性指数；④液性指数；⑤灵敏度。

1.13 无黏性土和黏性土在矿物成分、土的结构、构造及物理状态诸方面，有哪些重要区别？

1.14 黏性土在击实过程中，含水量与干密度存在什么关系？

1.15 为什么无黏性土的击实曲线与黏性土的击实曲线不同？

1.16 地基土分哪几大类？各类土划分的依据是什么？

习 题

1.1 某无黏性土的筛分结果见表 1.18，试绘级配曲线，确定级配情况和土名。

表 1.18

粒径（mm）	2～20	0.5～2	0.25～0.5	0.05～0.25	0.05～0.075	<0.05
含量（%）	11.3	18.5	26.4	20.1	19.6	4.1

1.2　某住宅工程地质勘察中取原状土做试验。用天平称 60cm³ 湿土质量为 112g，烘干后质量为 95g，土粒比重为 2.67。计算此土样的天然密度、干密度、饱和密度、有效密度、天然含水量、孔隙比、孔隙率和饱和度。

1.3　测得某饱和土样的土粒比重为 2.73，天然密度为 1.82g/cm³，试求该土样的饱和密度、孔隙比和浮重度。

1.4　某地基为砂土，湿密度为 1.80g/cm³，含水量为 21%，土粒比重 2.68，最小干密度为 1.28g/cm³，最大干密度为 1.72g/cm³，试判断砂土的密实程度。

1.5　有一砂土试样，经筛析后各颗粒粒组含量见表 1.19。试确定砂土的名称。

表 1.19

粒组（mm）	<0.075	0.075～0.1	0.1～0.25	0.25～0.5	0.5～1.0	>1.0
含量（%）	8.0	15.0	42.0	24.0	9.0	2.0

1.6　某地基土含水量 19.5%，土粒比重 2.70，土的干密度 1.56 g/cm³，试确定该土的孔隙比和饱和度。若该土的液限为 28.9%，塑限为 14.7%，求液性指数、塑性指数，确定土名，判定土的状态。

1.7　已知甲、乙两个土样的物理性质试验结果见表 1.20。

表 1.20

土样	w_L（%）	w_P（%）	w（%）	d_s	S_r
甲	30.0	12.5	28.0	2.75	1.0
乙	14.0	6.3	26.0	2.70	1.0

试问下列结论中，哪几个是正确的？理由何在？

（1）甲土样比乙土样的黏粒（d<0.005mm）含量多；

（2）甲土样的天然密度大于乙土样；

（3）甲土样的干密度大于乙土样；

（4）甲土样的天然孔隙比大于乙土样。

第2章　土的渗透性

学习目标：了解渗透性的概念，掌握达西定律的适用条件、计算方法、渗透系数的物理意义和测定方法、渗透力的概念及计算、了解渗透变形的判别方法。熟悉不同土的渗透规律、影响渗透系数的因素。了解土的渗透变形原因及防治。

2.1　土的渗透规律

由于土体是一种松散的矿物颗粒集合体，土体内具有互相连通的孔隙，孔隙中的水并非处于静止不变的状态，当存在水位差时，水就会从水位高的一侧流向水位低的一侧。这种水在重力作用下发生运动的现象，称为渗流，土体能够被水通过的性质称为土的渗透性。水在土中流动时，通常都沿着一定的孔道，若土中孔隙大并相互连通，土的渗透就通畅，这样的土我们就说它的透水性强；反之，若土中孔隙很小，许多孔隙又被更小的土粒堵塞，致使水的流动受到阻碍，若土中存在许多被封闭的气泡，使土中孔隙彼此不相连通，孔隙一部分或大部分被阻断，这样的土我们就说它透水性差。从土的组织结构看，凡是土粒粗、分选性好、颗粒形状浑圆的土（如卵、砾石或砂），它们的透水性强；凡是土粒带棱角或呈片状、分选性差和细粒含量多的土（如细砂、粉土和黏土），它们的透水性弱或很弱。因此土的组织结构对它的透水性有十分重要的影响。当土中含有一定数量的胶体物质或腐殖质时，土的透水性就大为减小；如果土中孔隙全部被胶体物质和气泡充满，使孔隙互不连通，即使在一定水压力作用下，也很难打破颗粒周围结合水膜的有力封锁，使带有一定压力的重力水不能轻易地通过，对于这样的土，我们称它透水性弱。在土木工程中常需要了解土的渗透性。例如基坑开挖排水时，需要了解土的渗透性，以便配置排水设备：在河滩上修筑渗水路堤时，需要考虑路堤填料的渗透性；在计算饱和黏土上建筑物的沉降和时间的关系时，需要掌握土的渗透性。

渗流将会引起两方面的问题：一方面是渗漏造成水量损失，直接关系到工程的经济效益；另一方面，渗流将引起土体内部应力的变化，使土体产生渗透变形，从而引起建筑物或构筑物的破坏。

2.1.1　达西定律

1. 渗透模型

水在土中的渗透是在土体孔隙中发生的。由于土体孔隙的形状、大小及分布极为复杂，导致渗流水质点的运动轨迹很不规则，如图 2.1 所示，如果按这种真实渗流情况研究，不仅会使理论分析复杂化，试验观察亦变得异常困难。实际工程中并不需要了解具体孔隙中的渗流情况，因而对渗流作出如下的简化：一是不考虑路径的迂回曲折，只是分析它的主要流向；二是不考虑土体中颗粒的影响，认为孔隙和土粒所占的空间之总和均为渗流所充满。作了这种简化后的渗流其实只是一种假想的土体渗流，称之为渗流模型，如图

2.2 所示。

为了使渗流模型在渗流特性上与真实的渗流相一致，它还应该符合以下要求：在同一过水断面，渗流模型的流量等于真实渗流的流量；在任一界面上，渗流模型的压力与真实渗流的压力相等；在相同体积内，渗流模型所受到的阻力与真实渗流所受到的阻力相等。

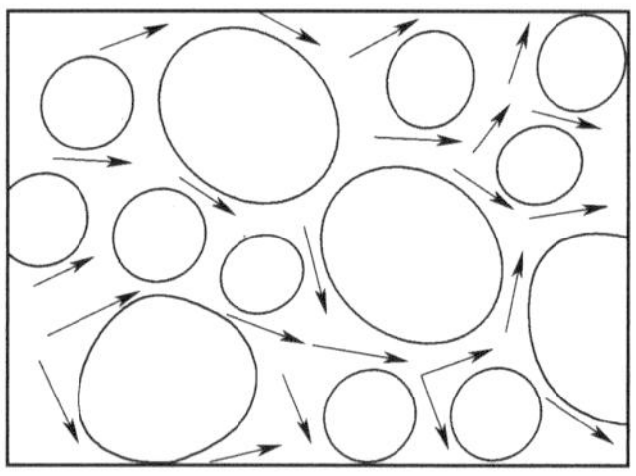

图 2.1　实际渗流情况

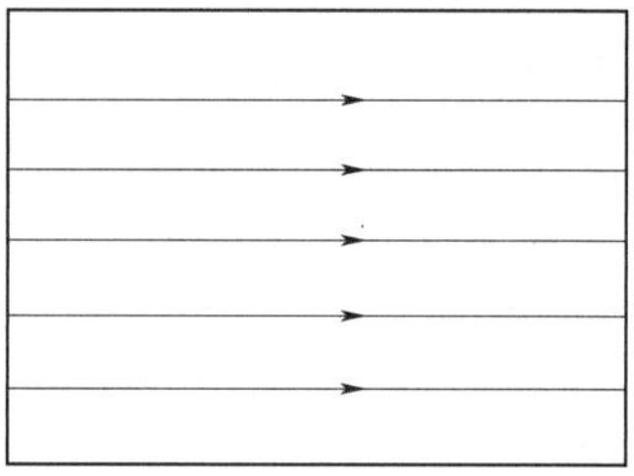

图 2.2　渗透模型

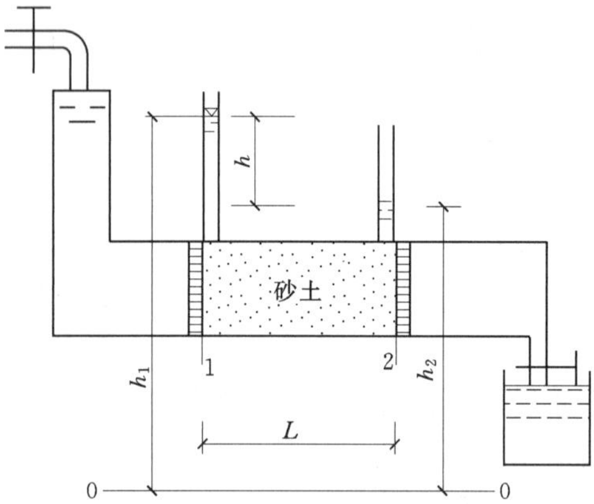

图 2.3　达西渗透试验装置

2. 达西定律

法国水利学家达西（Darcy）于 1856 年通过对砂土所做的渗透试验，得出水在砂土中的渗流规律——达西定律。

试验装置如图 2.3 所示。试验时，在试验筒左侧水箱内注水，并使水位保持稳定，砂土截面积为 A，砂土试样的两端各安装有一支测压管，测压管之间的距离为 L（即渗透长度），试验筒右侧的水箱底部设排水孔（其截面积大于 A 截面的孔隙面积）。

试验开始后，当在两测压管观测到的水头 h_1、h_2 稳定后，测量 Δt 时段内，流经砂土试样的渗流量。通过大量试验，得出水在砂土中的渗透规律

$$Q = k\frac{h_1 - h_2}{L}A = kiA \tag{2.1}$$

或

$$v = k\frac{h_1 - h_2}{L} = ki \tag{2.2}$$

式中　v——渗透速度，m/d（cm/s）；

k——渗透系数，与土的渗透性能有关的系数，m/d（cm/s）；

i——水力坡度水头梯度，或称水头梯度；

Q——单位时间内的渗流量，m^3/d（cm^3/s）；

L——渗透距离，m；

h_1、h_2——两测压管水头，m；

A——渗流过水截面积，m^2。

式（2.1）、式（2.2）称为达西定律，该式说明了渗透速度 v 与水力坡降 i 的一次方

成正比（图 2.4 Ⅰ线），所以有人又把达西定律称之为线性渗透定律。

2.1.2 达西定律适用范围

达西定律有一定的适用范围，曾有人认为达西定律适用于全部层流运动，故把达西定律称为层流渗透定律。后来通过许多试验证明，达西定律的适用范围比层流运动的范围要小。但是在天然条件下，地下水的运动甚为缓慢，所以绝大多数地下水的渗流状态还都符合达西定律。

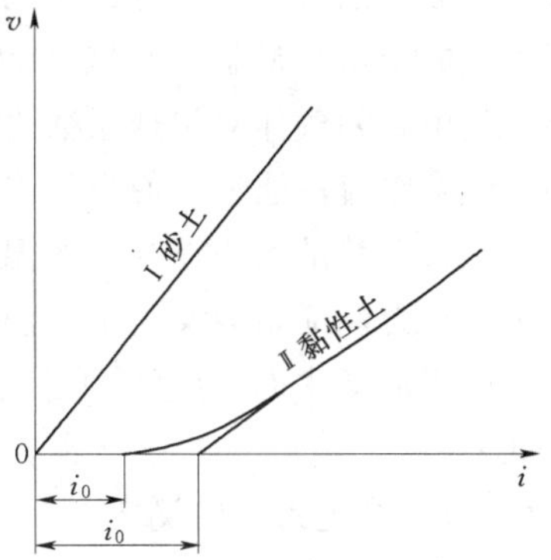

图 2.4 v—i 曲线及黏性土的起始水力坡降

应当指出，达西定律测得的渗透速度并不是地下水在岩土孔隙中的实际速度，而是将水流看成是通过整个横断面，其流量不变时的一个引用流速，渗透速度小于土体中水的实际流速。达西定律中的渗透距离 L 是两点间的直线距离，而实际渗透轨迹是弯曲的，远大于直线距离 L。

对于密实的黏性土，土颗粒表面存在结合水膜，其孔隙通道主要为结合水所充填。由于结合水膜的黏滞作用，当水力坡降较小时，地下水不会流动，当水力坡降 i 大于 i_0 时，黏性土才具有透水性，但这时水流的渗流规律尚不符合达西定律；只有当水力坡降 i 大于 i_0'时，黏性土的渗流规律才符合达西定律（图 2.4 中的Ⅱ线），即

$$v = k(i - i_0') \tag{2.3}$$

式中　i_0'——起始水力坡降。

2.1.3 渗透系数的测定

2.1.3.1 渗透系数 *k* 的影响因素

渗透系数是用来表示岩土渗透性大小的指标，由式（2.3）可知，渗透系数是水力坡降为 1 时的渗透速度。渗透系数除用于计算渗流量、渗透变形外，还可作为选择填土材料的依据，常见土渗透系数的变化范围见表 2.1。

表 2.1　各种土渗透系数的参考值

土的名称	渗透系数		土的名称	渗透系数	
	cm/s	m/d		cm/s	m/d
卵　石	$1\times10^{-1}\sim6\times10^{-1}$	100～500	粉　砂	$1\times10^{-3}\sim6\times10^{-1}$	0.5～1.0
砾　石	$1\times10^{-1}\sim6\times10^{-1}$	50～100	粉　土	$6\times10^{-4}\sim1\times10^{-1}$	0.1～0.5
粗　砂	$2\times10^{-1}\sim6\times10^{-1}$	20～50	粉质黏土	$1\times10^{-4}\sim6\times10^{-1}$	0.005～0.1
中　砂	$2\times10^{-2}\sim6\times10^{-1}$	5～20	黏　土	$<6\times10^{-6}$	<0.005
细　砂	$6\times10^{-3}\sim1\times10^{-1}$	1.0～5			

影响土渗透系数大小的因素很多，主要有土粒的级配、密实程度、土中气体和水的温度等。对于粒径较粗的砂砾石和砂土，土粒的粒径级配对渗透系数的影响较大。粒径愈大，分选性愈好，磨圆度愈高，则渗透系数愈大。砂土中的粉粒和黏粒含量增大时，渗透系数会大大减小。土的密实程度也是影响渗透系数大小的一个重要因素。土的密实程度愈

大则其渗透系数愈小。黏性土的渗透系数主要取决于土中黏土矿物的成分，黏土矿物中以蒙脱土的亲水性最强，膨胀性也最大，故土中蒙脱土含量较大时，其渗透系数会大大减小。土中封闭气体对渗透系数也有一定的影响。当黏性土中存在与大气不连通的气泡时，将会阻塞渗流的通道，使土的渗透性下降。土中封闭气泡愈多，则土的渗透系数愈小。

渗透系数的大小还与水的温度有关。因为水的渗透速度与水的动力黏滞系数成反比，而水的动力黏滞系数又与水的温度有关，所以同一种土在不同的温度下具有不同的渗透系数。由于地下水的温度常年变化不大，故工程上便以水温为 20℃时的渗透系数作为评价标准。

2.1.3.2 渗透系数的测定

测定土的渗透系数的方法有：室内常水头渗透试验和变水头渗透试验，现场抽水试验和注水试验等方法。

1. 常水头渗透试验

常水头试验适用于透水性较大的粗颗粒土。试验装置如图 2.5 所示。A 为圆柱状试样的横截面面积，L 为试样长度即渗流长度，h 为试验时的水头差。试验过程中，水头始终保持为一常数，并测定某时段 Δt 内流经试样的水体积 V，按达西定律即可求出渗透系数 k。因为

$$Q = \frac{V}{\Delta t} = kiA = k\frac{h}{L}A$$

所以

$$k = \frac{QL}{h\Delta tA} \tag{2.4}$$

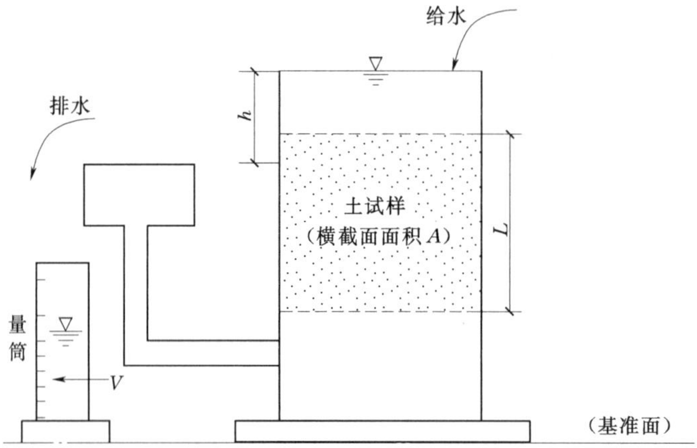

图 2.5 常水头渗透试验

2. 变水头试验

变水头渗透试验适用于渗透系数较小的黏性土。试验装置如图 2.6 所示。A 为圆柱状试样的横截面面积，L 为试样长度即渗流长度，在试验中测压管的水位不断下降，测定从时间 t_1 至 t_2 时测压管的水位 h_1 和 h_2 后，即可求出渗透系数 k 值。

设任意时刻测压管的水位为 h，水头梯度 $i=h/L$，在 $\mathrm{d}t$ 时段内，横截面积为 a 的测

压管水位下降了 dh，则

流经试样的水量为 $k\frac{h}{L}A\,dt$

测压管中减少的水量为 $a(-dh)$

由水量平衡原理可知： $k\frac{h}{L}A\,dt=-a\,dh$

当时间由 t_1 变至 t_2，水头由 h_1 变至 h_2

$$k\frac{A}{L}\int_{t_1}^{t_2}dt=-a\int_{h_1}^{h_2}\frac{dh}{h}$$

积分简化后

$$k=\frac{2.3aL}{A(t_1-t_2)}\lg\frac{h_1}{h_2} \tag{2.5}$$

一般地基土体都具有成层的性质，水平方向与垂直方向相差较大，因此室内测试渗透系数时，要注意试样各向异性的特点，应使水流透过试样的方向与天然土层中渗流的方向一致。

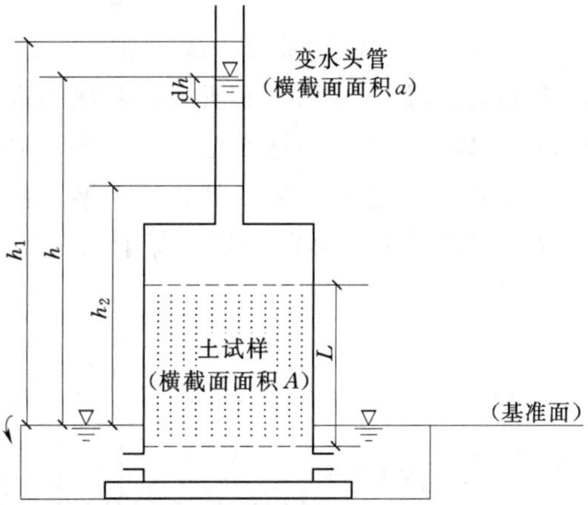

图 2.6 变水头渗透试验

3. 现场抽水试验

采用室内试验测试渗透系数的方法，往往由于采取的土样很难保持其天然状态，或试样难以代表现场复杂的地基状态，有时得不到可以信赖的结果，因此，有必要通过现场抽水试验测定渗透系数。

抽水试验现场布置如图 2.7 所示。在现场设置一个抽水井和两个以上的观测井。抽水过程中，过水断面为以抽水井为圆心、不同半径的圆柱面。抽水井中保持定流量抽

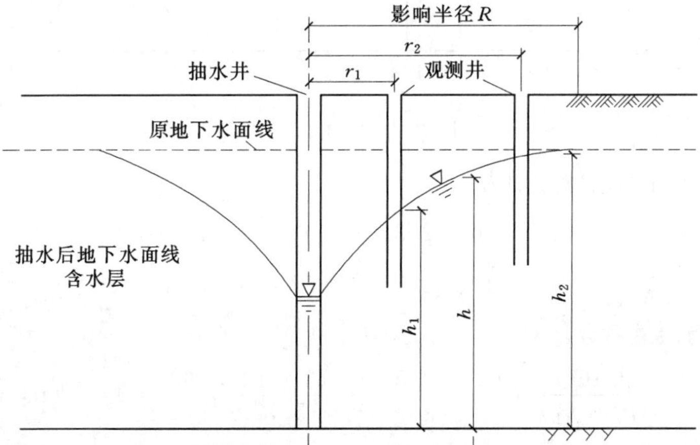

图 2.7 潜水完整井的抽水试验

水，当各观测井内水位稳定以后，可按以下方法求渗透系数 k。

由达西定律得

$$Q = k\frac{h_1 - h_2}{L}A = kiA = k\frac{\mathrm{d}h}{\mathrm{d}r}(2\pi rh)$$

$$Q\int_{r_2}^{r_1}\frac{\mathrm{d}r}{r} = 2\pi k\int_{h_1}^{h_2}h\mathrm{d}h$$

$$Q\ln\frac{r_2}{r_1} = \pi k(h_2^2 - h_1^2)$$

$$k = \frac{2.3Q}{\pi(h_2^2 - h_1^2)}\lg\frac{r_2}{r_1} \tag{2.6}$$

式中　h_1、h_2——抽水稳定后观测井内的地下水位，m；

r_1、r_2——观测井至抽水井的距离，m；

Q——井的涌水量，m^3/d；

k——渗透系数，m/d。

【例题 2.1】　如图 2.8 所示，在现场进行抽水试验测定土层的渗透系数。抽水井穿过 10m 厚砂土层进入不透水层，在距井管中心 15m 及 60m 处设置观测孔。已知抽水前静止地下水位在地面下 2.35m 处，抽水渗流稳定时，测得抽水流量 $q=4.73\times10^2 m^3/d$，同时从两个观测井得到水位分别下降了 1.93m 及 0.52m，求土层的渗透系数。

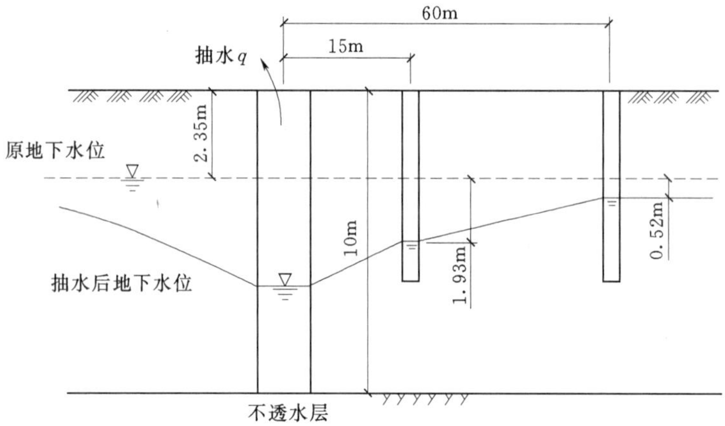

图 2.8　例题 2.1 图

解： 两个观测井的水位分别为

$$h_1 = 10 - 2.35 - 1.93 = 5.72(\mathrm{m})$$

$$h_2 = 10 - 2.35 - 0.52 = 7.13(\mathrm{m})$$

由式（2.6）求得渗透系数：

$$k = \frac{2.3Q}{\pi(h_2^2 - h_1^2)}\lg\frac{r_2}{r_1} = \frac{2.3\times4.73\times10^2}{\pi(7.13^2 - 5.72^2)}\lg\frac{60}{15} = 11.5\ (\mathrm{m/d})$$

4. 现场注水试验

现场注水试验与现场抽水试验原理是相同的，不再阐述。

2.2 渗透力与渗透变形

2.2.1 渗透力

水头作用下，水在土体孔隙中流动时将产生水头损失，而这种水头损失是因为水在土体孔隙中流动，作用于土颗粒上的拖曳力引起的，渗透水流作用于单位土体内土颗粒上的拖曳力称为单位渗透力，简称为渗透力，以 j 表示。渗透力是流动的水对土体施加的体积力（kN/m^3），它与单位土体积内渗透水流受到的骨架阻力大小相等，方向相反。

在图 2.3 中沿渗流方向取一个长度为 L，横截面积为 A 的柱体来研究。因 $h_1>h_2$，水头差为 h，水从截面 1 流向截面 2。由于土中渗流速度一般很小，其流动水流惯性力可以忽略不计。现假设所取土柱孔隙中完全充满水，并考虑土柱中的土颗粒对渗流阻力的影响，则作用于土柱中水体上的力有：①截面 1 上的总水压力 $P_1=\gamma_w h_1 A$，其方向与渗流方向一致；②截面 2 上的总水压力 $P_2=\gamma_w h_2 A$，其方向与渗流方向相反。

水流通过土柱损失的能量等于总渗透力

$$J = P_1 - P_2 = \gamma_w (h_1 - h_2) A \tag{2.7}$$

则单位渗透力

$$j = \frac{J}{LA} = \gamma_w \frac{h_1 - h_2}{L} = \gamma_w \frac{h}{L} = \gamma_w i \tag{2.8}$$

渗透力是一种体积力，单位为 kN/m^3，其大小与水力坡度成正比，方向与渗流方向一致。

2.2.2 渗透变形

渗透变形是当渗透水力坡降达到一定值后才可能发生的。土体开始发生渗透变形时的水力坡降，称为临界水力坡降，它表示土抵抗渗透破坏的能力。土的临界水力坡降是评价土体渗透稳定的重要参数，选用合理与否，直接关系到建筑物的造价和安全。对重要工程，应尽可能结合实际条件通过试验确定，一般工程可用半经验公式确定。渗透变形主要有两种形式：流土和管涌。

1. 流土

由于渗透力的方向与渗流方向一致，因此它对土体稳定性有很大的影响。如果渗流的方向与重力方向一致，即水的渗流自上而下时，土颗粒间的压力将增加，土体更加稳定；反之，当渗流的方向与重力方向相反时，水的渗流自下而上，土颗粒间的压力将减小。如图 2.9（b）所示，随着上游水位的不断增加，水力坡降逐渐增大，容器中土颗粒间的压力将减小至零，颗粒处于稳定的极限状态，若上游水位继续增加，土颗粒将浮起，出现流土现象。

在图 2.9（b）的土体表面 a 点取一单位体积土体进行受力分析。已知土在水下的浮重度为 γ'，向上的渗透力为 j，当浮重度 γ' 和渗透力 j 相等时，即

$$J = \gamma_w i = \gamma' = \gamma_{sat} - \gamma_w \tag{2.9}$$

式中 γ_{sat}——土的饱和重度；

γ_w——水的重度。

土颗粒之间的压力等于零，土颗粒将处于临界状态，悬浮在土体表面，当渗透力继续

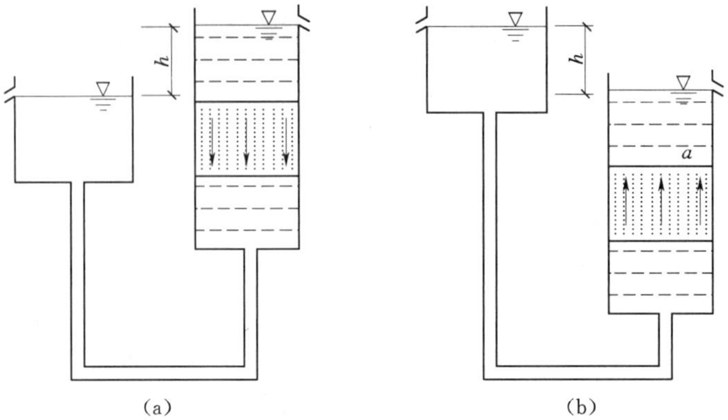

图 2.9　不同渗流方向对土的影响

(a) 向下渗流时；(b) 向上渗流

增加则土体失去稳定，这种现象就称为流土。临界状态时的水力坡降称为临界水力坡降 i_{cr}，可由式 (2.9) 得到

$$i_{cr}=\frac{\gamma'}{\gamma_w}=\frac{G_s-1}{1+e}=\frac{\gamma_{sat}}{\gamma_w}-1 \tag{2.10}$$

由式 (2.10) 可知，流土的临界水力坡降取决于土的物理性质，当颗粒比重 G_s 和孔隙比 e 为已知时，则土的临界水力坡降即为一定值，i_{cr} 一般在 0.8～1.2 之间。

流土往往发生在渗流的逸出处。如果工程中用渗流逸出处的水力坡降 i 与其临界水力坡降 i_{cr} 比较，即可判别流土的可能性。

若 $i<i_{cr}$，则土体处于稳定状态，不发生流土；

若 $i=i_{cr}$，则土体处于临界状态；

若 $i>i_{cr}$，则土体发生流土。

在设计中，应该考虑流土发生历时短及土的复杂性等因素，为确保建筑物的安全，常将临界水力坡降除以适当的安全系数作为允许水力坡降 $[i]$，设计中将逸出处的水力坡降 i 控制在允许水力坡降 $[i]$ 之内，即要求

$$i\leqslant[i]=i_{cr}/K \tag{2.11}$$

式中　K——流土的安全系数，一般取 2.0～2.5。

流土发生时，局部土体隆起、浮动，颗粒群同时发生移动而流失。流土一般发生在无保护的渗流出口处，而不发生在土体内部。开挖基坑或渠道时出现的所谓“流砂”现象，就是流土的常见形式。在图 2.10 (a) 中，由于细砂层的承压水作用，当基坑开挖至细砂层时，在渗透力作用下，细砂向上涌出，出现大量流土，引起房屋地基不均匀变形，上部结构开裂，影响了正常使用；图 2.10 (b) 为河堤覆盖层下流砂涌出的现象，由于覆盖层下有一强透水砂层，堤内、外水头差大，弱透水层薄弱处被冲溃，大量砂土涌出，危及河堤的安全。流土的发生一般是突发性的，对工程危害较大。

2. 管涌

管涌是指在渗流作用下，土中颗粒通过土体孔隙被带出土体以外的现象。管涌可以发

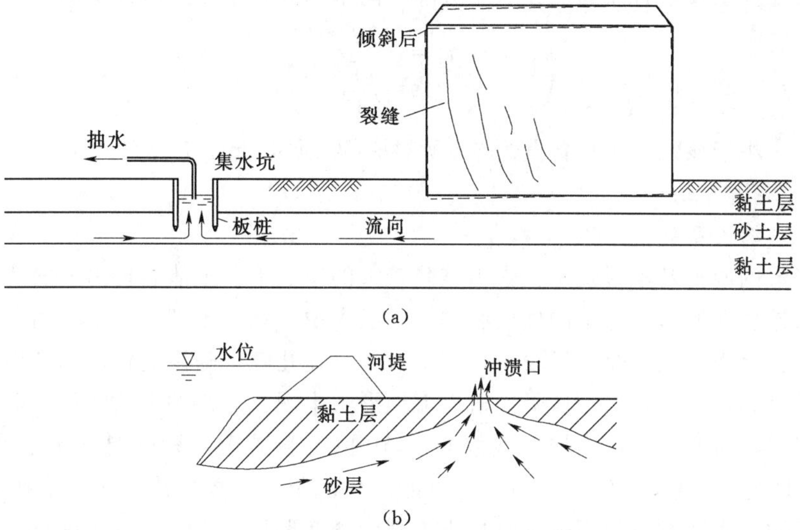

图 2.10 流土的危害

生在土体的所有部位。首先细颗粒在粗颗粒的孔隙中移动；随着土中孔隙的逐渐扩大，渗流速度不断增大，较粗的颗粒也被水流逐渐冲走；最后导致土体内部形成贯通的渗流管道，酿成溃堤的严重后果。由此可见，管涌的发生要有一定的发展过程，因而是一种渐进性的破坏。

发生管涌时的临界水头梯度与土的颗粒大小及其级配情况有关，但至今管涌的临界水力坡降尚无成熟的计算公式可循。对于重要的工程，须通过渗透破坏试验确定，通常可按图 2.11 所示的渗透试验装置进行。试验时，可将水头逐渐升高，直至开始发生管涌。除目测细颗粒的移动判断外，还要建立水力坡降与渗透速度的关系来判断管涌是否发生。如图 2.12 所示，当水力坡降增至某一数值后（A 点），i—v 关系曲线明显转折，这说明细颗粒已被带出，孔隙通道加大，渗流速度随之增大。最后取 A 点对应的水力坡降和肉眼观察到细颗粒移动时水力坡降两者中的较小值，作为管涌临界水力坡降。

由于管涌临界水力坡降的影响因素较多，国内外学者对此进行了很多研究。对于中小

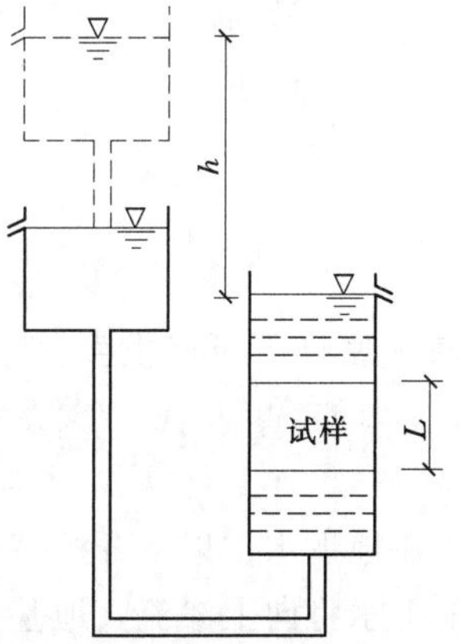

图 2.11 管涌试验装置示意图

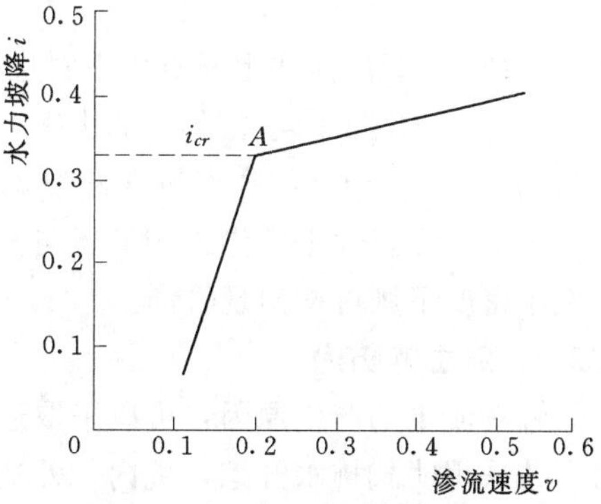

图 2.12 i—v 关系曲线

型工程，无黏性土发生管涌的临界水力坡降，南京水利科学研究院提供的经验公式如下

$$i_a = \frac{42d_3}{\sqrt{\frac{k}{n^3}}} \tag{2.12}$$

式中 d_3——小于该粒径颗粒含量为3%所对应的粒径，cm；

n——孔隙率；

k——渗透系数，cm/s。

渗透变形的两种基本形式是在水力坡降较大的情况下，土体表现出来的两种不同的破坏现象。渗透变形的形式与土的性质有关。一般来说，黏性土细颗粒呈粒团存在，颗粒间具有较大的黏聚力，且孔隙直径较小，细颗粒不会在孔隙中随渗流移动并带出，所以，不会发生管涌破坏，而多在渗透坡降大时以流土形式出现。无黏性土的渗透变形形式主要决定于颗粒组成，研究表明，不均匀系数 $C_U \leqslant 10$ 的匀粒砂土，只可能出现流土破坏形式；$C_U > 10$ 的砂砾土，既可能发生管涌，也可能产生流土，主要取决于土的级配情况与细料含量。对于缺乏中间粒径的不连续级配土，其渗透变形形式主要决定于细料含量。细料含量小于25%时，不能充满粗料所形成的孔隙，细颗粒可以很容易地在孔隙中移动，渗透变形常以管涌形式出现；若细料含量在35%以上时，细料填满粗料孔隙，粗、细料形成一个整体，细颗粒移动困难，多发生流土破坏。对于级配连续的不均匀土，我国有些学者根据试验研究提出，用土的孔隙直径比较法，以判别土的渗透变形的形式。当土中有5%以上细颗粒的粒径小于孔隙平均直径时，在较小的水力坡降下细颗粒将会被渗流带走，而形成管涌破坏；当土中对应3%细颗粒的粒径大于孔隙平均直径时，细颗粒很少流失，不会发生管涌，渗透变形呈流土形式。

综上所述，无黏性土渗透破坏形式的判别准则可概括为下列形式：

天然无黏性土
- 较均匀土，$C_U \leqslant 10$ —— 流土
- 不均匀土，$C_U > 10$
  - 级配不连续
    - $P > 35\%$ —— 流土
    - $P < 25\%$ —— 管涌
    - $P = 25\% \sim 35\%$ —— 过渡
  - 级配连续
    - $D_0 < d_3$ —— 流土
    - $D_0 > d_5$ —— 管涌
    - $D_0 < d_3 \sim d_5$ —— 过渡

其中 P——级配曲线上断点以下对应颗粒含量，即细料含量；

D_0——孔隙平均直径，可用 $D_0 = 0.25d_{20}$ 计算；

d_3、d_5——小于该粒径土粒含量为3%、5%对应的粒径。

另外，无黏性土的渗透变形还与土的密度有关，有些土在较大密度下可能发生流土，而在小密度下则可能出现管涌。

2.2.3 流土的防治

针对流土的产生原因，可以采取适当的工程措施加以防治。在地下水位以下开挖基坑时，若采用明式排水开挖，坑内、外造成水位差，则基坑底部地下水将向上渗流，地基中产生向上的渗透力，当水力坡降大于临界水力坡降 i_{cr} 时，坑底泥砂翻涌，出现流土现象，

不仅给施工带来很大的困难，甚至影响邻近建筑物的安全，所以在开挖基坑时要防止流土的发生。其主要措施包括如下几个方面。

1. 井点降水

即先在基坑范围以外设置井点降低地下水位后再开挖，减少或消除基坑内、外的水位差，达到降低水力坡降的目的，如图 2.13 所示，在基坑周围布置一排至几排井点，从井中抽水降低水位。

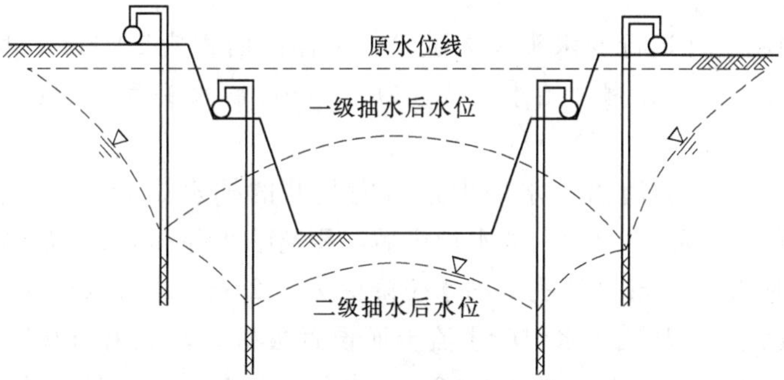

图 2.13　井点降水示意图

2. 设置板桩

设置板桩可增长渗透路径，减小水力坡降。板桩沿坑壁打入，其深度要超过坑底，使受保护土体内的水力坡降小于临界水力坡降，同时还可以起到加固坑壁的作用，如图 2.14 所示。

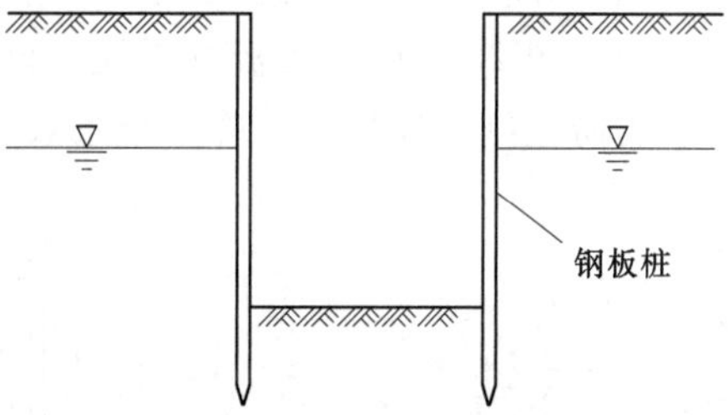

图 2.14　板桩

3. 其他措施

采用水下挖掘或枯水期开挖，也可进行土层加固处理，如注浆法等。

如何结合工程地质条件和具体工程情况分别或综合采取这些防渗措施，应进行比较论证。

小　结

土是由大小不同的矿物颗粒组成，土中孔隙是相互贯通的，土中两点之间存在水头差时，在重力作用下，孔隙中的水就会由高处向低处流动，这种现象称为渗流。

渗流将引起水量损失和渗透变形等问题，严重的将改变土体稳定状态，危及建筑物的安全。所以土的渗透性与渗透变形是土力学研究的主要问题之一。

本章主要阐述了水在岩土中渗透的基本规律——达西定律，渗透系数的测定方法以及渗透力的计算方法，在理解概念的基础上正确判断渗透变形形式，了解如何采取有效工程措施防治渗透变形。

思　考　题

2.1　达西渗流定律的内容是什么？其应用条件和适用范围是什么？达西渗流定律中的各个指标的物理意义是什么？

2.2　如何确定土的渗透系数？影响土的渗透系数的因素是什么？

2.3　常水头、变水头渗透试验和现场抽水试验方法有什么区别，适用于什么条件？

2.4　判别发生流土和管涌的临界水力坡降的含义有什么不同？

2.5　渗透力是怎样引起渗透变形的？土体发生流土和管涌的条件是什么？

2.6　叙述渗透破坏的防治措施。

习　　题

2.1　对一原状土样进行变水头渗透试验，土样截面积为 $105cm^2$，长度为 25cm，测压管截面积为 $3.14cm^2$，观测开始水头为 130cm，20s 后水头为 80cm，求该土样的渗透系数。

2.2　在厚度为 5m 的潜水含水层中进行完整井的抽水试验。已知抽水井的直径为 0.15m，其稳定涌水量为 $40m^3/d$，抽水稳定后，距离抽水井 20cm 处观测孔 1 的水位降深为 0.62m，距离抽水井 20m 观测孔 2 的水位降深为 0.29m。求含水层的渗透系数。

2.3　某工程为防止基坑排水中产生流土而设置板桩。基坑内与基坑外土层中的水头差为 1.20m，基坑低板桩入土深度为 1.00m。若土的饱和重度为 $20.0kN/m^3$，求：

（1）渗透力的大小；

（2）判断是否发生流土现象。

2.4　图 2.15 所示为板桩围堰。已知基坑土质为细砂，土粒比重为 2.70，孔隙比为 0.7。若防止细砂发生流砂的安全系数为 1.5，试问板桩的最小打入深度 t 为多少？

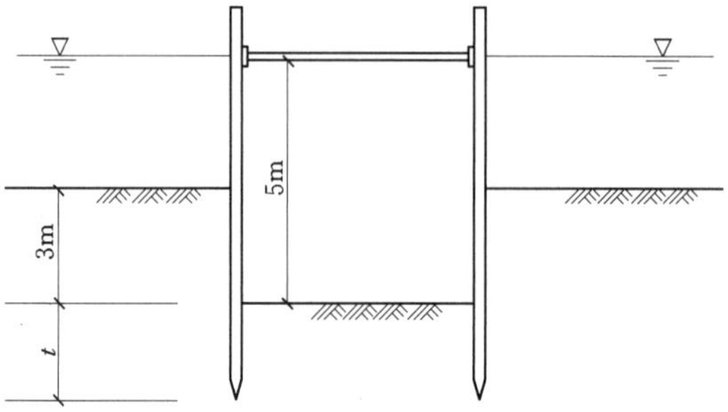

图 2.15　习题 2.4 图

第3章 土 中 应 力

学习目标：熟悉并掌握土中应力的基本形式以及基本定义；熟练掌握土中各种应力在不同条件下的计算方法；熟知附加应力在土中的分布规律；了解非均匀地基中附加应力的变化规律以及修正方法。

3.1 土的自重应力

3.1.1 自重应力的计算

为了保证建筑物的安全和正常使用，必须研究在各种荷载作用下，土中应力的大小和分布规律。土中应力是指由自身重力或外荷载等在土体中所产生的应力，按照其起因不同可分为自重应力和附加应力两种。

自重应力是指由土体自身重力而产生的应力，一般而言，土体在自重应力作用下，在漫长的地质历史中已压缩稳定，不再引起土的变形（新沉积土和近期人工冲填土除外）；附加应力是指由于建筑物荷载等其他外荷载作用，土体在自重应力基础上所增加的那部分应力，它是引起地基变形和失稳破坏的主要原因，附加应力的大小，除了与计算点的位置有关外，还决定于基底压力的大小和分布状况。

1. 均质土的自重应力

如图3.1所示，设地面为无限广阔的水平面，把土体视为均质、连续、各向同性的半无限弹性体，土体在自重作用下，只能产生竖向变形而无侧向变形及剪切变形，土中任一竖直面和水平面上剪应力为零。因此，地面下深度 z 处水平面上的竖向自重应力 σ_{cz} 可按该面上单位面积的土柱重力计算，即

$$\sigma_{cz}=\frac{W}{A}=\frac{\gamma z A}{A}=\gamma z \qquad (3.1)$$

式中 γ——土的重度，kN/m^3；

A——土柱体的底面积，m^2；

W——土柱体的重量，kN。

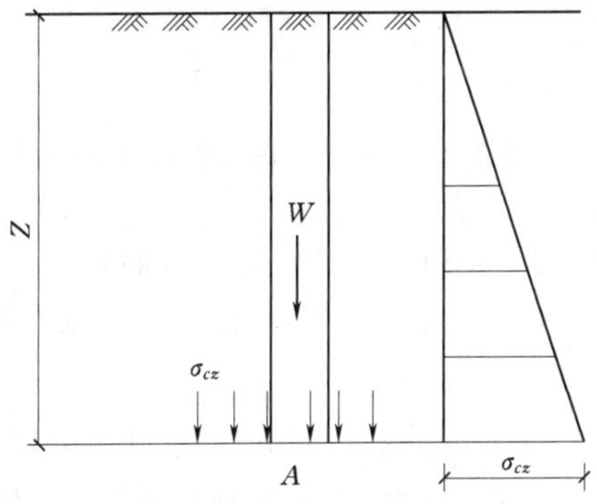

图3.1 均质土的自重应力

自重应力随深度按直线规律变化，即自重应力沿深度呈三角形分布。

2. 成层土的自重应力

地基土通常由不同性质的成层土组成，各层土重度不同，设第 i 层土的厚度为 h_i，重度为 γ_i，则第 n 层底面处土的自重应力计算式为

$$\sigma_{cz}=\gamma_1 h_1+\gamma_2 h_2+\gamma_3 h_3+\cdots+\gamma_n h_n=\sum_{i=1}^{n}\gamma_i h_i \tag{3.2}$$

3.1.2 地下水对自重应力的影响

当土层中有地下水时，由于土体是散粒体，水存在于土粒间的孔隙中，土粒会受到水的浮力作用，从而使得土粒间相互传递的自重作用减小。因此，在计算地下水位以下土的自重应力时，应用浮重度来代替重度。

土层中的地下水位常有变化，这会引起自重应力的相应改变。当地下水位下降时，地下水位变化范围内的土体不再受浮力影响，所以自重应力增加，会引起土体发生变形；当地下水位上升时，地下水位变化范围内的土体受到浮力作用，致使自重应力减小，将引起黏性土承载力降低、土坡稳定性下降、湿陷性黄土湿陷等问题。

3.1.3 不透水层对自重应力的影响

若在地下水位以下埋藏有不透水层（完整的岩层或密实黏土层等），因不透水层中不存在浮力，其重度要以天然重度计，而且透水层厚度范围内的水重也要作用在不透水层上面，即透水层与不透水层的界面处，自重应力发生突变，增加一个地下水的水压力。

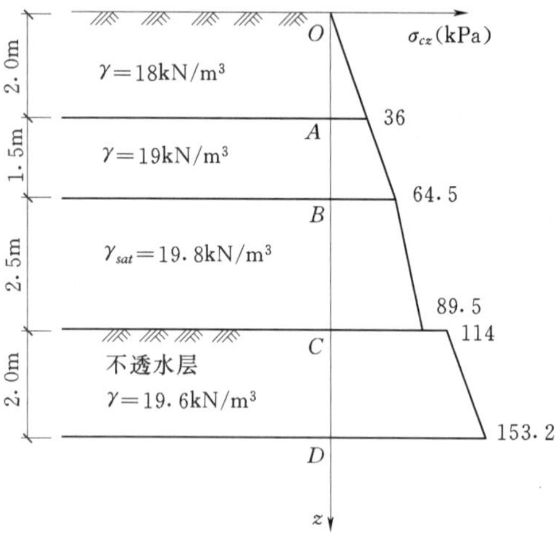

图3.2 例题3.1图（应力单位：kPa）

【例题3.1】 已知某成层土各层物理性质指标如图3.2所示，地下水位于地面下3.5m处，试计算其自重应力并绘制自重应力分布图。

解： 从地面往下作一竖直基准线 oz，各层面处用字母 O、A、B、C、D 标记。

(1) O 处：$z=0$，$\sigma_{cz}=0$；

(2) A 处：$z=2.0\text{m}$，$\sigma_{cz}=18\times2=36$ (kPa)；

(3) B 处：$z=3.5\text{m}$，$\sigma_{cz}=36+19\times1.5=64.5$ (kPa)；

(4) C 处上：$z=6\text{m}$，$\sigma_{cz}=64.5+(19.8-9.8)\times2.5=89.5$ (kPa)；

(5) C 处下：$z=6\text{m}$，$\sigma_{cz}=89.5+9.8\times2.8=114$ (kPa)；或 $\sigma_{cz}=64.5+19.8\times2.5=114$ (kPa)；

(6) D 处：$z=8\text{m}$，$\sigma_{cz}=114+19.6\times2.0=153.2$ (kPa)。

在 Oz 线的一侧按比例绘制各层面处的 σ_{cz} 值，并依次连接成折线，即自重应力分布图。

3.2 基 底 压 力

建筑物荷载是通过基础传给地基的。基底压力是指在基础底面处，由建筑物荷载（包括基础）传给地基单位面积上的压力。在计算地基附加应力及设计基础结构时，必须首先确定基底压力的大小与分布状况。

3.2.1 基底压力的分布规律

基底压力的大小与分布状况受基础上作用荷载的性质、大小和基础的刚度、尺寸和形状、埋置深度及地基土的性质等诸多因素影响，通常依据基础刚度，考虑荷载及土的性质等因素分析确定基底压力的分布形式。

柔性基础如土坝、土堤、路基等，由于刚度很小，其本身没有调整荷载重新分配的能力，所以基底压力与其上部荷载分布规律相同（图 3.3）。

刚性基础如混凝土、砖石等基础，本身变形很小，这类基础基底压力分布与作用在基底面上的荷载大小、土的性质及基础埋深等因素有关。研究表明，中心受压的刚性基础随荷载增大，基底压力分别呈马鞍形、抛物线形、钟形等分布规律（图 3.4）。

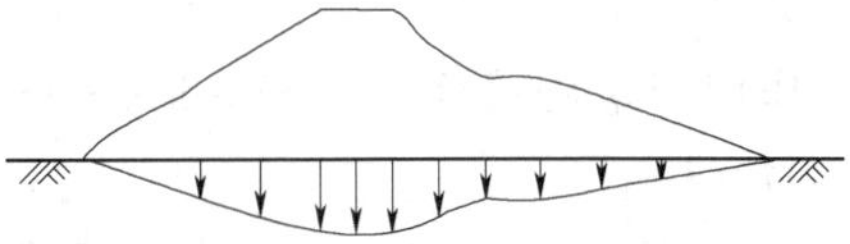

图 3.3 土坝基底压力分布

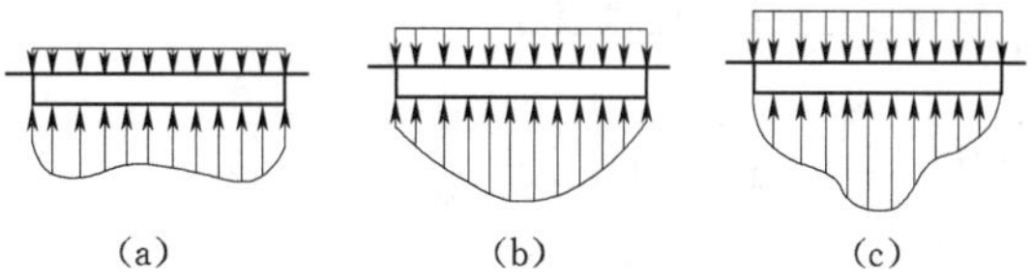

图 3.4 刚性基础基底压力分布

3.2.2 基底压力的简化计算

要想准确确定基底压力的大小和分布规律是很困难的，但在实际工程中，一般基底压力分布接近马鞍形，并趋向于直线分布。因此，当基础刚度比较大，荷载强度较小时，基底压力可近似按直线分布进行简化计算，所引起的误差是允许的。

建筑物基础有多种形状，这里我们只讨论常见的矩形和条形基础。矩形基础是指基础底面为矩形，且长度 L 与宽度 B 的比值 $L/B<5$（一般水利工程为 5，工业与民用建筑为 10）；条形基础理论上为 $L/B=\infty$，但在实际工程中 $L/B\geqslant 5$（或 10）即可视为条形基础。

1. 中心荷载作用下的基底压力

矩形基础在中心荷载作用下，基底压力简化为均匀分布，其压力值按下式计算

$$p=\frac{P}{A}=\frac{F+G}{A} \tag{3.3}$$

式中 p——基底压力，kPa；

P——基底面以上荷载，包括上部结构、基础及基础上回填土的荷载，一般分作两部分进行计算，$P=F+G$；

F——上部结构传至基础顶面的荷载，kN；

G——基础自重和基础上的土重，kN，$G=\overline{\gamma}Ad$，其中$\overline{\gamma}$为基础及基础上填土的平均重度，一般取 20kN/m^3，但地下水位以下部分应取浮重度，d 为基础埋深，m；

A——基础底面积，m^2。

对于条形基础在中心荷载作用下的基底压力，同样简化为均匀分布，计算式为

$$p=\frac{\overline{P}}{B} \tag{3.4}$$

式中 $\overline{P}$——每延米基底面以上荷载，kN/m；

B——基础宽度，m。

2. 偏心荷载作用下的基底压力

偏心荷载分为单向偏心和双向偏心，常见的为单向偏心，即偏心荷载作用于矩形基底的一个对称轴上，基底压力简化为梯形分布或三角形分布（图 3.5），设计时通常将基底长边方向取与偏心方向一致，此时基底边缘的最大压力 p_{max}和最小压力 p_{min}按材料力学偏心受压杆件公式计算，即

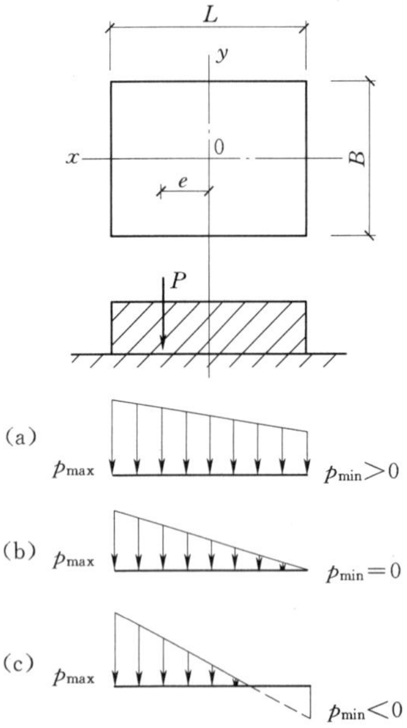

图 3.5 偏心荷载作用下的基底压力

$$p_{\substack{max\\min}}=\frac{P}{A}\pm\frac{M}{W} \tag{3.5}$$

式中 p_{max}、p_{min}——基底边缘的最大压力和最小压力，kPa；

M——作用于基础底面的力矩，kN·m，$M=Pe$；

W——基础底面的抵抗矩，m^3，对于矩形基础 $W=\frac{BL^2}{6}$，B、L 为矩形基础的边长，L（二次方边）为荷载偏心一边的边长；

e——偏心距，m。

将 $M=Pe$、$W=\frac{BL^2}{6}$代入式（3.5）得

$$p_{\substack{max\\min}}=\frac{P}{A}\left(1\pm\frac{6e}{L}\right) \tag{3.6}$$

由式（3.6）可见：

（1）当 $e<L/6$ 时，$p_{min}>0$，基底压力呈梯形分布。

（2）当 $e=L/6$ 时，$p_{min}=0$，基底压力呈三角形分布。

上述两种情况都可利用式（3.5）和式（3.6）计算基底压力。

（3）当时 $e>L/6$，式（3.6）中的 $p_{min}<0$，即基础一侧将出现拉应力，而基底与土体之间不能承受拉力，此时基底压力将重新分配，使得另一侧压力更大，式（3.5）及式（3.6）不再适用，重新分配后的基底压力可根据静力平衡条件求得。

对于条形基础在偏心荷载作用下的基底压力，可按以下公式计算

$$p_{\substack{max\\min}}=\frac{\overline{P}}{B}\left(1\pm\frac{6e}{B}\right) \tag{3.7}$$

式中 $\overline{P}$——每延米基底面以上荷载，kN/m；

B——基础宽度，m；

e——偏心距，m。

3.2.3 基底附加压力

基底附加压力也就是基底净压力，是指在基础底面处的地基面上受到的压力增量。

若基础直接建在地基表面时（不进行开挖），地基面上受到的压力增量就是基底压力

值，而往往基础建在地面下一定深度，建基础之前需首先开挖一个基础埋深范围内的土层，若基础及上部建筑的荷载正好等于开挖的土层荷载，对基底面来说，相当于没有增加荷载，只有超出埋深土层自重应力的部分，才是对地基土产生影响的压力值。实际上，基底附加压力是基底压力减去基础埋深范围内土的自重应力后的压力值。

对于基底压力为均匀分布的情况，其基底附加压力为：

$$p_0 = p - \sigma_{cz} = p - \gamma d \tag{3.8}$$

对于偏心荷载作用下梯形分布的基底压力，其基底附加压力为：

$$p_{0\substack{max \\ min}} = p_{\substack{max \\ min}} - \sigma_{cz} = p_{\substack{max \\ min}} - \gamma d \tag{3.9}$$

式中 p_0——基底附加压力，kPa；

p——基底压力，kPa；

σ_{cz}——基础埋深范围内土的自重应力，kPa；

γ——基础埋深范围内土的重度，kN/m³；

d——从天然地面算起基础的埋深，m。

【例题 3.2】 如图 3.6 所示，一矩形基础，底面尺寸为 2m×4m，作用一竖向偏心荷载 $P=1000$kN，偏心距 $e=0.2$m，基础埋深 $d=1$m，地基土体重度 $\gamma=18$kN/m³，试求基底压力及基底附加压力。

解：由于 $e=0.2$m，$L/6=0.67$m，即 $e<L/6$，故可用式（3.6）计算基底压力

$$p_{\substack{max \\ min}} = \frac{P}{A}\left(1 \pm \frac{6e}{L}\right) = \frac{1000}{2\times4}\left(1 \pm \frac{6\times0.2}{4}\right)$$

$$= 125(1 \pm 0.3) = \begin{matrix}162.5 \\ 87.5\end{matrix}\ (\text{kPa})$$

基底附加压力为

$$p_{0\substack{max \\ min}} = p_{\substack{max \\ min}} - \gamma d = \begin{matrix}162.5 \\ 87.5\end{matrix} - 18\times1 = \begin{matrix}144.5 \\ 69.5\end{matrix}\ (\text{kPa})$$

基底压力及基底附加压力分布图如图 3.6 所示。

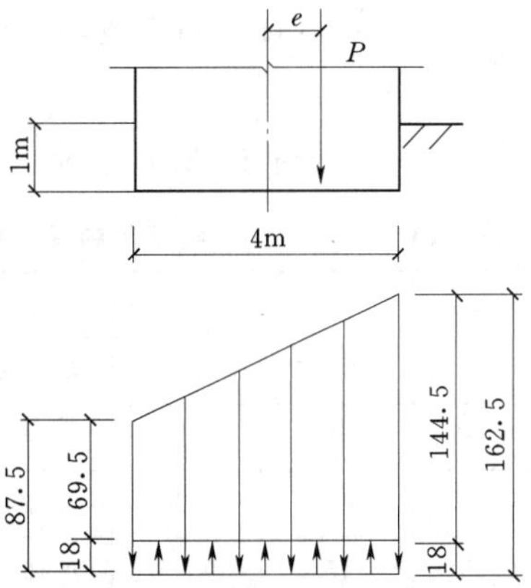

图 3.6 例题 3.2 图（基底压力单位：kPa）

3.3 地基中的附加应力

地基中的附加应力是指建筑物等荷载通过基底压力在地基中引起的应力增量。目前，在求解地基中的附加应力时，一般假定地基土是均质、连续、各向同性的完全弹性体，根据弹性理论的基本公式进行计算。附加应力的大小不仅与基底压力有关，还与计算点的空间坐标有关，按照问题的性质，划分为空间问题和平面问题两大类型：若应力是 x、y、z 三个坐标的函数，则称为空间问题，矩形基础下的附加应力即属空间问题；若应力是 x、z 两个坐标的函数，则称为平面问题，条形基础下的附加应力可认为属平面问题。

3.3.1 竖直集中荷载作用下地基中的附加应力

如图 3.7 所示，在半无限的弹性地基表面，作用一竖直集中荷载 P，按照布西奈斯克

的弹性理论解答，在地基中任一点 $M(x,y,z)$ 产生的附加应力有 σ_x、σ_y、σ_z、τ_{xy}、τ_{xz}、τ_{yz} 等 6 个应力分量，其中竖向附加应力 σ_z 对计算地基变形最有意义，其计算公式为

$$\sigma_z = \frac{3P}{2\pi}\frac{z^3}{R^5} = \frac{3P}{2\pi z^2}\frac{1}{\left[1+\left(\frac{r}{z}\right)^2\right]^{5/2}} = \alpha\frac{P}{z^2} \tag{3.10}$$

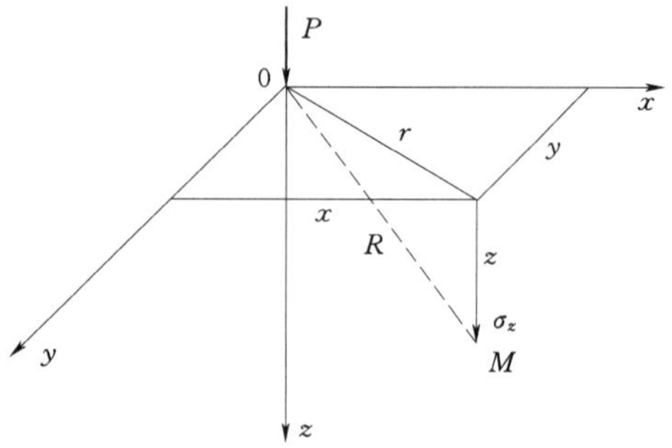

图 3.7 竖直集中力作用下的附加应力

式中 P——作用于坐标原点的竖直集中荷载，kN；

R——计算点 M 至坐标原点的距离，$R=\sqrt{x^2+y^2+z^2}$，m；

α——附加应力系数，$\alpha=\frac{3}{2\pi\left[1+\left(\frac{r}{z}\right)^2\right]^{5/2}}$，$\alpha$ 是（r/z）的函数，可由公式计算或查表 3.1 得到。

表 3.1　竖直集中荷载作用下地基中任一点的附加应力系数 α 值

r/z	α	r/z	α	r/z	α	r/z	α	r/z	α
0	0.4775	0.50	0.2733	1.00	0.0844	1.50	0.0251	2.00	0.0085
0.05	0.4745	0.55	0.2466	1.05	0.0744	1.55	0.0224	2.20	0.0058
0.10	0.4657	0.60	0.2214	1.10	0.0658	1.60	0.0200	2.40	0.0040
0.15	0.4516	0.65	0.1978	1.15	0.0581	1.65	0.0179	2.60	0.0029
0.20	0.4329	0.70	0.1762	1.20	0.0513	1.70	0.0160	2.80	0.0021
0.25	0.4103	0.75	0.1565	1.25	0.0454	1.75	0.0144	3.00	0.0015
0.30	0.3849	0.80	0.1386	1.30	0.0402	1.80	0.0129	3.50	0.0007
0.35	0.3577	0.85	0.1226	1.35	0.0357	1.85	0.0116	4.00	0.0004
0.40	0.3294	0.90	0.1083	1.40	0.0317	1.90	0.0105	4.50	0.0002
0.45	0.3011	0.95	0.0956	1.45	0.0282	1.95	0.0095	5.00	0.0001

由表 3.1 可见，在竖直集中荷载作用下，地基中附加应力 σ_z 的分布随深度和水平距离增大而逐渐减小，称为附加应力的扩散现象。

当地基表面有多个相邻竖直集中荷载作用时，可利用式（3.10）分别计算各个集中荷载所引起的附加应力，然后根据应力的叠加原理求和，即为共同作用产生的结果，称为附加应力的积聚现象。在工程中，因附加应力的扩散和积聚作用，邻近基础将互相影响，引起基础的附加沉降，旧建筑物在新建筑物作用下可能产生裂缝和倾斜等，因此在设计和施工中必须考虑邻近建筑的相互影响。

竖直集中荷载作用于地基表面是一种理想情况，利用弹性理论的基本解答，通过应力叠加原理，可以得到各种分布荷载作用下地基中的附加应力。

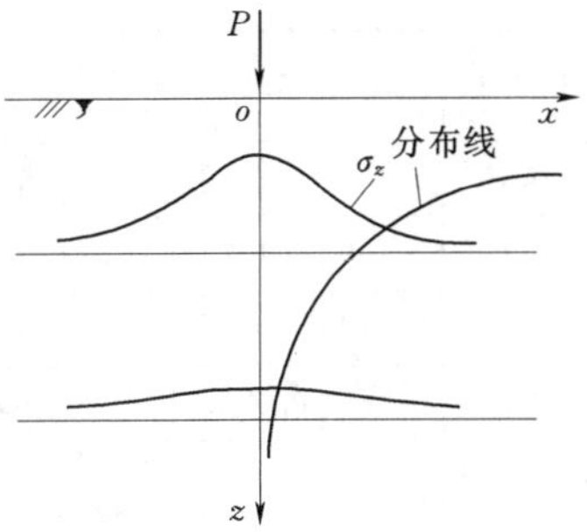

图 3.8 竖向集中荷载作用下 σ_z 的分布

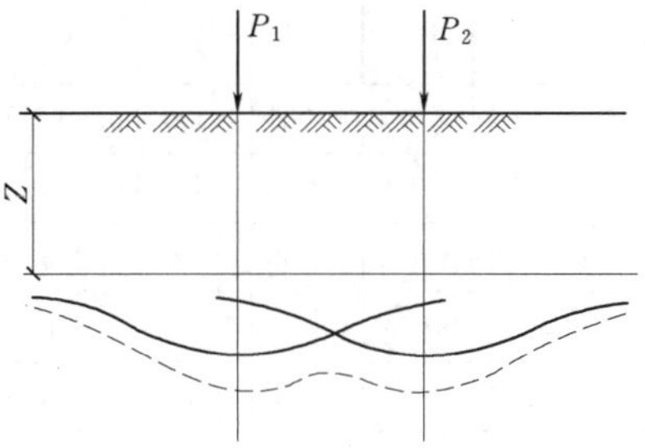

图 3.9 两个竖向集中荷载作用下 σ_z 的叠加

3.3.2 矩形基底受竖直均布荷载作用地基中的附加应力

1. 矩形基底任一角点下附加应力的计算

如图 3.10 所示，在竖直均布荷载作用下，矩形基底任一角点 c 下某一深度 z 处 M 点的竖向附加应力，可利用式（3.10）沿整个矩形面积进行积分求得，简化成如下形式

$$\sigma_z = \alpha_c p \tag{3.11}$$

式中 p——竖直均布荷载，kPa；

α_c——矩形基底受竖直均布荷载作用任一角点下的附加应力系数，它是 L/B 和 z/B 的函数，可由表 3.2 查得（注意 L 为矩形基底的长边，B 为短边）。

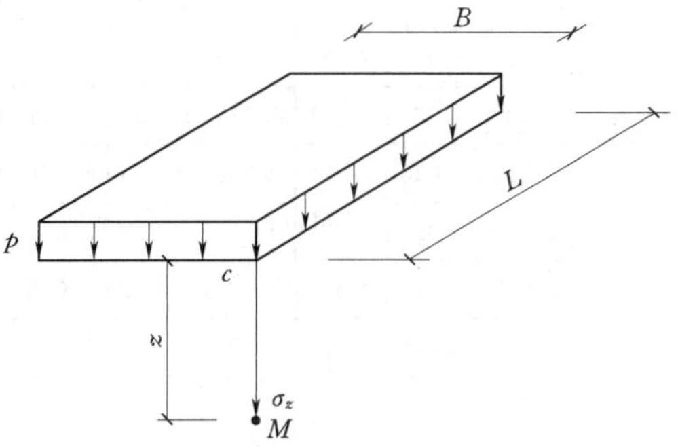

图 3.10 矩形基底受竖直均布荷载作用任一角点下的附加应力

表 3.2 矩形基底受竖直均布荷载作用任一角点下的附加应力系数 α_c 值

z/B \ L/B	1.0	1.2	1.4	1.6	1.8	2.0	2.2	2.4	2.6	2.8	3.0	4.0	5.0	10.0
0.0	0.250	0.250	0.250	0.250	0.250	0.250	0.250	0.250	0.250	0.250	0.250	0.250	0.250	0.250
0.2	0.249	0.249	0.249	0.249	0.249	0.249	0.2491	0.2491	0.2492	0.2492	0.249	0.249	0.249	0.249
0.4	0.240	0.242	0.243	0.243	0.244	0.244	0.244	0.244	0.244	0.244	0.244	0.244	0.244	0.244
0.6	0.223	0.228	0.230	0.232	0.232	0.233	0.233	0.233	0.234	0.234	0.234	0.234	0.234	0.234
0.8	0.200	0.208	0.212	0.215	0.217	0.218	0.218	0.219	0.219	0.219	0.220	0.220	0.220	0.220
1.0	0.175	0.185	0.191	0.196	0.198	0.200	0.201	0.202	0.203	0.203	0.203	0.204	0.204	0.205
1.2	0.152	0.163	0.170	0.176	0.180	0.182	0.184	0.185	0.186	0.187	0.187	0.188	0.189	0.189
1.4	0.131	0.142	0.151	0.157	0.161	0.164	0.167	0.169	0.170	0.171	0.171	0.173	0.174	0.174
1.6	0.112	0.124	0.133	0.140	0.145	0.149	0.151	0.153	0.155	0.156	0.157	0.159	0.160	0.160
1.8	0.097	0.108	0.117	0.124	0.129	0.133	0.137	0.139	0.141	0.142	0.143	0.146	0.147	0.148
2.0	0.084	0.095	0.103	0.110	0.116	0.120	0.124	0.126	0.128	0.130	0.131	0.135	0.136	0.137
2.2	0.073	0.083	0.092	0.098	0.104	0.108	0.112	0.115	0.117	0.119	0.121	0.125	0.126	0.128

续表

z/B \ L/B	1.0	1.2	1.4	1.6	1.8	2.0	2.2	2.4	2.6	2.8	3.0	4.0	5.0	10.0
2.4	0.064	0.073	0.081	0.088	0.093	0.098	0.102	0.105	0.107	0.109	0.111	0.116	0.118	0.119
2.6	0.057	0.065	0.073	0.079	0.084	0.089	0.092	0.096	0.098	0.100	0.102	0.107	0.110	0.112
2.8	0.050	0.058	0.065	0.071	0.076	0.081	0.084	0.088	0.090	0.092	0.094	0.100	0.102	0.105
3.0	0.045	0.052	0.058	0.064	0.069	0.073	0.077	0.080	0.083	0.085	0.087	0.093	0.096	0.099
3.2	0.040	0.047	0.053	0.058	0.063	0.067	0.070	0.074	0.076	0.079	0.081	0.087	0.090	0.093
3.4	0.036	0.042	0.048	0.053	0.057	0.061	0.065	0.068	0.070	0.073	0.075	0.081	0.085	0.088
3.6	0.033	0.038	0.043	0.048	0.052	0.056	0.059	0.062	0.065	0.065	0.069	0.076	0.080	0.084
3.8	0.030	0.035	0.040	0.044	0.048	0.052	0.055	0.058	0.060	0.063	0.065	0.072	0.075	0.080
4.0	0.027	0.032	0.036	0.040	0.044	0.047	0.051	0.054	0.056	0.059	0.060	0.067	0.071	0.076
4.2	0.025	0.029	0.033	0.037	0.041	0.044	0.047	0.050	0.052	0.054	0.056	0.063	0.067	0.072
4.4	0.023	0.027	0.031	0.034	0.038	0.041	0.044	0.046	0.049	0.051	0.053	0.060	0.064	0.069
4.6	0.021	0.025	0.028	0.032	0.035	0.038	0.041	0.043	0.045	0.047	0.049	0.056	0.061	0.066
4.8	0.019	0.023	0.026	0.029	0.032	0.035	0.038	0.040	0.042	0.044	0.046	0.053	0.058	0.064
5.0	0.018	0.021	0.024	0.027	0.030	0.033	0.036	0.038	0.040	0.042	0.044	0.050	0.055	0.061
6.0	0.013	0.015	0.017	0.020	0.022	0.024	0.026	0.028	0.029	0.031	0.033	0.039	0.043	0.051
7.0	0.009	0.011	0.013	0.015	0.016	0.018	0.020	0.021	0.022	0.024	0.025	0.031	0.035	0.043
8.0	0.007	0.009	0.010	0.011	0.013	0.014	0.015	0.017	0.017	0.019	0.020	0.025	0.028	0.037
9.0	0.006	0.007	0.008	0.009	0.010	0.011	0.012	0.013	0.014	0.015	0.016	0.020	0.024	0.032
10.0	0.005	0.006	0.007	0.007	0.008	0.009	0.010	0.011	0.012	0.012	0.013	0.017	0.020	0.028

2. 地基中任意点附加应力的计算——角点法

若计算点不在矩形基底角点正下方，可利用式（3.11），通过添加辅助线，将矩形基底划分为几个矩形，使得计算点在每个新矩形的公共角点下，再利用叠加（减）原理求出计算点的竖向附加应力 σ_z 值，这种方法称为角点法。

根据计算点平面位置的不同，可有以下 4 种情况，如图 3.11 所示。

（1）计算点在基底面内 N 点下，如图 3.11（a）所示，则

$$\sigma_z = (\alpha_{c1} + \alpha_{c2} + \alpha_{c3} + \alpha_{c4})p$$

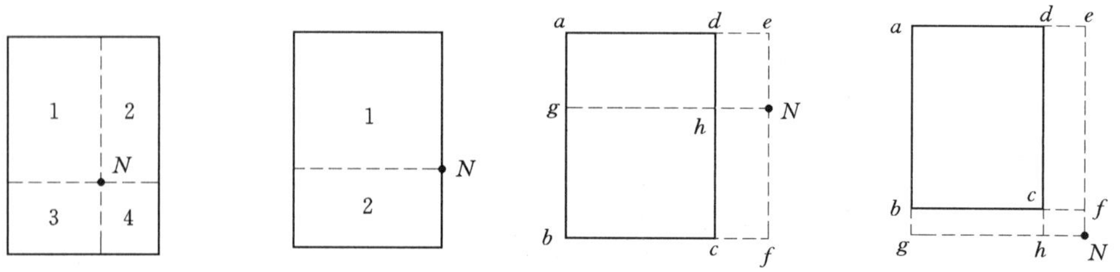

(a)　　(b)　　(c)　　(d)

图 3.11　角点法示意图

（a）基底内；（b）基底边缘；（c）基底边缘外侧；（d）基底角点外侧

(2) 计算点在基底边缘 N 点下，如图 3.11 (b) 所示，则

$$\sigma_z = (\alpha_{c1} + \alpha_{c2})p$$

(3) 计算点在基底边缘外侧 N 点下，如图 3.11 (c) 所示，则

$$\sigma_z = (\alpha_{cNa} + \alpha_{cNb} - \alpha_{cNd} - \alpha_{cNc})p$$

(4) 计算点在基底角点外侧 N 点下，如图 3.11 (d) 所示，则

$$\sigma_z = (\alpha_{cNa} - \alpha_{cNb} - \alpha_{cNd} + \alpha_{cNc})p$$

【例题 3.3】 如图 3.12 所示一矩形基础，底面尺寸为 2m×3.4m，基底面以上作用中心荷载 P=1360kN，试求图中 A 点以下 z=4m 处的竖向附加应力 σ_z。

解： 基底面受中心荷载作用，基底压力按均匀分布简化，基底压力为

$$p = \frac{1360}{2 \times 3.4} = 200(\text{kPa})$$

过 A 点将矩形底面分为Ⅰ、Ⅱ两部分。

对部分Ⅰ

$$L/B = 2/1 = 2, z/B = 4/1 = 4, \text{查表 3.2 得 } \alpha_c^{\text{I}} = 0.047$$

对部分Ⅱ

$$L/B = 2.4/2 = 1.2, z/B = 4/2 = 2, \text{查表 3.2 得 } \alpha_c^{\text{II}} = 0.095$$

$$\begin{aligned}\sigma_z &= (\alpha_c^{\text{I}} + \alpha_c^{\text{II}})p \\ &= (0.047 + 0.095) \times 200 \\ &= 28.4(\text{kPa})\end{aligned}$$

说明：如果基础底面有埋深，计算中应以 p_0 代替 p。

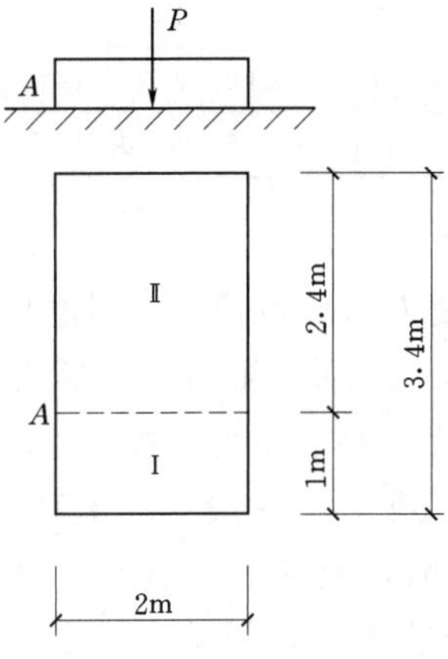

图 3.12 例题 3.3 图

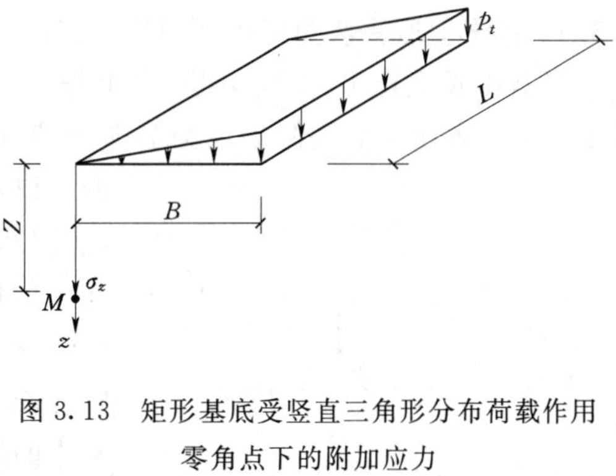

图 3.13 矩形基底受竖直三角形分布荷载作用零角点下的附加应力

3.3.3 矩形基底受竖直三角形分布荷载作用地基中的附加应力

如图 3.13 所示，竖直三角形分布荷载最大强度为 p_t，作用在矩形基底面上，荷载强度为零一侧的角点下深度 z 处 M 点的竖向附加应力，同样通过积分的办法简化成如下形式

$$\sigma_z = \alpha_t p_t \tag{3.12}$$

式中　p_t——竖直三角形分布荷载的最大强度，kPa；

α_t——矩形基底受竖直三角形分布荷载作用零角点下的附加应力系数，它是 L/B 和 z/B 的函数，可由表 3.3 查得（注意 L 为沿荷载强度不变方向的边长，B 为另一边的边长）。

表 3.3　　矩形基底受竖直三角形分布荷载作用零角点下的附加应力系数 α_t 值

z/B \ L/B	0.4	0.6	0.8	1.0	1.2	1.4	1.6	1.8	2.0	3.0	4.0	6.0	8.0	10.0
0.0	0.000	0.000	0.000	0.000	0.000	0.000	0.000	0.000	0.000	0.000	0.000	0.000	0.000	0.000
0.2	0.028	0.030	0.030	0.030	0.031	0.031	0.031	0.031	0.031	0.031	0.031	0.031	0.031	0.031
0.4	0.042	0.049	0.052	0.053	0.054	0.054	0.055	0.055	0.055	0.055	0.055	0.055	0.055	0.055
0.6	0.045	0.056	0.062	0.065	0.067	0.068	0.069	0.069	0.070	0.070	0.070	0.070	0.070	0.070
0.8	0.042	0.055	0.064	0.069	0.072	0.074	0.075	0.076	0.076	0.077	0.078	0.078	0.078	0.078
1.0	0.038	0.051	0.060	0.067	0.071	0.074	0.075	0.077	0.077	0.079	0.079	0.080	0.080	0.080
1.2	0.032	0.045	0.055	0.062	0.066	0.070	0.072	0.074	0.075	0.077	0.078	0.078	0.078	0.078
1.4	0.028	0.039	0.048	0.055	0.061	0.064	0.067	0.069	0.071	0.074	0.075	0.075	0.075	0.075
1.6	0.024	0.034	0.042	0.049	0.055	0.059	0.062	0.064	0.066	0.070	0.071	0.071	0.072	0.072
1.8	0.020	0.029	0.037	0.044	0.049	0.053	0.056	0.059	0.060	0.065	0.067	0.067	0.068	0.068
2.0	0.018	0.026	0.032	0.038	0.043	0.047	0.051	0.053	0.055	0.061	0.062	0.063	0.064	0.064
2.5	0.013	0.018	0.024	0.028	0.033	0.036	0.039	0.042	0.044	0.050	0.053	0.054	0.055	0.055
3.0	0.009	0.014	0.018	0.021	0.025	0.028	0.031	0.033	0.035	0.042	0.045	0.047	0.047	0.048
5.0	0.004	0.005	0.007	0.009	0.010	0.012	0.014	0.015	0.016	0.021	0.025	0.028	0.030	0.030
7.0	0.002	0.003	0.004	0.005	0.006	0.006	0.007	0.008	0.009	0.012	0.015	0.019	0.020	0.021
10.0	0.001	0.001	0.002	0.002	0.003	0.003	0.004	0.004	0.005	0.007	0.008	0.011	0.013	0.014

3.3.4　条形基底受竖直均布荷载作用地基中的附加应力

当基础长宽比 $L/B=\infty$ 时，其上作用的荷载沿长度方向分布相同，则地基中垂直于长度方向，各个截面的附加应力分布规律均相同，与长度无关，此种应力状态属平面问题。但在实际工程中，并不存在无限长的基础，当基础的长宽比 $L/B\geqslant5$ 或 10（一般水利工程为 5，工业与民用建筑为 10）时，地基中的附加应力与按 $L/B=\infty$ 时计算结果误差不大，因此，土坝、土堤、水闸、墙基、路基等条形基础，均可按平面问题计算地基中的附加应力。

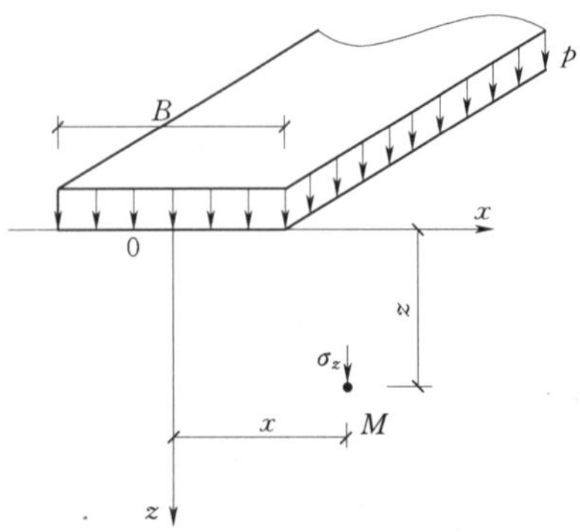

图 3.14　条形基底受竖直均布荷载作用地基中的附加应力

如图 3.14 所示，设宽度为 B 的条形基底受竖直均布荷载 p，土中任一点的竖向附加应力 σ_z 由弹性理论中的弗拉曼公式在荷载分布宽度范围内积分得到，可简化为如下形式

$$\sigma_z = \alpha_z^s p \tag{3.13}$$

式中 p——竖直条形均布荷载，kPa；

α_z^s——条形基底受竖直均布荷载作用地基中的附加应力系数，它是 x/B 和 z/B 的函数，可由表 3.4 查得（注意此处坐标系的原点是在均布荷载的中点）。

表 3.4　条形基底受竖直均布荷载作用地基中的附加应力系数 α_z^s 值

z/B \ x/B	−1.0	−0.75	−0.50	−0.25	0.00	+0.25	+0.50	+0.75
0.01	0.001	0.000	0.500	0.999	0.999	0.999	0.500	0.000
0.1	0.002	0.011	0.499	0.988	0.997	0.988	0.499	0.011
0.2	0.011	0.091	0.498	0.936	0.978	0.936	0.498	0.091
0.4	0.056	0.174	0.489	0.797	0.881	0.797	0.489	0.174
0.6	0.111	0.243	0.468	0.679	0.756	0.679	0.468	0.243
0.8	0.155	0.276	0.440	0.586	0.642	0.586	0.440	0.276
1.0	0.186	0.288	0.409	0.511	0.549	0.511	0.409	0.288
1.2	0.202	0.287	0.375	0.450	0.478	0.450	0.375	0.287
1.4	0.210	0.279	0.348	0.401	0.420	0.401	0.348	0.279
2.0	0.205	0.242	0.275	0.298	0.306	0.298	0.275	0.242
2.5	0.188	0.212	0.231	0.244	0.248	0.244	0.231	0.212

【例题 3.4】 如图 3.15 所示，某条形基础宽度 $B=4\text{m}$，基底以上作用竖直中心荷载 $\overline{p}=600\text{kN/m}$，试求基础中点下 9m 范围内的附加应力 σ_z，并绘制应力分布图。

解：中心荷载作用基底压力简化为均匀分布

$$p=\frac{\overline{p}}{B}=\frac{600}{4}=150(\text{kPa})$$

按图示建立坐标系，坐标原点在基础中心处，z 轴向下，x 轴向右（或左），取 $z=0\text{m}$，3m，6m，9m 几个点进行计算，分别以 O、A、B、C 标记。当 $z=3\text{m}$ 时，$x/B=0$，$z/B=3/4=0.75$，附加应力系数 α_z^s 由表 3.4 经线性内插而得

$$\alpha_z^s=0.642+\frac{0.8-0.75}{0.8-0.6}\times(0.756-0.642)=0.671$$

$$\sigma_z=0.671\times150=100.6(\text{kPa})$$

同理可得其他点的附加应力 σ_z，见表 3.5 所示。

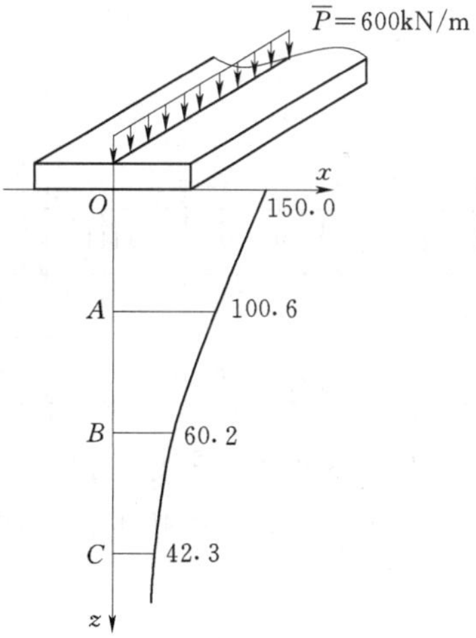

图 3.15　例题 3.4 图
（应力单位：kPa）

表 3.5　σ_z 计算表

点位	z (m)	z/B	α_z^s	σ_z (kPa)	点位	z (m)	z/B	α_z^s	σ_z (kPa)
O	0	0	1	150.0	B	6	1.5	0.401	60.2
A	3	0.75	0.671	100.6	C	9	2.25	0.282	42.3

3.3.5 条形基底受竖直三角形分布荷载作用地基中的附加应力

如图 3.16 所示，设宽度为 B 的条形基底上作用三角形分布荷载，其最大强度 p_t，土中任一点的竖向附加应力 σ_z 同样可通过积分简化为如下形式

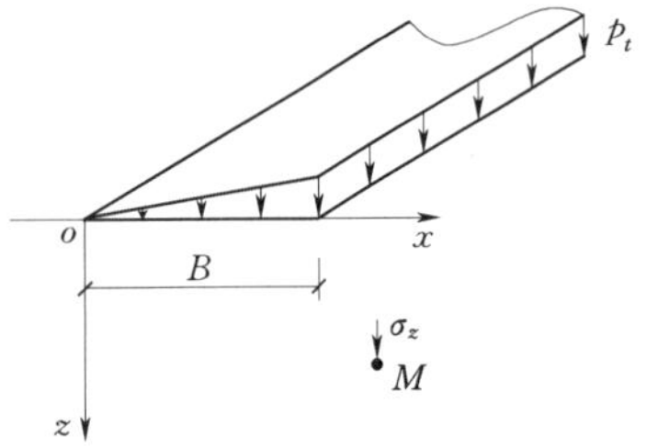

图 3.16 条形基底受竖直三角形分布荷载作用地基中的附加应力

$$\sigma_z = \alpha'_z p_t \tag{3.14}$$

式中 p_t——竖直三角形分布荷载最大强度，kPa；

α'_z——条形基底受竖直三角形分布荷载作用地基中的附加应力系数，它是 x/B 和 z/B 的函数，可由表 3.6 查得（注意此处坐标系的原点在荷载强度为零的一侧，x 轴正向指向强度增大一侧）。

表 3.6　　条形基底受竖直三角形分布荷载作用地基中的附加应力系数 α'_z 值

z/B \ x/B	−0.50	−0.25	0.00	+0.25	+0.50	+0.75	+1.00	+1.25	+1.50
0.01	0.000	0.000	0.003	0.249	0.500	0.750	0.497	0.000	0.000
0.1	0.000	0.002	0.032	0.251	0.498	0.737	0.468	0.010	0.002
0.2	0.003	0.009	0.061	0.255	0.489	0.682	0.437	0.050	0.009
0.4	0.010	0.036	0.110	0.263	0.441	0.534	0.379	0.137	0.043
0.6	0.030	0.066	0.140	0.258	0.378	0.421	0.328	0.177	0.080
0.8	0.050	0.089	0.155	0.243	0.321	0.343	0.285	0.188	0.106
1.0	0.065	0.104	0.159	0.224	0.275	0.286	0.250	0.184	0.121
1.2	0.070	0.111	0.154	0.204	0.239	0.246	0.221	0.176	0.126
1.4	0.080	0.114	0.151	0.186	0.210	0.215	0.198	0.165	0.127
2.0	0.090	0.108	0.127	0.143	0.153	0.155	0.147	0.134	0.115

对于基底压力为竖直梯形分布荷载作用的情况，可将其分解为竖直均布荷载和竖直三角形分布荷载，分别按上述方法计算 σ_z，最后进行应力叠加即可。

小　　结

本章主要学习了土的自重应力及附加应力的计算及其分布规律。土中自重应力的计算可归纳为 $\sigma_{cz} = \sum_{i=1}^{n} \gamma_i h_i$，而土中附加应力的计算可归纳为公式 $\sigma_z = \alpha p_0$。

成层土的自重应力，由于各层土的重度不同，其分布规律为沿深度呈折线分布；当土层中有地下水存在时，地下水位以下的自重应力应采用浮重度计算；遇到不透水层时，考虑其上水压力作用，在不透水层的上界面处自重应力发生突变。

建筑物荷载是通过基础传给地基的，在基础底面形成基底（附加）压力，由此产生地基附加应力。矩形基底下附加应力的计算属空间问题，地基中任一点附加应力的计算采用

角点法；条形基底以下附加应力的计算属平面问题，地基中任一点附加应力的计算均可直接计算或查表计算。

须注意的是，土是三相体，具有明显的各向异性和非线性特征。为简便起见，目前计算土中应力的方法仍采用弹性理论公式，将地基土视作均质、连续、各向同性的半无限弹性体，这种假定与实际情况有一定差别，但其计算结果尚能满足实际工程的要求。

思　考　题

3.1　土的自重应力分布有何规律？成层土的自重应力分布图各层斜率受什么影响？

3.2　地下水位上升和下降对土体自重应力有何影响？

3.3　基底压力和基底附加压力有何区别？为何要计算基底附加压力？

3.4　偏心荷载作用下的基底压力简化计算应注意什么？

3.5　土中附加应力分布有何规律？

3.6　土中附加应力的计算对于矩形基础和条形基础有何区别？为什么？

3.7　角点法计算附加应力应注意些什么？

习　　题

3.1　如图 3.17 所示某地基土层剖面，各层土的厚度及重度见图，试计算自重应力大小并绘制其分布图。

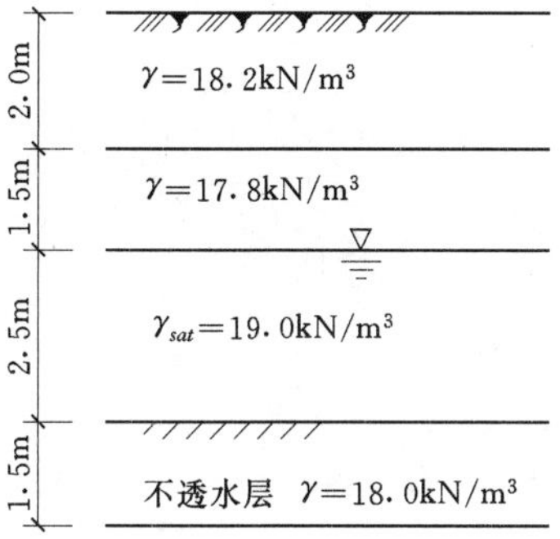

图 3.17　习题 3.1 图

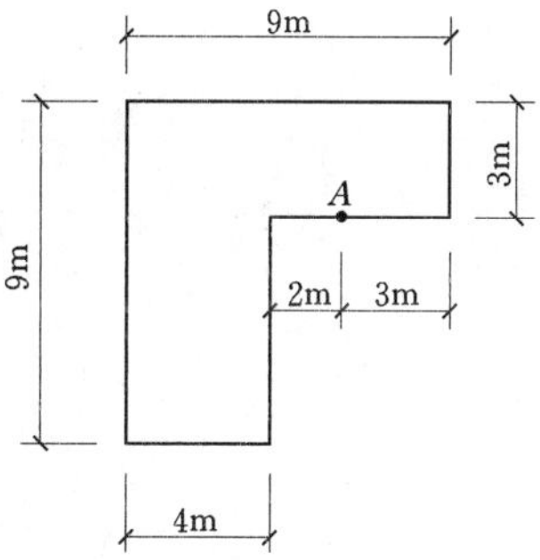

图 3.18　习题 3.2 图

3.2　如图 3.18 所示基础，其上作用着均布荷载 $p=140kPa$，试求图中 A 点以下 6m 深处的竖向附加应力 σ_z。

3.3　如图 3.19 所示一矩形基础，长度为 8m，宽度为 4m，在长边对称线上作用着竖直偏心荷载 $P=6400kN$，偏心距为 0.4m，试求基础中心点 A 和长边中点 B 以下 8m 深度处的竖向附加应力 σ_z。

3.4　如图 3.20 所示，某条形基础的宽度 $B=10m$，基础埋深 $d=1m$，埋深范围内土的重度 $\gamma=18kN/m^3$，受竖直中心荷载 $\overline{P}=1200kN/m$ 的作用，试求基础中点 O 及一侧 O_1 点下 12m 深度范围内的竖向附加应力 σ_z，并绘制其分布图。

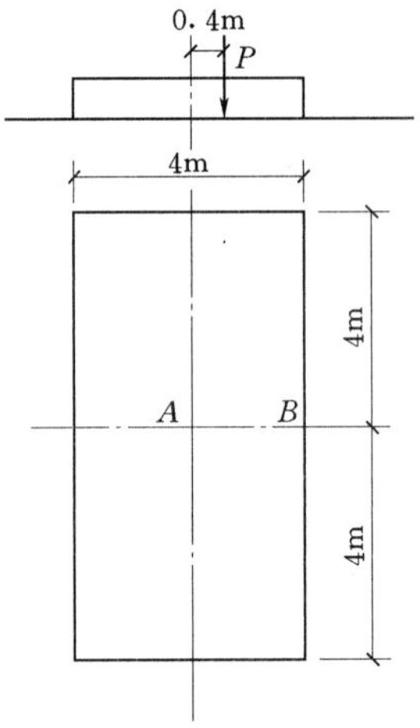

图 3.19　习题 3.3 图

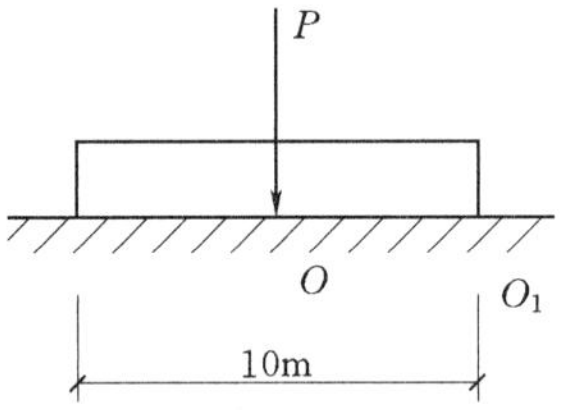

图 3.20　习题 3.4 图

第4章 地基变形计算

学习目标：地基土层在建筑物荷载作用下产生变形，建筑物基础亦随之沉降，尤其是当荷载差异较大或者地基土层软弱不均时，往往会导致建筑物基础出现较大的不均匀沉降，过大的不均匀沉降将会导致建筑物的某些部位开裂、倾斜，甚至倒塌。因此，对于软弱的、不均匀的地基，对于使用要求上只能允许很小的沉降、不均匀沉降的建筑物，以及对于重要的、特殊的建筑物，通常需要进行地基变形计算和对地基变形加以控制。

本章主要介绍土的压缩性与地基最终沉降量计算，其学习目标如下。

（1）掌握侧限压缩试验及其土的压缩性指标。

（2）掌握地基最终沉降量的计算方法。

（3）熟悉地基变形特征与建筑物的地基变形允许值。

（4）了解地基变形与时间的关系。

4.1 土的压缩性

4.1.1 基本概念

地基土在压力作用下体积减小的特性称为土的压缩性。土体产生压缩变形的原因有以下3个方面：①土粒本身的压缩变形；②孔隙中水和空气的压缩变形；③孔隙中部分水和空气被挤出，土粒互相靠拢，孔隙体积变小。试验研究表明，在工程实践中所遇到的压力（常小于600kPa）作用下，土粒和水的压缩量很小，可以忽略不计。因此，土的压缩变形主要是由于孔隙减小的缘故，可以用压力与孔隙体积之间的变化来说明土的压缩性，并用于计算地基沉降量。

对于饱和土，土的压缩主要是孔隙水逐渐向外排出，孔隙体积减小所引起的。饱和砂土，由于透水性强，在一定压力作用下土中水易于排出，压缩过程能较快地完成。而饱和黏性土，由于透水性弱，土中水不能迅速排出，压缩过程常需相当长的时间才能完成。这种土的压缩随时间而增长的过程，称为土的固结。关于土的固结理论将在4.3节中讨论。

4.1.2 侧限压缩试验与压缩性指标

4.1.2.1 侧限压缩试验

室内压缩试验是用压缩仪（或称固结仪）进行的，如图4.1所示。试验时用环刀切取土样，装在刚性护环内，通过加压活塞逐级施加压力。在每级压力下，待土样压缩稳定后，由百分表测出变形量，然后再加下一级压力。土样中的孔隙水通过透水石排出。土样由于受到环刀和刚性护环的限制，只能在竖直方向产生压缩变形，不能产生侧向膨胀，故称为侧限压缩实验。

在压缩试验中，土粒体积可认为不变，因此，土样在各级压力 p_i 作用下的变形，常用孔隙比 e 的变化来表示，如图4.2所示。设土样的截面积为 A，初始高度为 H_0，并令

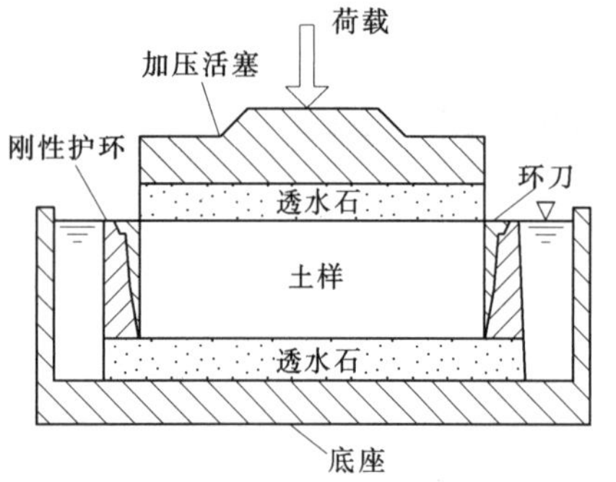

图 4.1　侧限压缩试验示意图

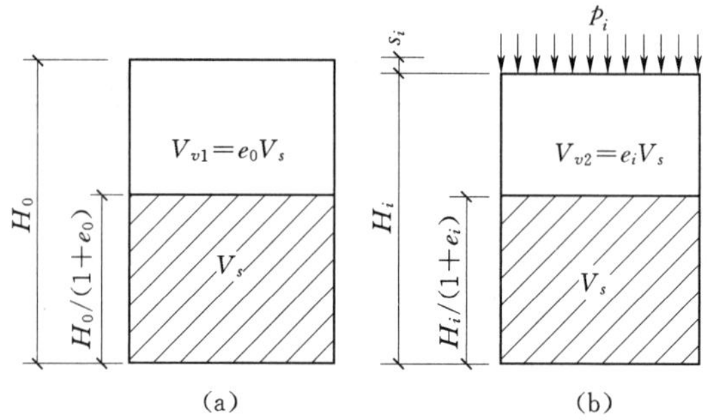

图 4.2　压缩试验土样变形示意图

$V_s=1$，则在加压前有

$$V_v = e_0 \qquad V = 1 + e_0$$

$$\frac{V_s}{V} = \frac{1}{1+e_0} \qquad V_s = \frac{V}{1+e_0} = \frac{AH_0}{1+e_0}$$

在压力 p_i 作用下，土样的稳定变形量为 s_i，土样的高度 $H_i=H_0-s_i$，此时土样的孔隙比为 e_i，则

$$V_s = \frac{AH_i}{1+e_i} = \frac{A(H_0-s_i)}{1+e_i}$$

由于加压前后土样的截面积不变，即

$$e_i = e_0 - (1+e_0)\frac{s_i}{H_0} \tag{4.1}$$

式中　e_0——土的初始孔隙比，可由土的三个实测物理指标求得。

$$e_0 = \frac{G_s\rho_w(1+\omega)}{\rho} - 1$$

这样，只要测定了土样在各级压力 p_i 作用下的稳定变形量 s_i 后，就可根据式（4.1）算出相应的孔隙比 e_i。然后以横坐标表示压力 p，纵坐标表示孔隙比 e，可绘制出 e—p 曲线，如图 4.3 所示；或以横坐标表示压力的常用对数 $\lg p$，纵坐标表示孔隙比 e，绘出 e—$\lg p$ 曲线，如图 4.4 所示。

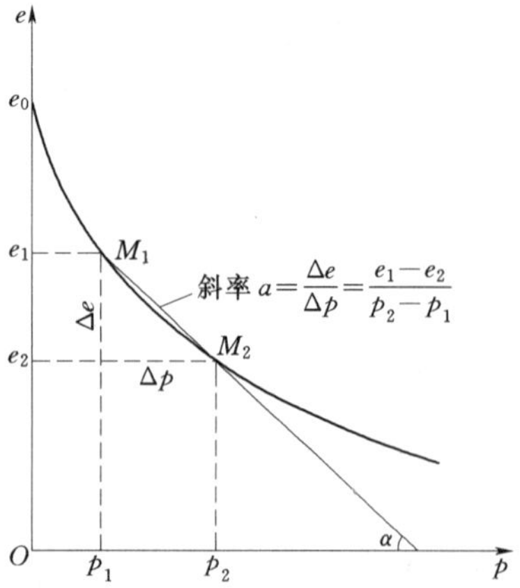

图 4.3　e—p 曲线

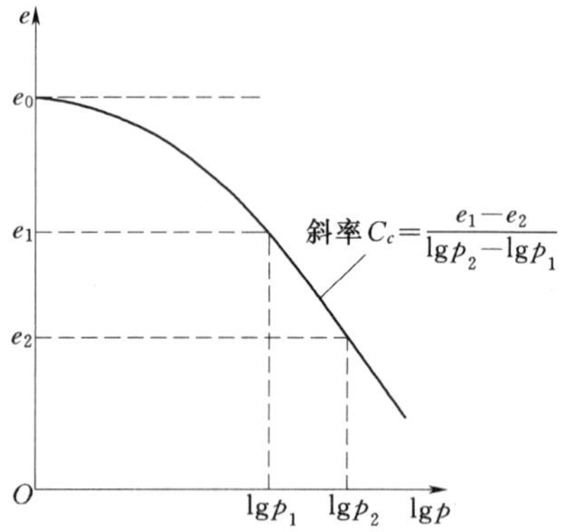

图 4.4　e—$\lg p$ 曲线

4.1.2.2 压缩性指标

1. 压缩系数 a

$e—p$ 曲线可反映土的压缩性的高低，压缩曲线越陡，说明随着压力的增加，土的孔隙比减小越多，则土的压缩性越高；若曲线越平缓，则土的压缩性越低。在工程上，当压力 p 的变化范围不大时，如图 4.3 中从 p_1 到 p_2，压缩曲线上相应的 M_1M_2 段可近似地看作直线，即用割线 M_1M_2 代替曲线，土在此段的压缩性可用该割线的斜率来反映，则直线 M_1M_2 的斜率称为土体在该段的压缩系数，即

$$a=\frac{e_1-e_2}{p_2-p_1} \tag{4.2}$$

式中 a——土的压缩系数，kPa^{-1} 或 MPa^{-1}；

p_1——增压前的压力，kPa；

p_2——增压后的压力，kPa；

e_1、e_2——增压前、后土体在 p_1 和 p_2 作用下压缩稳定后的孔隙比。

由式（4.2）可知，a 越大，说明压缩曲线越陡，表明土的压缩性越高；a 越小，则曲线越平缓，表明土的压缩性越低。但必须注意，由于压缩曲线并非直线，故同一种土的压缩系数并非常数，它取决于压力间隔（p_2-p_1）及起始压力 p_1 的大小。从对土评价的一致性出发，《建筑地基基础设计规范》（GB 50007—2002）中规定，取压力 $p_1=100$kPa、$p_2=200$kPa 对应的压缩系数 a_{1-2} 作为判别土压缩性的标准。按照 a_{1-2} 的大小将土的压缩性划分如下。

$a_{1-2}<0.1MPa^{-1}$，属低压缩性土；

$0.1MPa^{-1}\leqslant a_{1-2}<0.5MPa^{-1}$，属中压缩性土；

$a_{1-2}\geqslant 0.5MPa^{-1}$，属高压缩性土。

2. 压缩模量 E_s

根据 $e—p$ 曲线可求出另一个压缩性指标，即压缩模量。它是指土在侧限压缩的条件下，竖向压力增量 $\Delta p(p_2-p_1)$ 与相应的应变变化量的比值，其单位为 kPa 或 MPa，表达式为

$$E_s=\frac{\Delta p}{\Delta \varepsilon}=\frac{p_2-p_1}{(e_1-e_2)/(1+e_1)}=\frac{1+e_1}{a} \tag{4.3}$$

E_s 越大，表示土的压缩性越低；反之 E_s 越小，则表示土的压缩性越高。

3. 压缩指数 C_c

由图 4.4 中的 $e—\lg p$ 曲线可以看出，此曲线开始一段呈曲线，其后很长一段为直线，此直线段的斜率称为土的压缩指数 C_c，即

$$C_c=\frac{e_1-e_2}{\lg p_2-\lg p_1} \tag{4.4}$$

压缩指数也可以表示土的压缩性的高低，其值越大，压缩曲线也越陡，土的压缩性越高；反之，土的压缩性越低。按《水工设计手册》规定，$C_c<0.2$ 为低压缩性土，$0.2\leqslant C_c\leqslant 0.35$ 为中压缩性土，$C_c>0.35$ 为高压缩性土。

4.1.3 土的受荷历史对压缩性的影响

在做压缩试验时，如加压到某一级荷载达到压缩稳定后，逐级卸荷，可以看到土的一

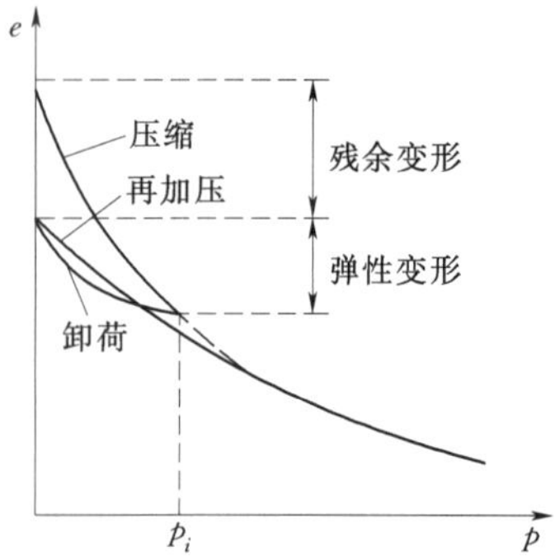

图 4.5 土的压缩、卸荷、再加压曲线

部分变形可以恢复（即弹性变形），而另一部分变形不能恢复（即残余变形）。如果卸荷后又逐级加荷便可得到再加压曲线，再加压曲线比原压缩曲线平缓得多，如图 4.5 所示。这说明，土在历史上若受过大于现在所受的压力，其压缩性将大大降低。为了考虑受荷历史对地基土压缩性的影响，需知道土的前期固结压力 p_c。

土的前期固结压力是指土层形成后的历史上所经受过的最大固结压力。将土层所受的前期固结压力 p_c 与土层现在所受的自重应力 σ_{cz} 的比值称为超固结比，以 OCR 表示。根据 OCR 可将天然土层分为三种固结状态。

1. 正常固结土（$OCR=1$）

一般土体的固结是在自重应力的作用下伴随土的沉积过程逐渐达到的。当土体达到固结稳定后，土层的应力未发生明显变化，即前期固结压力等于目前土层的自重应力，这种状态的土称为正常固结土。如图 4.6（a）所示，工程中多数建筑物地基均为正常固结土。

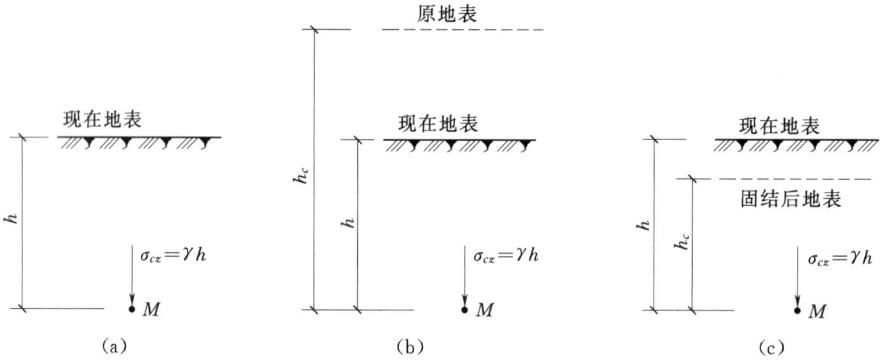

图 4.6 天然土层的三种固结状态

2. 超固结土（$OCR>1$）

当土层在历史上经受过较大的固结压力作用而达到固结稳定后，由于受到强烈的侵蚀、冲刷等原因，使其目前的自重应力小于前期固结压力，这种状态的土称为超固结土，如图 4.6（b）所示。

3. 欠固结土（$OCR<1$）

土层沉积历史短，在自重应力作用下尚未达到固结稳定，这种状态的土称为欠固结土，如图 4.6（c）所示。

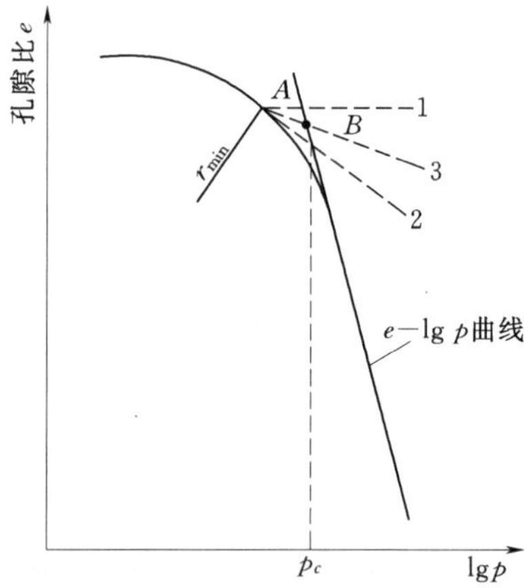

图 4.7 卡萨格兰德法确定 p_c

前期固结压力 p_c 可用卡萨格兰德的经验作图法确定，如图 4.7 所示。在 $e—\lg p$ 曲线上找出曲率半径最小的一点 A，过 A 点作水平线 $A1$ 和切线 $A2$，作

$\angle 1A2$ 的平分线 $A3$ 并与 $e—\lg p$ 曲线中直线段的延长线相交于 B 点，B 点所对应的压力就是前期固结压力。

4.2 地基最终沉降量计算

地基最终沉降量是指在荷载作用下地基土层被压缩达到相对稳定时的沉降量。其计算方法很多，目前工程中应用最多的是分层总和法。

4.2.1 分层总和法计算地基最终沉降量

1. 基本假设与公式

分层总和法通常假设地基压缩时不允许侧向变形，即采用侧限条件下的压缩试验成果进行计算。为了弥补这样的沉降量偏小的缺点，通常采用基础中心点下的附加应力 σ_z 进行计算。假定地基土层的厚度为 H；地基土层在建筑物施工前的初始应力（即土的自重应力 σ_{cz}）为 p_1，其相应的孔隙比为 e_1；建筑物施工后在地基中引起了附加应力 σ_z，则总应力 $p_2=p_1+\sigma_z$，其相应的孔隙比为 e_2。即单一土层的地基最终沉降量 S 则由式（4.1）可得

$$S=\frac{e_1-e_2}{1+e_1}H \tag{4.5}$$

若以压缩系数 a 表示，则

$$S=\frac{a}{1+e_1}\sigma_z H \tag{4.6}$$

若以压缩模量表示，则

$$S=\frac{1}{E_s}\sigma_z H \tag{4.7}$$

2. 计算所需的资料

计算地基最终沉降量所需的资料包括：基础的平面布置型式、尺寸及埋深，荷载的大小与分布，工程地质剖面图，地下水位，土的重度及压缩曲线等。

3. 计算步骤

首先根据地基的土质条件、基础类型、基底面积、荷载大小及分布等情况，在基底范围内选定几个沉降计算点，分别按下列步骤计算出各点的沉降量。

（1）将地基分层。一般按每层厚度 $H_i\leqslant 0.4b$（b 为基础宽度），水闸地基 $H_i\leqslant 0.25b$ 确定。将土层划分为若干水平土层，但当有不同性质土层的界面和地下水位时，则必须作为分层界面。

（2）计算基底压力和基底附加压力。

（3）计算各分层界面处的自重应力 σ_{cz} 和附加应力 σ_z，并绘出它们的分布曲线。

（4）确定压缩层计算深度。考虑到基底下一定深度处，附加应力对地基的压缩变形影响甚微，以至其下土层的沉降量可以忽略不计。因此，工程中常以基底至这个深度作为压缩层的计算深度，用 Z_n 表示。压缩层计算深度的下限，一般取 $\sigma_z\leqslant 0.2\sigma_{cz}$ 处，在该深度以下若有软黏土，则应取 $\sigma_z\leqslant 0.1\sigma_{cz}$ 处。

（5）计算各分层的平均自重应力$\bar{\sigma}_{czi}$和平均附加应力$\bar{\sigma}_{zi}$。平均应力取上、下分层面应力的算术平均值，即：$\bar{\sigma}_{czi}=(\sigma_{czi-1}+\sigma_{czi})/2$，$\bar{\sigma}_{zi}=(\sigma_{zi-1}+\sigma_{zi})/2$。

（6）在 e—p 曲线上由 $p_{1i}=\bar{\sigma}_{czi}$和 $p_{2i}=\bar{\sigma}_{czi}+\bar{\sigma}_{zi}$ 查出相应的孔隙比 e_{1i}和 e_{2i}。

（7）计算各土层的沉降量 S_i 及总沉降 S。

$$S_i=\frac{e_{1i}-e_{2i}}{1+e_{1i}}H_i \qquad S=\sum_{i=1}^{n}S_i$$

【例题 4.1】 一水闸基础宽度 $b=20$m，长度 $l=200$m，作用在基底上的荷载如图 4.8（a）所示，沿宽度方向的竖向偏心荷载 $P=360000$kN（偏心距 $e=0.5$m），水平荷载 $P_H=30000$kN。地基分 2 层，上层为软黏土，湿重度 $\gamma=19.62\text{kN/m}^3$，浮重度 $\gamma'=9.81\text{kN/m}^3$，下层为中密砂，地下水位在基底以下 3m 处。在基底以下 0～3m、3～8m、8～15m 范围内软黏土的压缩曲线如图 4.9 中的Ⅰ、Ⅱ、Ⅲ所示，试计算基础中心点（点 2）和两侧边点（点 1、点 3）的最终沉降量。

解：（1）地基分层。

共分 4 层，其中：$H_1=3$m、$H_2=5$m、$H_3=3.5$m、$H_4=3.5$m，最大分层厚度为 5m，为 $0.25b$（b 为水闸基础宽度），符合水闸地基分层要求，如图 4.8（b）所示。

（2）计算基底压力和基底附加压力。

因 $l/b=200/20=10>5$，可按条形基础计算。基础每米长度上所受的竖向荷载（$F+G$）$=360000/200=1800$（kN/m），所受水平荷载 $P_H=30000/200=150$（kN/m），即

竖向基底压力为

$$p_{\substack{\max\\ \min}}=\frac{F+G}{b}\left(1\pm\frac{6e}{b}\right)=\frac{1800}{20}\times\left(1\pm\frac{6\times0.5}{20}\right)=\begin{matrix}103.5\\76.5\end{matrix}(\text{kPa})$$

基底附加压力为

$$p_{\substack{0\max\\ 0\min}}=p_{\substack{\max\\ \min}}-\gamma_0 d=\begin{matrix}103.5\\76.5\end{matrix}-19.62\times3=\begin{matrix}44.64\\17.64\end{matrix}(\text{kPa})$$

水平基底压力为

$$p_h=\frac{P_H}{b}=\frac{150}{20}=7.5(\text{kPa})$$

基底压力及基底附加压力分布如图 4.8（b）所示。

（3）计算各分层面处的自重应力。

基底处（$z=0$m）	$\sigma_{c0}=\gamma_0 d=19.62\times3=58.86$（kPa）
地下水位处（$z=3$m）	$\sigma_{c3}=19.63\times(3+3)=117.72$（kPa）
基底以下 8m 处（$z=8$m）	$\sigma_{c8}=117.72+9.81\times5=166.77$（kPa）
基底以下 11.5m 处（$z=11.5$m）	$\sigma_{c11.5}=166.77+9.81\times3.5=201.11$（kPa）
中密砂层顶面处（$z=15$m）	$\sigma_{c15}=201.11+9.81\times3.5=235.44$（kPa）

自重应力 σ_{cz}分布如图 4.8（b）所示。

（4）各分层面处的附加应力计算。

以基础中心点为例，将竖向基底附加压力分为均布荷载和三角形荷载，其中均布竖向

荷载 $p_0=17.64\text{kPa}$，三角形竖向荷载 $p_t=44.64-17.64=27$（kPa）。此外，水平荷载 $p_h=7.5\text{kPa}$，各荷载在地基中引起的附加应力计算见表 4.1，附加应力分布如图 4.8（b）所示。

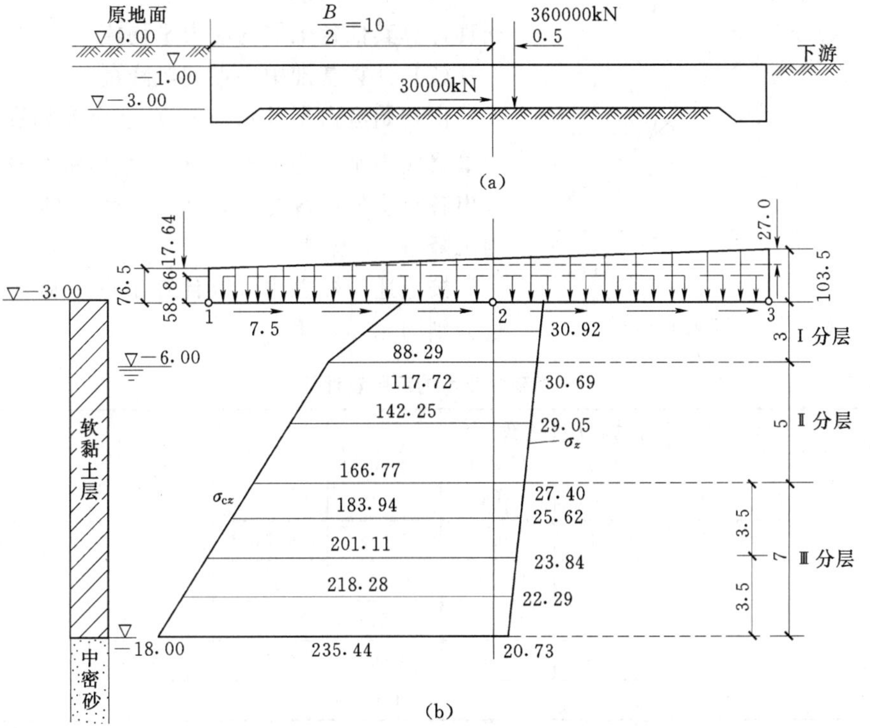

图 4.8 例题 4.1 图 1（应力单位：kPa；长度单位：m）

表 4.1　　　　基础中心点（点 2）下的附加应力计算

$b=20\text{m}$ $x/b=0.5$								$\sum\sigma_z$ (kPa)
z (m)	z/b	$p_0=17.64\text{kPa}$		$p_t=27.00\text{kPa}$		$p_H=7.5\text{kPa}$		
		K_z^s	σ_z	K_z^t	σ_z	K_z^h	σ_z	
0	0	1.00	17.64	0.50	13.50	0	0	31.14
3	0.15	0.99	17.46	0.49	13.23	0	0	30.69
8	0.40	0.88	15.52	0.44	11.88	0	0	27.40
11.5	0.58	0.77	13.58	0.38	10.26	0	0	23.84
15	0.75	0.67	11.82	0.33	8.91	0	0	20.73

（5）确定压缩层计算深度。

当深度 $z=15\text{m}$ 处，附加应力 $\sigma_z=20.73\text{kPa}<0.1\sigma_{cz}=23.5\text{kPa}$，故压缩层计算深度 Z_n 可取 15m。

（6）计算各土层自重应力与附加应力的平均值。

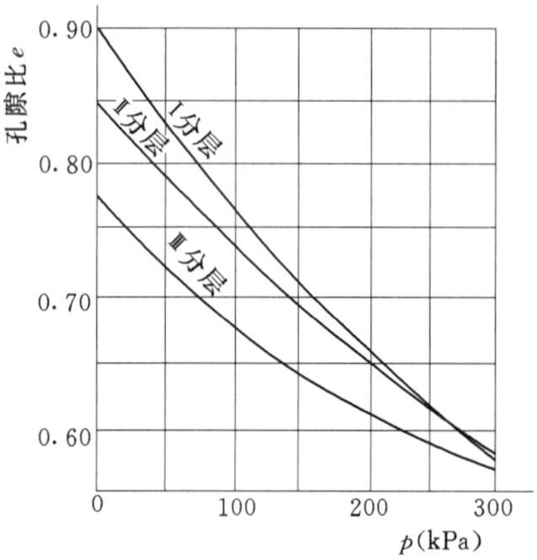

图 4.9 例题 4.1 图 2

第一层自重应力平均值$\bar{\sigma}_{czl}$与附加应力平均值$\bar{\sigma}_{zl}$为

$$\bar{\sigma}_{czl} = (58.85 + 117.72)/2 = 88.29(\text{kPa})$$

$$\bar{\sigma}_{zl} = (31.14 + 30.69)/2 = 30.92(\text{kPa})$$

同理计算其他各土层的应力平均值，见表 4.2。

(7) 计算基础中心点的沉降量。

由初始应力平均值（$\bar{\sigma}_{czi}$）查出初始孔隙比 e_{1i}，由最终应力平均值（$\bar{\sigma}_{czi}+\bar{\sigma}_{zi}$）查出最终孔隙比 e_{2i}，求出各土层的沉降量 s_i，然后求和得到基础中心点的沉降量 S，见表 4.2。

按上述同样方法可以计算出点 1 和点 3 的沉降量分别为 4.3cm 和 7.2cm。

表 4.2 基础中心点的沉降量计算

分层编号	分层厚度 (cm)	初始应力平均值 (kPa)	压缩应力平均值 (kPa)	最终应力平均值 (kPa)	e_{1i}	e_{2i}	$\frac{e_{1i}-e_{2i}}{1+e_{1i}}$	$s_i=\frac{e_{1i}-e_{2i}}{1+e_{1i}}h_i$ (cm)
Ⅰ	300	88.29	30.92	119.21	0.783	0.745	0.0213	6.4
Ⅱ	500	142.25	29.05	171.30	0.695	0.665	0.0177	8.9
Ⅲ$_1$	350	183.94	25.62	209.56	0.619	0.604	0.0093	3.2
Ⅲ$_2$	350	218.28	22.29	240.57	0.602	0.590	0.0075	2.6
$s=\sum s_i=21.1$ (cm)								

4.2.2 “规范法”计算地基最终沉降量

现行《建筑地基基础设计规范》(GB 50007—2002) 所推荐的地基最终沉降量计算方法是修正形式的分层总和法。它也采用侧限条件的压缩性指标，但运用了地基平均附加应力系数计算；还规定了地基沉降计算深度的新标准以及提出地基沉降计算经验系数，使得计算成果接近于实测值。

地基平均附加应力系数$\bar{\alpha}$的定义：从基底至地基任意深度 z 范围内的附加应力分布图面积 A 对基底附加压力与地基深度的乘积 p_0z 之比值，$\bar{\alpha}=A/p_0z$，也就是 $A=p_0z\bar{\alpha}$。假设地基土是均质的，在侧限条件下的压缩模量 E_s 不随深度而变，则从基底至任意深度 z 范围内的压缩量 s' 为

$$s' = \int_0^z \varepsilon \mathrm{d}z = \frac{1}{E_s}\int_0^z \sigma_z \mathrm{d}z = \frac{p_0}{E_s}\int_0^z K\mathrm{d}z = \frac{A}{E_s} = \frac{p_0 z\bar{\alpha}}{E_s} \tag{4.8}$$

成层土地基中第 i 层的沉降量 s_i 为

$$S_i = p_0(z_i\bar{\alpha}_t - z_{i-1}\bar{\alpha}_{i-1})/E_{si} \tag{4.9}$$

则按分层总和法计算地基沉降量的公式为：

$$s' = \sum s_i' = \sum p_0(z_i\bar{\alpha}_i - z_{i-1}\bar{\alpha}_{i-1})/E_{si} \tag{4.10}$$

式中 z_{i-1}、z_i——分别为第 i 层的上层面与下层面至基础底面的距离，m；

$\bar{\alpha}_{i-1}$、$\bar{\alpha}_i$——z_{i-1}和 z_i 范围内竖向平均附加应力系数；

E_{si}——第 i 层土的压缩模量，MPa 或 kPa；

$p_0 z_{i-1}\overline{\alpha}_{i-1}$、$p_0 z_i\overline{\alpha}_i$——$z_{i-1}$ 和 z_i 范围内竖向附加应力面积 A_{i-1} 和 A_i，kPa·m。

地基沉降计算深度 Z_n 应满足下列条件：由该深度处向上取按表 4.3 规定的计算厚度 Δz（图 4.10）所得的计算沉降量 s'_n 应满足下式要求（包括考虑相邻荷载的影响）

$$s'_n \leqslant 0.025s' \tag{4.11}$$

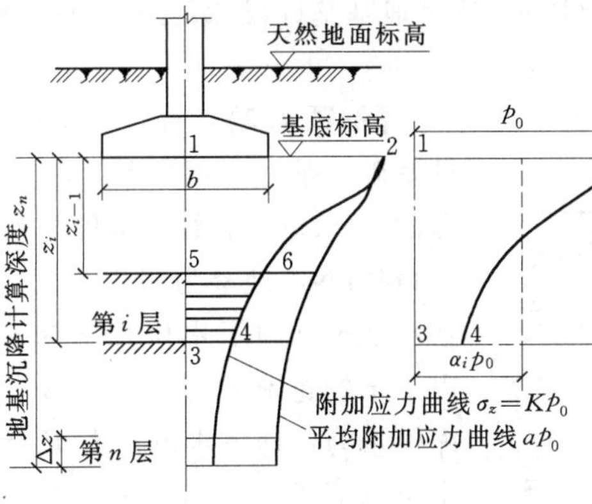

图 4.10 应力面积法计算分层沉降量

表 4.3 **计算厚度 Δz 值**

b（m）	$b\leqslant1$	$2<b\leqslant4$	$4<b\leqslant8$	$8<b$
Δz（m）	0.3	0.6	0.8	1.0

按上式（4.11）所确定的沉降计算深度下如有较软弱土层时，尚应向下继续计算，直至软弱土层中所取规定厚度 Δz 的计算沉降量满足式（4.11）为止。

当无相邻荷载影响，基础宽度 b 在 1～30m 范围内时，基础中心点的地基沉降计算深度，也可按下式简化计算，即

$$Z_n = b(2.5 - 0.4\ln b) \tag{4.12}$$

为了提高计算的准确度，地基沉降计算深度范围内的计算沉降量 s' 尚须乘以一个沉降计算经验系数 ψ_s，即

$$s = \psi_s s' = \psi_s \sum \frac{p_0}{E_{si}}(z_i\overline{\alpha}_i - z_{i-1}\overline{\alpha}_{i-1}) \tag{4.13}$$

式中 ψ_s——沉降计算经验系数，根据地区沉降观测资料及经验确定，也可采用表 4.4 的数值（表中 f_{ak} 为地基承载力特征值）；

E_{si}——基础底面下第 i 层土的压缩模量，按实际应力段取值，kPa。

表 4.4 **沉降计算经验系数 ψ_s**

基底附加压力	$\overline{E}_s$				
	2.5	4.0	7.0	15.0	20.0
$p_0\geqslant f_{ak}$	1.4	1.3	1.0	0.4	0.2
$p_0\leqslant0.75f_{ak}$	1.1	1.0	0.7	0.4	0.2

表中$\overline{E}_s$为沉降计算深度范围内压缩模量当量值，应按式（4.14）计算

$$E_s = \sum \Delta A_i / \sum (\Delta A_i / E_{si}) \tag{4.14}$$

式中 ΔA_i——第 i 层土附加应力系数沿土层厚度的积分值。

$$\Delta A_i = A_i - A_{i-1} = p_0 (z_i \overline{\alpha}_i - z_{i-1} \overline{\alpha}_{i-1})$$

表 4.5 为矩形基础受竖向均布荷载作用下基础中心点下地基平均附加应力系数$\overline{\alpha}_i$。对于其他情况的平均附加应力系数，可由《建筑地基基础设计规范》（GB 50007—2002）中查得，这里从略。

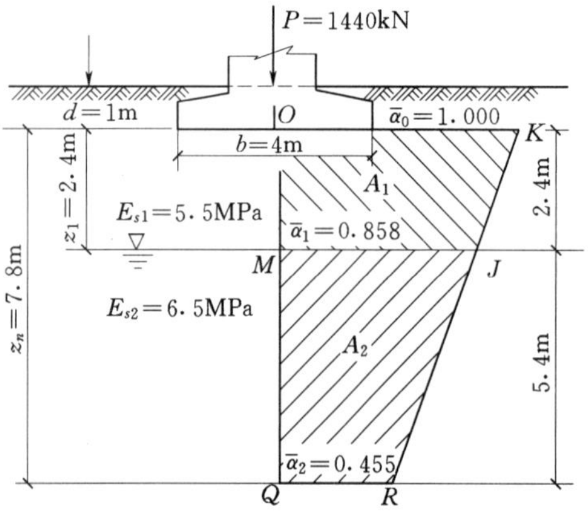

图 4.11 例题 4.2 图（图中 $P=F$）

【例题 4.2】 图 4.11 所示为某建筑物的柱基础，基底为正方形，边长为 $b=4$m，基础埋深 $d=1$m，上部结构传至基础顶面的荷载 $F=1440$kN，地基为粉质黏土，其天然重度 $\gamma=16$kN/m^3，地下水位埋深为 3.4m，地下水位以下土的饱和重度 $\gamma_{sat}=18.2$kN/m^3。土层压缩模量为：地下水位以上 $E_{s1}=5.5$MPa，地下水位以下 $E_{s2}=6.5$MPa。地基土的承载力特征值 $f_{ak}=94$kPa，试用“规范法”计算柱基中心点的沉降量。

解：（1）按式（4.12）地基沉降计算深度 Z_n。

$$Z_n = b(2.5 - 0.4\ln b) = 4 \times (2.5 - 0.4\ln 4) = 7.8(\text{m})$$

（2）计算基底附加压力 p_0。

$$p_0 = \frac{F}{lb} + \gamma_G d - \gamma_0 d = \frac{1440}{4 \times 4} + 20 \times 1 - 16 \times 1 = 94(\text{kPa})$$

（3）确定平均附加应力系数$\overline{\alpha}_i$。

由 $l/b=1$，$z/b=0$、0.6、1.95 分别查表 4.5 得

$$\overline{\alpha}_0 = 1.0, \overline{\alpha}_1 = 0.858, \overline{\alpha}_2 = 0.455$$

（4）确定沉降计算经验系数 ψ_s。

第 1 层土附加应力沿土层厚度的积分值 $\Delta A_1=0.858\times2.4=2.06$；

第 2 层土 $\Delta A_2=0.455\times7.8-2.06=1.49$，故压缩模量当量值为

$$\overline{E}_s = \frac{2.06 + 1.49}{2.06/5.5 + 1.49/6.5} = 5.88(\text{MPa})$$

由 $p_0=f_{ak}$ 和$\overline{E}_s=5.88$MPa 查表 4.14 得：$\psi_s=1.11$。

（5）计算柱基中心点的沉降量。

由图 4.11 可知 $z_0=0$、$z_1=2400$mm、$z_2=7800$mm，即

$$\begin{aligned} s &= \psi_s s' = \psi_s \sum \frac{p_0}{E_{si}} (z_i \overline{\alpha}_i - z_{i-1} \overline{\alpha}_{i-1}) \\ &= 1.11 \times 94 \times [0.858 \times 2400/5500 + (0.455 \times 7800 - 0.858 \times 2400)/6500] \\ &= 63(\text{mm}) \end{aligned}$$

表 4.5 矩形基础受均布荷载作用下基础中心点下地基平均附加应力系数值$\overline{\alpha}_i$

z/b	l/b												
	1.0	1.2	1.4	1.6	1.8	2.0	2.4	2.8	3.2	3.6	4.0	5.0	>10
0.0	1.000	1.000	1.000	1.000	1.000	1.000	1.000	1.000	1.000	1.000	1.000	1.000	1.000
0.2	0.987	0.990	0.991	0.992	0.992	0.992	0.93	0.993	0.993	0.993	0.993	0.993	0.993
0.4	0.936	0.947	0.953	0.956	0.958	0.960	0.961	0.962	0.962	0.963	0.963	0.963	0.963
0.6	0.858	0.878	0.890	0.898	0.903	0.906	0.910	0.912	0.913	0.914	0.914	0.915	0.915
0.8	0.775	0.801	0.810	0.831	0.839	0.844	0.851	0.855	0.857	0.858	0.859	0.860	0.860
1.0	0.689	0.738	0.749	0.764	0.775	0.783	0.792	0.798	0.801	0.803	0.804	0.806	0.807
1.2	0.631	0.663	0.686	0.703	0.715	0.725	0.737	0.744	0.749	0.752	0.754	0.756	0.758
1.4	0.573	0.605	0.629	0.648	0.661	0.672	0.687	0.696	0.701	0.705	0.708	0.711	0.714
1.6	0.524	0.556	0.580	0.599	0.613	0.625	0.614	0651	0.658	0.663	0.666	0.670	0.675
1.8	0.482	0.513	0.537	0.556	0.571	0.583	0.600	0.611	0.619	0.624	0.629	0.633	0.638
2.0	0.446	0.475	0.499	0.518	0.533	0.545	0.563	0.575	0.584	0.590	0.594	0.600	0.606
2.2	0.414	0.443	0.466	0.484	0.499	0.511	0.530	0.543	0.552	0.558	0.563	0.570	0.577
2.4	0.387	0.414	0.436	0.454	0.469	0.481	0.500	0.513	0.523	0.530	0.535	0.543	0.551
2.6	0.362	0.389	0.410	0.428	0.442	0.455	0.473	0.487	0.496	0.504	0.509	0.518	0.528
2.8	0.341	0.366	0.387	0.404	0.418	0.430	0.449	0.463	0.472	0.480	0.486	0.495	0.506
3.0	0.322	0.346	0.366	0.383	0.397	0.409	0.427	0.441	0.451	0.459	0.465	0.477	0.487
3.2	0.305	0.328	0.348	0.364	0.377	0.389	0.407	0.420	0.431	0.439	0.445	0.455	0.468
3.4	0.289	0.312	0.331	0.346	0.359	0.371	0.388	0.402	0.412	0.420	0.427	0.437	0.452
3.6	0.276	0.297	0.315	0.330	0.343	0.353	0.372	0.385	0.395	0.403	0.410	0.421	0.436
3.8	0.263	0.284	0.301	0.316	0.328	0.339	0.356	0.359	0.379	0.388	0.394	0.405	0.422
4.0	0.251	0.271	0.288	0.302	0.314	0.325	0.342	0.355	0.365	0.373	0.379	0.391	0.408
4.2	0.241	0.260	0.276	0.290	0.300	0.312	0.328	0.341	0.352	0.359	0.366	0.377	0.396
4.4	0.231	0.250	0.265	0.278	0.290	0.300	0.316	0.329	0.339	0.347	0.353	0.365	0.384
4.6	0.222	0.240	0.255	0.268	0.279	0.289	0.305	0.317	0.327	0.335	0.341	0.353	0.373
4.8	0.214	0.231	0.245	0.258	0.269	0.279	0.294	0.300	0.316	0.324	0.330	0.342	0.362
5.0	0.206	0.223	0.237	0.249	0.260	0.269	0.284	0.296	0.306	0.313	0.320	0.332	0.352

注 l、b 为矩形的长边与短边，z 为基底以下的深度。

4.2.3 地基变形允许值

建筑物的地基变形特征可分为沉降量、沉量差、倾斜与局部倾斜（图 4.12）。

（1）沉降量。独立基础中心点的沉降值或整幢建筑物基础的平均沉降值。

（2）沉降差。相邻两个柱基础中心点沉降量之差。

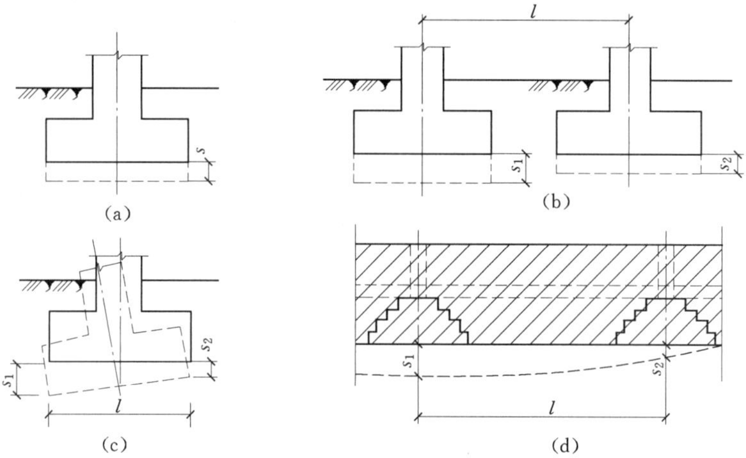

图 4.12 地基变形特征

(a) 沉降量 s；(b) 沉降差 s_1-s_2；(c) 倾斜 $(s_1-s_2)/l$；(d) 局部倾斜 $(s_1-s_2)/l$

(3) 倾斜。基础倾斜方向两个端点的沉降差与其距离的比值。

(4) 局部倾斜。砌体承重结构沿纵向 6～10m 内基础两点的沉降差与其距离的比值。

地基变形允许值的确定涉及到许多因素，如建筑物的结构特点和具体的使用要求、对地基不均匀沉降的敏感程度以及结构强度贮备等。《建筑地基基础设计规范》（GB 50007—2002）综合分析了国内外各类建筑物的有关资料，提出了表 4.6 所列的建筑物地基变形允许值。对表中未包括的其他建筑物的地基变形允许值，可根据上部结构对地基变形特征的适应能力和使用上的要求确定。

表 4.6　　建筑物的地基变形允许值

变形特征		地基土类别	
		中、低压缩性土	高压缩性土
砌体承重结构基础的局部倾斜		0.002	0.003
工业与民用建筑相邻柱基的沉降差	(1) 框架结构	$0.002l$	$0.003l$
	(2) 砖石墙填充的边排柱	$0.0007l$	$0.001l$
	(3) 当基础不均匀沉降时，不产生附加应力的结构	$0.005l$	$0.005l$
单层排架结构（柱距为 6m）柱基的沉降量（mm）		(120)	200
桥式吊车轨面的倾斜（按不调整轨道考虑）	纵向	0.004	
	横向	0.003	
多层和高层建筑的整体倾斜	$H_g \leqslant 24$	0.004	
	$24 < H_g \leqslant 60$	0.003	
	$60 < H_g \leqslant 100$	0.0025	
	$H_g > 100$	0.002	

续表

变 形 特 征		地基土类别	
		中、低压缩性土	高压缩性土
体型简单的高层建筑基础的平均沉降量（mm）		200	
高耸结构基础的倾斜	$H_g \leqslant 20$	0.008	
	$20 < H_g \leqslant 50$	0.006	
	$50 < H_g \leqslant 100$	0.005	
	$100 < H_g \leqslant 150$	0.004	
	$150 < H_g \leqslant 200$	0.003	
	$200 < H_g \leqslant 250$	0.002	
高耸结构基础的沉降量（mm）	$H_g \leqslant 100$	400	
	$100 < H_g \leqslant 200$	300	
	$200 < H_g \leqslant 250$	200	

注 1. 本表数值为建筑物地基实际最终变形允许值。
2. 有括号者仅适用于中压缩性土。
3. 为相邻柱基的中心距离（mm）；H_g 为自室外地面起算的建筑物高度（m）。
4. 倾斜指基础倾斜方向两端点的沉降差与其距离的比值。
5. 局部倾斜指砌体承重结构沿纵向 6～10m 内基础两点的沉降差与其距离的比值。

4.3 地基沉降与时间的关系

从 4.1 节我们知道，土的压缩随时间而增长的过程，称为土的固结。对于饱和土在荷载作用下，土粒互相挤紧，孔隙水逐渐排出，引起孔隙体积减小直到压缩稳定，需要一定的时间过程，这一过程的快慢，取决于土的渗透性，故称饱和土体的固结为渗透固结。地基的固结，也就是地基沉降的过程。对于无黏性土地基，由于渗透性强，压缩性低，地基沉降的过程时间短，一般在施工完成时，地基沉降可基本完成。而黏性土地基，特别是饱和黏土地基，由于渗透性弱，压缩性高，地基沉降的时间过程长，地基沉降往往延续至完工后数年，甚至数十年才能达到稳定。因此，对于建造在黏土地基上的重要建筑物，常常需要了解地基沉降与时间的关系，以便考虑建筑物有关部分的净空、连接方式、施工顺序和速度。关于地基沉降与时间的关系常以饱和土体单向渗透固结理论为基础。下面介绍饱和土体单向渗透固结理论，根据此理论分析地基沉降与时间关系的计算方法及应用。

4.3.1 饱和土的单向渗透固结模型

对于饱和土来说，如果在荷载作用下，孔隙水只朝一个方向向外排出，土体的压缩也只在一个方向发生（一般均指竖直方向），那么，这种压缩过程就称为单向渗透固结。

饱和土是由土粒构成的土骨架和充满于孔隙中的孔隙水两部分组成，显然，外荷载在土中引起的附加应力 σ_z 是由孔隙水和土骨架来分担的，由孔隙水承担的压力，即附加应力作用在孔隙水中引起的应力称为孔隙水压力，用 u 表示，它高于原来承受的静水压力，故又称超静水压力。孔隙水压力和静水压力一样，是各个方向都相等的中性压力，不会使土骨架发生变形。由土骨架承担的压力，即附加应力在土骨架引起的应力称为有效应力，用σ'表示，它能使土粒彼此挤紧，引起土的变形。在固结过程中，这两部分应力的比例不断变化，而这一过程中任一时刻t，根据平衡条件，有效应力σ'和孔隙水压力u之和总是等于作用在土中的附加应力σ_z，即$\sigma_z=u+\sigma'$。

为了说明饱和土的单向渗透固结过程，可用图4.13所示的弹簧活塞模型来说明。模型是将饱和土体表示为一个有弹簧、活塞的充满水的容器。弹簧代表土骨架，容器内的水表示土中孔隙水，由容器中水承担的压力相当于孔隙水压力u，由弹簧承担的压力相当于有效应力σ'。在荷载刚施加的瞬间（$t=0$），孔隙水来不及排出，此时$u=\sigma_z$，$\sigma'=0$。其后（$0<t<\infty$）水从活塞小孔逐渐排出，u逐渐降低并转化为σ'，此时，$\sigma_z=\sigma'+u$。最后（$t=\infty$），由于水的停止排出，孔隙水压力u等于0，压力σ_z全部转移给弹簧即$\sigma_z=\sigma'$，渗透固结完成。

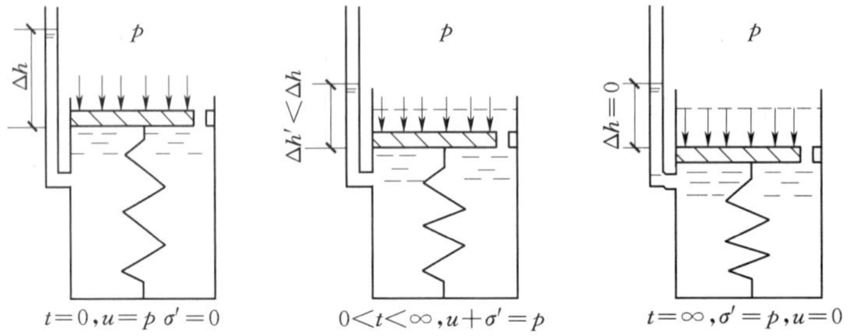

图4.13 饱和土的单向渗透固结模型（图中$p=\sigma_z$）

由此可见，饱和土的固结就是孔隙水压力u消散和有效应力σ'相应增长的过程。

4.3.2 饱和土体的单向渗透固结理论

1. 基本假设

饱和土体单向渗透固结理论的基本假设如下。

(1) 地基土为均质、各向同性和完全饱和的。

(2) 土的压缩完全是由于孔隙体积的减小而引起，土粒和孔隙水均不可压缩。

(3) 土的压缩与排水仅在竖直方向发生，侧向既不变形，也不排水。

(4) 孔隙水的向外排出服从达西定律，土的固结快慢取决于渗透系数的大小。

(5) 在整个固结过程中，假定孔隙比e、压缩系数a和渗透系数k为常量。

(6) 荷载是连续均布的，并且是一次瞬时施加的。

2. 公式

饱和土体的固结过程就是孔隙水压力向有效应力转化的过程。图4.14表示一厚度为H的饱和黏性土层，顶面透水，底面不透水，孔隙水只能由下向上单向单面排出，土层顶面作用有连续均布荷载p，属于单向渗透固结情况。

由于荷载p是连续均布，土层中的附加应力σ_z将沿深度H均匀分布，且$\sigma_z=p$，当刚加压的瞬间（$t=0$），黏性土层中来不及排水，整个土层中$u=\sigma_z$，$\sigma'=0$。经瞬间以后（$0<t<\infty$），黏性土层顶面的孔隙水先排出，u下降并转化为σ'，接着土层深处

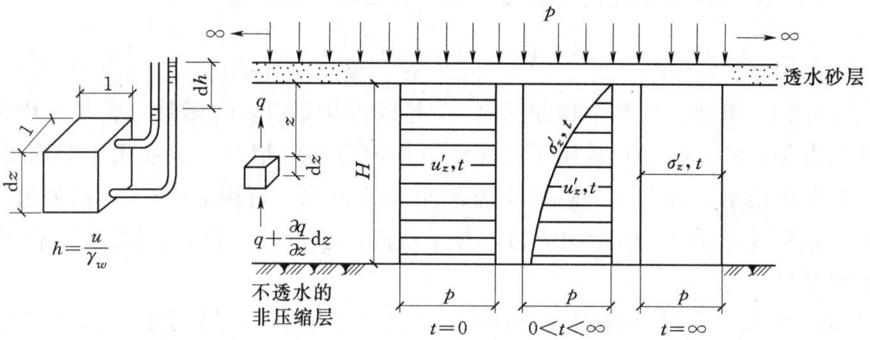

图 4.14 饱和土的固结过程

的孔隙水随着时间的增长而逐渐排出，u 也就逐渐向 σ'转化，此时土层中 $u+\sigma'=\sigma_z$，直到最后（$t=\infty$），在荷载 p 作用下，应被排出的孔隙水全部排出了，整个土层中 $u=0$，$\sigma'=\sigma_z$，达到固结稳定。

根据公式推导可得到某一时刻 t，深度 z 处的孔隙水压力表达式如下

$$u=\frac{4}{\pi}\sigma_z\sum_{m=1}^{\infty}\frac{1}{m}\sin\left(\frac{m\pi z}{2H'}\right)e^{\frac{-m^2\pi^2}{4}T_V} \tag{4.15}$$

$$T_V=C_V t/H'^2$$

$$C_V=k(1+e_1)/(a\gamma_w)$$

式中 m——正整奇数（1、3、5、…）；

e——自然对数的底；

H'——土层最大排水距离，单面排水为土层厚度 H，双面排水取 $H/2$；

T_V——时间因数；

C_V——固结系数；

k——土的渗透系数；

a——土的压缩系数；

e_1——土层固结前的初始孔隙比；

γ_w——水的重度。

3. 地基的平均固结度

地基在某一压力作用下，任一时刻的沉降量 S_t 与其最终沉量 S 之比，称为地基在 t 时的平均固结度，用 U_t 表示，即

$$U_t=S_t/S \tag{4.16}$$

由于土体的压缩变形是由有效应力 σ'引起的，因此，地基中任一深度 z 处，历时 t 后的固结度亦可表达为：

$$U_t=\frac{\sigma'}{\sigma_z}=\frac{\sigma_z-u}{\sigma}=1-\frac{u}{\sigma_z} \tag{4.17}$$

对于图 4.14 所示的单面排水，附加应力均布的情况，地基的平均固结度经过公式推导可得

$$U_t=1-\frac{8}{\pi^2}\left(e^{-\frac{\pi^2}{4}T_V}+\frac{1}{9}e^{-\frac{9\pi^2}{4}T_V}+\cdots\right) \tag{4.18}$$

式（4.18）括号内的级数收敛很快，实用上取第一项，即

$$U_t = 1 - \frac{8}{\pi^2} e^{-\frac{\pi^2}{4} T_V} \tag{4.19}$$

由式（4.19）可知，地基平均固结度 U_t 是时间因数 T_V 的函数，它与土中的附加应力分布情况有关，式（4.19）适用于附加应力均匀分布的情况，也适用于双面排水情况。对于地基为单面排水，且上、下附加应力不相等的情况，可由 $\alpha=\sigma_z'/\sigma_z''$（$\sigma_z'$为透水面处的附加应力，$\sigma_z''$为不透水面处的附加应力，对于双面排水 $\alpha=1$）值，查图 4.15 相应的曲线，得出平均固结度 U_t。

由时间因数 T_V 与平均固结度 U_t 的关系曲线（图 4.15）可解决以下两个问题。

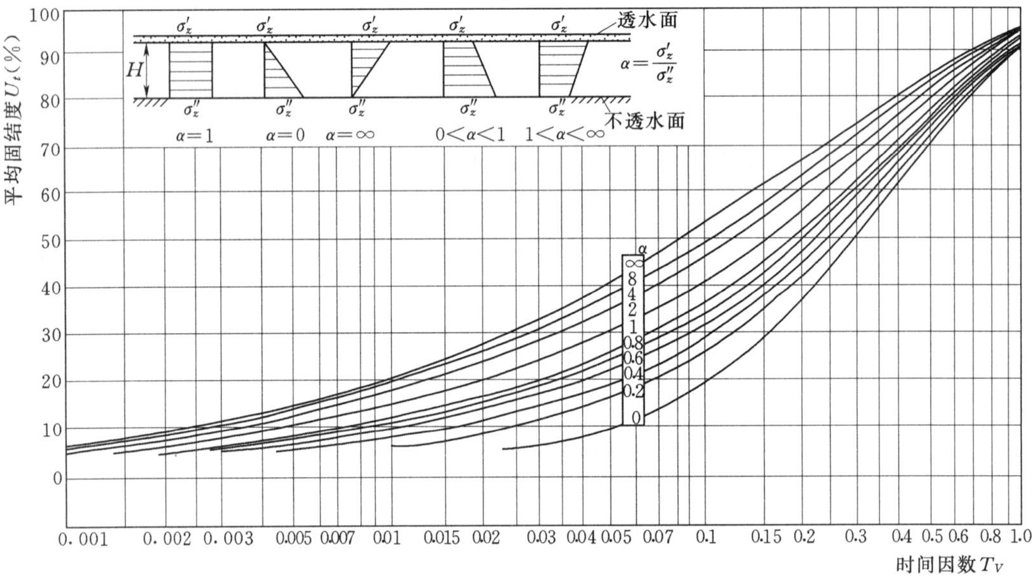

图 4.15　平均固结度 U_t 与时间因数 T_V 的关系

（1）计算加荷后历时 t 的地基沉降量 S_t。对于此类问题，可先求出地基的最终沉降量 S，然后根据已知条件计算出土层的固结系数 C_V 和时间因数 T_V，由 $\alpha=\sigma_z'/\sigma_z''$及 T_V 查出平均固结度 U_t，最后用式（4.16）求出 S_t。

（2）计算地基沉降量达 S_t 时所需的时间 t。对于此类问题，也可先求出地基的最终沉降量 S，再由式（4.16）求出平均固结度 U_t，最后由 $\alpha=\sigma_z'/\sigma_z''$及 U_t 查出时间因数 T_V 并求出所需时间 t。

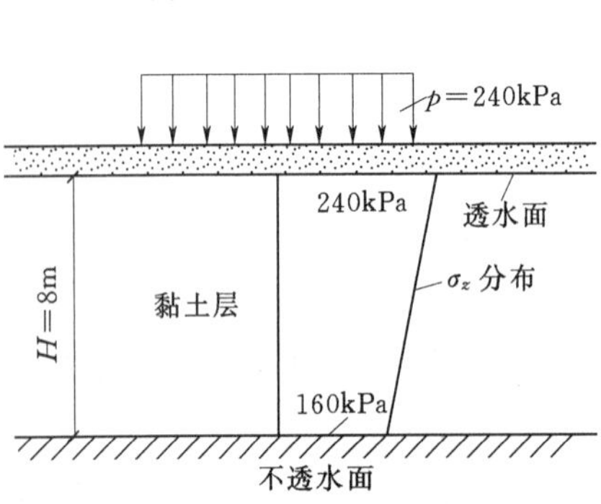

图 4.16　例题 4.3 图

【例题 4.3】　某地基压缩土层为厚 8m 的饱和软黏土层，上部为透水的砂层，下部为不透水层。软黏土加荷之前的孔隙比 $e_1=0.7$，渗透系数 $k=2.0$cm/a，压缩系数 $a=0.25$MPa^{-1}，附加应力分布如图 4.16 所示。求：

（1）加荷一年后地基沉降量为多少？

（2）地基沉降达 10cm 所需的时间？

解：（1）求加荷一年后的地基沉降 S_t。

软黏土层的平均附加应力：

$$\bar{\sigma}_z = (240 + 160)/2 = 200(\text{kPa})$$

地基最终沉降量：

$$S = \frac{a}{1+e_1}\bar{\sigma}_z H = \frac{0.25 \times 10^{-3}}{1+0.7} \times 200 \times 800 = 23.5(\text{cm})$$

软黏土的固结系数：

$$C_V = \frac{k(1+e_1)}{a\gamma_w} = \frac{2 \times 10^{-2} \times (1+0.7)}{0.25 \times 9.8 \times 10^{-3}} = 13.9(\text{m}^2/\text{a})$$

软黏土的时间因数：

$$T_V = C_V t/H'^2 = 13.9 \times 1/8^2 = 0.217$$

由 $\alpha=\sigma_z'/\sigma_z''=240/160=1.5$ 及 $T_V=0.217$ 查图 4.15 得：$U_t=0.55$，故

$$S_t = SU_t = 23.5 \times 0.55 = 12.9(\text{cm})$$

（2）求地基沉降达 10cm 所需的时间 t。

固结度：

$$U_t = S_t/S = 10/23.5 = 0.43$$

由 $\alpha=1.5$ 及 $U_t=0.43$ 查图 4.15 得：$T_V=0.13$，则

$$t = T_V H'^2/C_V = 0.13 \times 8^2/13.9 = 0.60(\text{a})$$

小　结

地基的变形计算是土力学的基本内容之一，也是建筑物基础设计计算的基本内容之一。无论是天然地基还是人工地基往往都需要进行地基的变形计算，地基的沉降量或者沉降差等变形特征常常是建筑物设计或使用的控制指标。

本章内容主要包括：土的压缩性、地基最终沉降量计算与地基沉降与时间的关系计算。

（1）土的压缩性：是指土体在荷载作用下体积减小的特性。土的压缩性高低可通过室内压缩试验来测定，表示土的压缩性高低的主要指标有：压缩系数 a、压缩模量 E_s 与压缩指数 C_c。

（2）土的前期固结压力是指土层形成后的历史上所经受过的最大固结压力。将土层所受的前期固结压力 p_c 与土层现在所受的自重应力 σ_{cz} 的比值称为超固结比，以 OCR 表示。根据 OCR 可将天然土层分为正常固结、超固结与欠固结三种固结状态。

（3）地基的最终沉降量：是指地基土在荷载作用下达到变形稳定时的变形量。最终沉降量可以采用分层总和法或“规范”法计算。

（4）建筑物的地基变形特征可分为：沉降量、沉降差、倾斜与局部倾斜。建筑物地基变形特征的计算值不应大于允许值。

（5）土的固结：是指土体在荷载作用下被压缩的过程。饱和土是由土粒构成的骨架以及充满于孔隙的水组成，在外荷载作用下将产生两种应力，即：有效应力与孔隙水压力。饱和土的固结是孔隙水压力不断减小，而有效应力不断增加的过程。

（6）地基的变形都有一个时间过程。砂土地基的地基变形时间过程很短，其地基变形在施工期间大部分都已完成；而饱和黏土地基的地基变形时间过程很长，其地基变形可延续至施工后几年甚至几十年，因此对于修建在饱和黏土地基上的重要建筑物往往需要计算地基变形与时间的关系。

思 考 题

4.1 什么叫土的压缩性？土体产生压缩变形的主要原因是什么？

4.2 表示土压缩性高低的常用指标有哪些？工程中如何划分土的压缩性？

4.3 什么叫前期固结压力？如何划分天然土层的固结状态？

4.4 什么叫地基的最终沉降量？地基最终沉降量计算的分层总和法与“规范法”有何异同？

4.5 地基的变形特征有哪几种类型？

4.6 研究地基沉降与时间的关系有何意义？地基固结度、孔隙水压力与有效应力的概念是什么？

习 题

4.1 某工程3号钻孔土样3—1粉质黏土和土样3—2淤泥质黏土的压缩试验数据列于表4.7，试绘制e—p曲线，并计算a_{1-2}和评价其压缩性。

表 4.7

垂直压力（kPa）		0	50	100	200	300	400
孔隙比	土样3—1	0.866	0.799	0.770	0.736	0.721	0.714
	土样3—2	1.085	0.960	0.890	0.803	0.748	0.707

4.2 某矩形基础的底面尺寸为4m×2.5m，天然地面下基础埋深为1m，设计地面高出天然地面0.4m，计算资料如图4.17所示（地基土的压缩试验资料见表4.7）。试分别按分层总和法和“规范法”计算基础中心点的沉降量（已知$p_0<0.75f_{ak}$）。

4.3 某基础压缩层为饱和黏土层，层厚为10m，上下为砂层。由基底附加压力在黏土层中引起的附加应力σ_z分布如图4.18所示。已知黏土层的物理力学指标为：$a=0.25\text{MPa}^{-1}$，$e_1=0.8$，$k=2\text{cm/a}$，试求：(1)加荷一年后地基的沉降量；(2)地基沉降量达25cm时所需的时间。

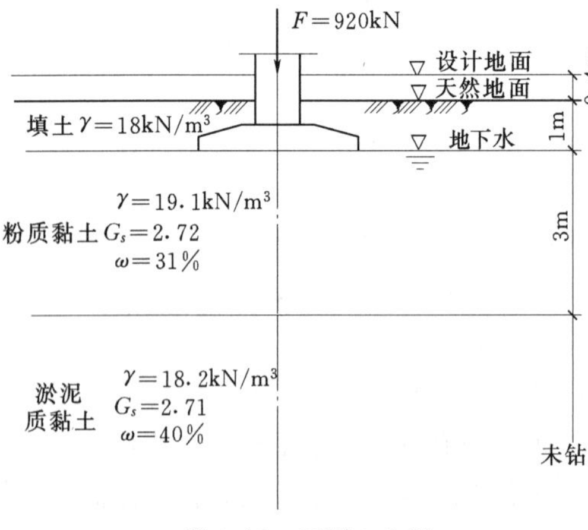

图4.17 习题4.2图

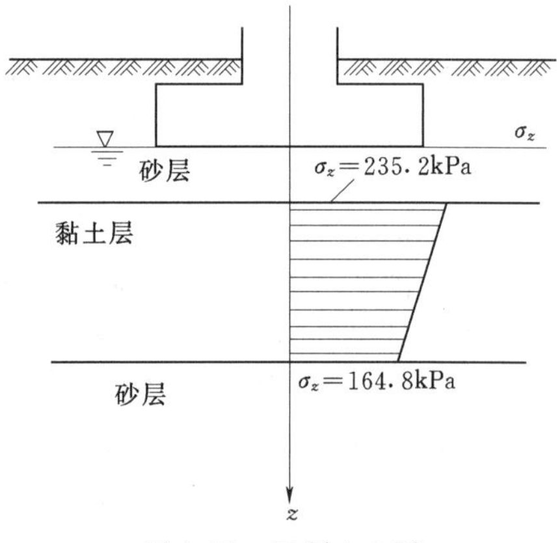

图4.18 习题4.3图

第5章　土的抗剪强度与地基承载力

学习目标：为了保证建筑物的安全使用，要求地基满足两个基本要求，前面章节中我们学习过地基变形的要求，但如果地基土的承载力不满足要求，出现失稳、较大变形等问题，则整个建筑物是不安全的，本章将介绍地基的另一个基本要求——地基的强度要求(地基稳定性)。围绕此问题本章分三部分做介绍，即土的抗剪强度计算、抗剪强度指标的确定和地基承载力的确定。

5.1　土的抗剪强度与极限平衡条件

5.1.1　抗剪强度定律

土的抗剪强度是土的重要力学性质之一，是指土体抵抗剪切破坏的极限能力。当土体受到荷载作用后，土中各点将产生剪应力。若某点的剪应力达到其抗剪强度，在剪切面两侧的土体将产生相对位移而产生滑动破坏，该剪切面也称滑动面。随着荷载的继续增加，土体中的剪应力达到抗剪强度的区域愈来愈大，最后各滑动面连成整体，土体将发生整体剪切破坏而丧失稳定性。

1776年，法国学者库仑（Coulomb）根据砂土剪切试验提出砂土抗剪强度的表达式为

$$\tau_f = \sigma \tan\varphi \tag{5.1}$$

式中　τ_f——土的抗剪强度，kPa；

σ——作用在剪切面上的法向应力，kPa；

φ——砂土的内摩擦角，(°)。

后又通过实验提出适合黏性土的抗剪强度表达式为

$$\tau_f = c + \sigma \tan\varphi \tag{5.2}$$

式中　c——土的黏聚力，kPa。

式（5.1）、式（5.2）称为库仑公式（其中 c、φ 称为抗剪强度指标），可分别用图5.1（a）、（b）表示。

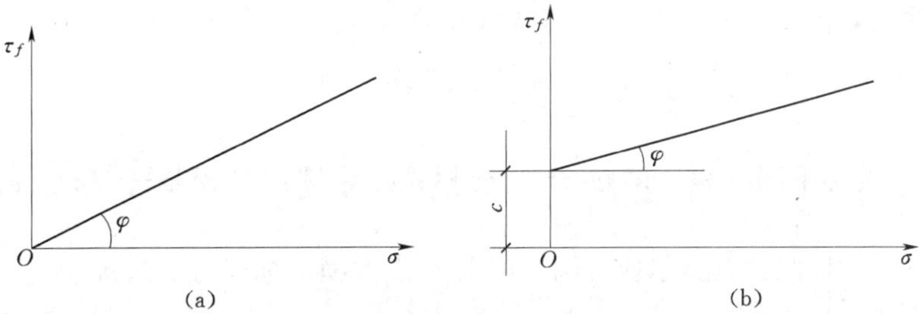

图5.1　抗剪强度—法向应力关系

（a）砂土；（b）黏性土

从式（5.1）得出，无黏性土（如砂土）的 $c=0$，因而式（5.1）是式（5.2）的一个特例，其抗剪强度与作用在剪切面上的法向应力成正比（库仑定律）。当 $\sigma=0$ 时，$\tau_f=0$，这表明无黏性土的 τ_f 由剪切面上土粒间的摩阻力所形成。粒状的无黏性土的粒间摩阻力包括滑动摩擦和由粒间相互咬合所提供的附加阻力，其大小取决于土颗粒的粒度大小、颗粒级配、密实度和土粒表面的粗糙度等因素。而从式（5.2）可知，黏性土的抗剪强度 τ_f 包括摩阻力（$\sigma\tan\varphi$）和黏聚力（c）两个组成部分。黏聚力系土粒间的胶结作用和各种物理—化学键力作用的结果，其大小与土的矿物组成和压密程度有关。如图 5.1（b）所示，当 $\sigma=0$ 时，c 值即为抗剪强度线在纵坐标轴上的截距。

5.1.2　土中一点的应力状态

在土体中取一单元微体，如图 5.2（a）来研究土中任意一点的应力状态。设作用在该微元体上的 2 个两个相互垂直的主应力 σ_1 和 σ_3（$\sigma_1>\sigma_3$），在微元体内与大主应力 σ_1 作用面成任意角 α 的 m—n 平面上有正应力 σ 和剪应力 τ。若忽略其自身重力，则根据静力平衡条件，可求得任一截面 m—n 上的法向应力 σ 和剪应力 τ。

$$\left.\begin{aligned}\sigma &= \frac{1}{2}(\sigma_1+\sigma_3)+\frac{1}{2}(\sigma_1-\sigma_3)\cos2\alpha \\ \tau &= \frac{1}{2}(\sigma_1-\sigma_3)\sin2\alpha\end{aligned}\right\} \tag{5.3}$$

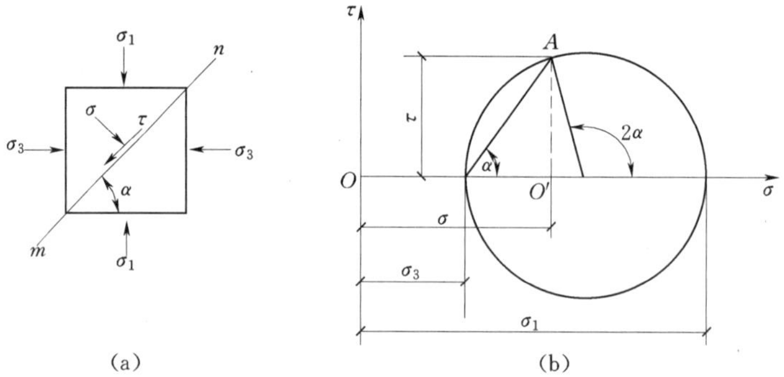

图 5.2　土体中任一点的应力

（a）单元微体上的应力；（b）莫尔应力圆

由式（5.3）可知，平面 m—n 上的法向应力 σ 和剪应力 τ 是随着 α 变化而变化。为了表达一土体单元各方向上的应力状态，可以引用材料力学中的有关表达一点应力状态的莫尔应力圆方法，如图 5.2（b）所示。将式（5.3）进行整理合并消去 α，可得到下式

$$\left[\sigma-\frac{1}{2}(\sigma_1+\sigma_3)\right]^2+\tau^2=\left[\frac{1}{2}(\sigma_1-\sigma_3)\right]^2 \tag{5.4}$$

式（5.4）为标准圆方程，即在 $\sigma-\tau$ 坐标系中，圆的半径是 $\frac{1}{2}$（$\sigma_1-\sigma_3$），圆心为 $\left[\frac{1}{2}(\sigma_1+\sigma_3),\ 0\right]$ 该圆就是莫尔应力圆。圆上 A 点的横坐标即为平面 m—n 上的法向应力 σ，纵坐标即为剪应力 τ。由此可见，圆上任意一点都相应代表与最大主应力作用呈一定角度 α 平面的应力状态。

5.1.3 土的极限平衡条件

由一点的应力状态分析可知，莫尔应力圆上的任一点的坐标（σ，τ）即表示单元体相应平面上的法向应力和剪应力。为判别土中一点是否破坏，可将该点的莫尔应力圆与土的抗剪强度包线 $\sigma-\tau_f$ 绘在同一坐标图上并作相对位置比较。如图 5.3 所示，它们之间的关系存在以下三种情况。

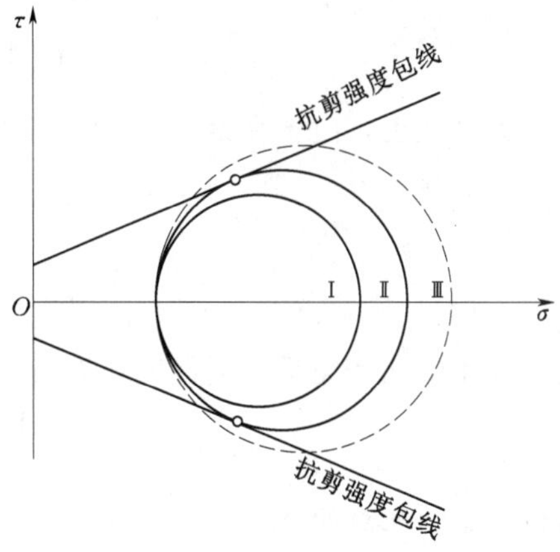

图 5.3 莫尔应力圆与抗剪强度线的关系

（1）该点莫尔应力圆整体位于抗剪强度包线的下方（圆Ⅰ），莫尔应力圆与抗剪强度线相离，表明该点在任何平面上的剪应力均小于剪切面上的抗剪强度，因而，该点未被剪破。

（2）该点莫尔应力圆与抗剪强度包线相切（圆Ⅱ），说明在切点所代表的平面上，剪应力恰好等于该平面上的抗剪强度，该点就处于极限平衡状态，此时的莫尔应力圆亦称极限应力圆。由图中切点的位置还可确定该点破坏面的方向。连接切点与莫尔应力圆圆心，连线与横坐标之间的夹角为 $2\alpha_f$，根据莫尔圆原理，可知土体中该点的破坏面与大主应力 σ_1 作用面方向夹角为 α_f。

（3）该点莫尔应力圆与抗剪强度包线相割（圆Ⅲ），则该点早已有一个平面上的荷载产生的剪应力因达到剪切强度而破坏。实际上圆Ⅲ所代表的应力状态是不可能存在的，因为该点破坏后，应力已超出弹性理论范畴。

土体处于极限平衡状态时，从图 5.4 中莫尔圆与抗剪强度线的几何关系可推得黏性土的极限平衡条件为

$$\sin\varphi = \frac{O'A}{O''O'} = \frac{\sigma_1 - \varphi_3}{\sigma_1 + \sigma_3 + 2c\cot\varphi} \tag{5.5}$$

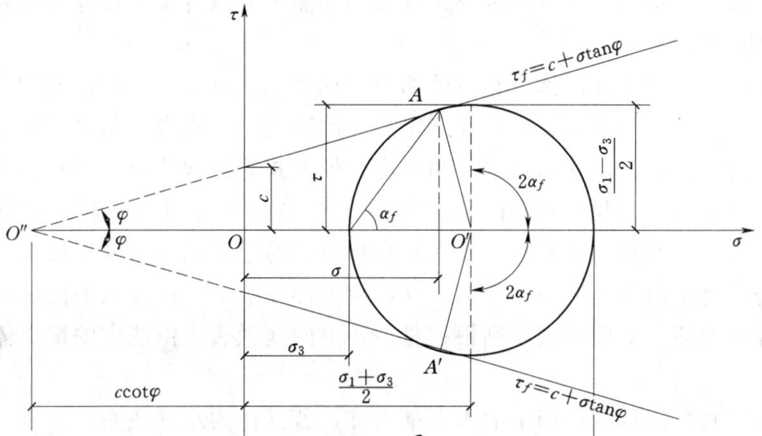

图 5.4 极限平衡状态时的莫尔应力圆与抗剪强度线

化简后得黏性土的极限平衡条件为

$$\sigma_1=\sigma_3\tan^2\left(45°+\frac{\varphi}{2}\right)+2c\tan\left(45°+\frac{\varphi}{2}\right) \tag{5.6}$$

或

$$\sigma_3=\sigma_3\tan^2\left(45°-\frac{\varphi}{2}\right)-2c\tan\left(45°-\frac{\varphi}{2}\right) \tag{5.7}$$

对于无黏性土，由于黏聚力 $c=0$，可得无黏性土的极限平衡条件为

$$\sigma_1=\sigma_3\tan^2\left(45°+\frac{\varphi}{2}\right) \tag{5.8}$$

$$\sigma_3=\sigma_1\tan^2\left(45°-\frac{\varphi}{2}\right) \tag{5.9}$$

由图 5.4 中几何关系，可得破坏面与大主应力作用面间的夹角 α_f 为

$$\alpha_f=\frac{1}{2}(90°+\sigma)=45°+\frac{\varphi}{2} \tag{5.10}$$

值得注意的几点如下。

（1）土的强度破坏是由于土中某点剪切面上的剪应力达到或超过了土的抗剪强度所致，即 $\tau>\tau_f$。

（2）剪破面并不产生于最大剪应力面（$\alpha=45°$）上，而是发生在与大主应力作用面成 $\alpha_f=45°+\frac{\varphi}{2}$ 的夹角的斜面上。因此，土的剪切破坏并不是由最大剪应力 τ_{max} 所控制。

（3）同一种土可在不同的应力状态下剪破，一组土样的极限应力圆的公切线即为其强度包线。

5.2　抗剪强度指标的测定

土的抗剪强度是决定建筑物地基和土工建筑物稳定性的关键因素，因而正确测定土的抗剪强度指标对工程实践具有重要的意义。经过多年来的不断发展，目前已有多种测定土的抗剪强度指标的室内和现场的测定方法。室内试验常用的测定方法有直接剪切实验、三轴剪切实验、无侧限抗压实验等；现场试验常用的测定方法有十字板剪切实验等。

5.2.1　直接剪切试验

直接剪切试验使用的仪器称为直接剪切仪（简称直剪仪），分为应变控制式和应力控制式两种。前者对试样采用等速剪应变测定相应的剪应力，后者则是对试样分级施加剪应力测定相应的剪切位移。以我国普遍采用的应变控制式直剪仪为例，其构造简图如图 5.5 所示。仪器由固定的上盒和可移动的下盒构成，试样置于上、下盒之间，试样上、下各放一块透水石以利试样排水。试验时，首先由杠杆系统通过活塞对试样施加垂直压力 P，然后由等速前进的轮轴向下盒施加水平推力 T，使试样在沿上、下盒水平接触面产生剪切位移，直至试样被剪坏。剪应力大小则根据量力环上的测微表，由测定的量力环变形值经换算确定。

试验时可以直接测得破坏面上的水平推力 T，若试样的水平截面积为 A，则剪切面上的垂直应力为 $\sigma=\frac{P}{A}$，此时土的抗剪强度为 $\tau_f=\frac{T_{max}}{A}$。测定 4 个以上相同土样在不同的 σ

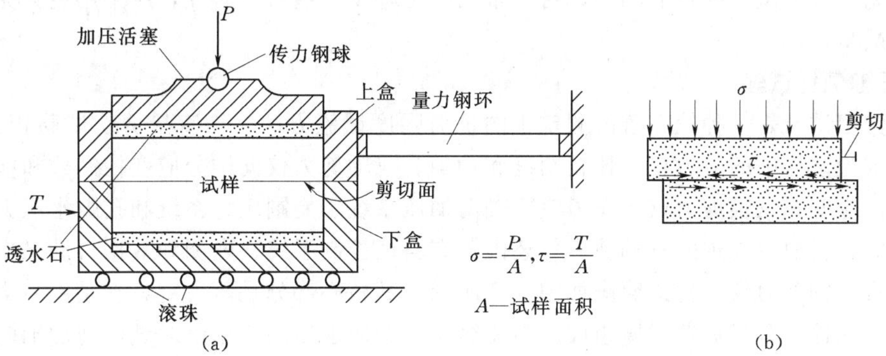

图 5.5 应变控制式直剪仪示意图

(a) 直剪仪示意图；(b) 试样受剪情况

值作用下的τ_f值，作$\tau_f-\sigma$关系曲线。根据库仑定律将各点连成直线，如图 5.6 所示，即可得到抗剪强度指标c、φ值。通常c、φ数值根据试验时的条件不同（特别是排水条件）而有不同的数值结果。

根据排水条件的不同直剪试验的方法有以下三种。

(1) 慢剪。施加垂直压应力后，允许试样充分排水固结，待固结稳定后，再以缓慢的剪切速率施加水平剪应力，使试样在剪切过程中有充分时间排水，直至剪切破坏。

(2) 快剪。施加垂直压应力后，不待试样固结，立即快速施加水平应力，使试样快速剪切而破坏。由于剪切速率快，可认为试样在短暂的剪切过程中来不及排水固结。

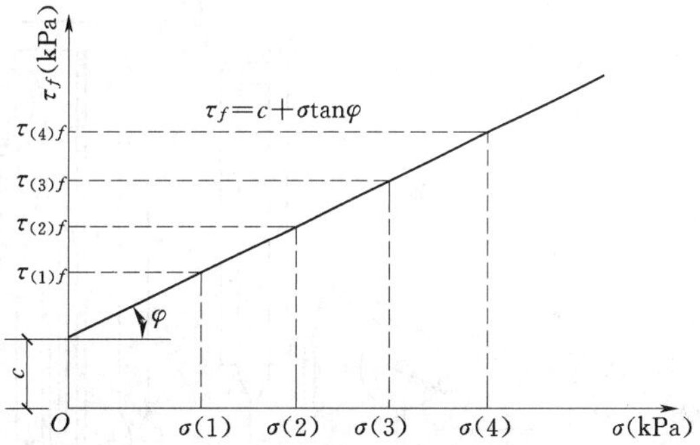

图 5.6 抗剪强度线

(3) 固结快剪。施加垂直压力后，允许试样充分排水固结，待试样固结稳定后，再迅速施加水平剪应力，使试样快速剪切而破坏，可认为在剪切过程中来不及排水固结。

直剪仪具有构造简单，操作简便，并符合某些特定条件，至今仍是实验室常用的一种试验仪器。但该试验也存在如下缺点。

(1) 剪切面人为地限制在上、下盒的接触面上，而该平面并非是试样抗剪最薄弱的剪切面。

(2) 剪切过程中剪应变分布不均匀，应力状态复杂，但试验时仍按均匀分布计算。

(3) 剪切过程中试样剪切面积逐渐减小，且垂直荷载发生偏心，但计算抗剪强度时却按受剪面积不变和剪应力均匀分布计算。

(4) 试验时不能严格控制排水条件，因而不能量测试样中的孔隙水压力，这对试验结果有很大的影响。

为了克服直剪试验存在的问题，对于重大的工程及一些科学研究，应采用更为完善的三轴剪切试验。

5.2.2　三轴剪切试验

三轴剪切试验是一种较完善的测定土的抗剪强度试验方法，与直接剪切试验相比较，三轴剪切试验试样中的应力相对比较明确和均匀。三轴剪力仪同样分应变控制式和应力控制式两种。应变式三轴剪力仪由压力室、轴向加压系统、周围压力系统和孔隙水压力量测系统等构成。目前较先进的三轴剪力仪还配备有自动控制系统、电测和数据自动采集系统等。应变式三轴剪力仪的构造简图如图 5.7 所示。其核心部分是压力室，它是由一个金属活塞、底座和透明有机玻璃圆筒组成的封闭容器；轴向加压系统用以对试样施加轴向附加压力，并可控制轴向应变的速率；周围压力系统则通过液体（通常是水）对试样施加周围压力；试样中的孔隙水通过其底部的透水面与孔隙水压力量测系统连通，并由孔隙水压力阀门控制。试样为圆柱形，并用橡皮膜包裹起来，以使试样中的孔隙水与膜外液体（水）完全隔开，试样最小直径为 35mm，最大直径为 101mm；试样高度宜为试样直径的 2～2.5 倍，一组试验需要 3～4 个试样，分别在不同周围压力下进行试验。

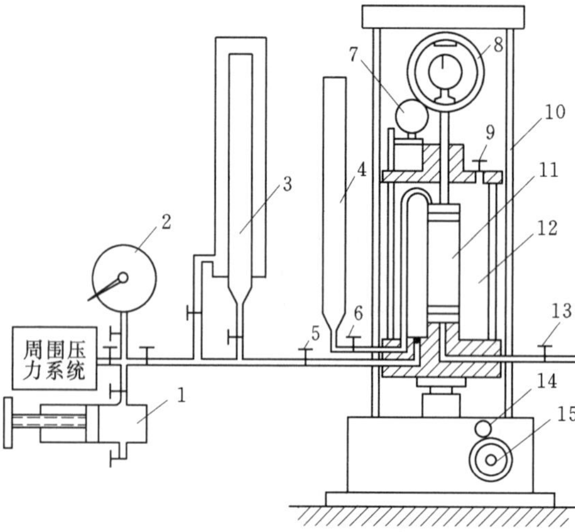

图 5.7　三轴剪力仪

1—调压筒；2—周围压力表；3—体变管；4—排水管；5—周围压力阀；6—排水阀；7—变形量表；8—量力环；9—排气孔；10—轴向加压设备；11—试样；12—压力室；13—孔隙压力阀；14—离合器；15—手轮；16—量管阀；17—零位指示器；18—孔隙水压力表；19—量管

试验时，先对试样施加均布的周围压力 σ_3，此时土样内无剪应力。然后施加轴压增量，而水平向 σ_3 保持不变。这时在偏向应力 $\Delta\sigma_1=\sigma_1-\sigma_3$ 作用下试样中产生剪应力，并当 $\Delta\sigma_1$ 增至一定数值时试样被剪坏。三轴剪切试验时土样的受力状态如图 5.8 所示。

因为试样为正圆柱形，σ_1、σ_3 相互垂直，故 σ_1 和 σ_3 相应为最大主应力和最小主应力。试样破坏时的应力状态能较好地符合极限平衡条件，因此由 σ_1 和 σ_3 作出的应力圆是极限

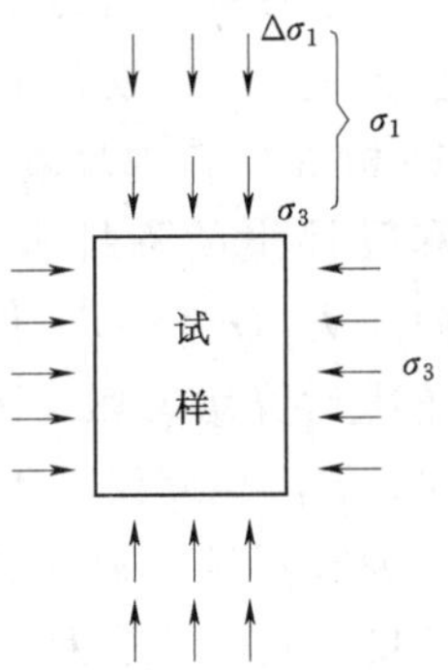

图 5.8 三轴剪切试验时土样受力状态

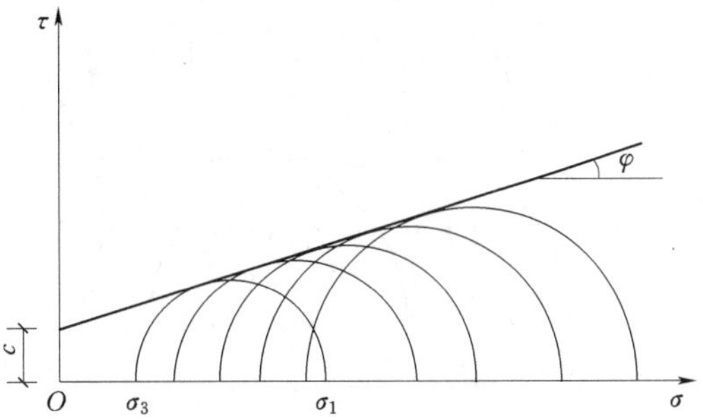

图 5.9 三轴剪切试验结果

应力圆（莫尔圆）。选同一种土的 3～4 个试样在不同的 σ_3 条件下进行上述试验，就可以画出一组极限应力圆，作出近似为直线的强度包线，该直线与横轴的交角即为土的内摩擦角 φ，在纵轴上的截距即为土的黏聚力 c，如图 5.9 所示。

对上述试样加荷时，根据需要还可以控制排水条件，量测试验过程中土样的孔隙水压力，以及试样的变形等一些参数。同直剪试验三轴剪切试验按剪切前的固结程度和剪切时的排水条件，可以分为三种试验方法。

(1) 不固结不排水试验（UU 试验）。在试验过程中首先施加周围压力 σ_3，然后轴向压力 $\Delta\sigma_1$ 直至剪破的整个过程都关闭排水阀门，不允许试样排水固结，因而在试验过程中土样的含水量保持不变。测得的抗剪强度指标用 φ_u、c_u 表示。

(2) 固结不排水试验（CU 试验）。在试验过程中首先施加周围压力 σ_3 时打开排水阀门，使试样完全排水固结，孔隙水压力完全消散。然后关闭排水阀门，再施加轴向压力增量 $\Delta\sigma_1$，使试样在不排水条件下剪切破坏。测得的抗剪强度指标用 φ_{cu}、c_{cu} 表示。

(3) 固结排水试验（CD 试验）。在试验过程中在周围压力 σ_3 作用下持续足够的时间使试样充分排水固结，孔隙水压力降为零后再缓慢施加轴向压力增量 $\Delta\sigma_1$，直至剪破，整个试验过程中打开排水阀门，始终保持试样的孔隙水压力为零。测得的抗剪强度指标用 φ_{cd}、c_{cd} 表示。

三轴剪切试验比直剪试验更为完善，其突出优点如下。

(1) 能比较严格地控制排水条件，准确测定试样在剪切过程中的孔隙水压力变化情况。

(2) 试验过程中受力条件比较符合实际，没有人为限定的破裂面，试样沿最薄弱破坏面剪坏，试验结果较为准确。

(3) 除测定抗剪强度指标外，试样还可测定孔隙水压力系数、侧压力系数等参数。

但三轴剪切试验的仪器构造复杂，价格也比较高，操作技术要求比较高，故目前国内应用还不普遍。

5.2.3 无侧限抗压强度试验

无侧限抗压强度试验如同三轴剪切试验中 $\sigma_3=0$ 时的特殊情况。饱和黏性土样在三轴仪上进行试验时，不排水剪切试验的破坏包线接近于一条水平线，如图 5.10 所示。

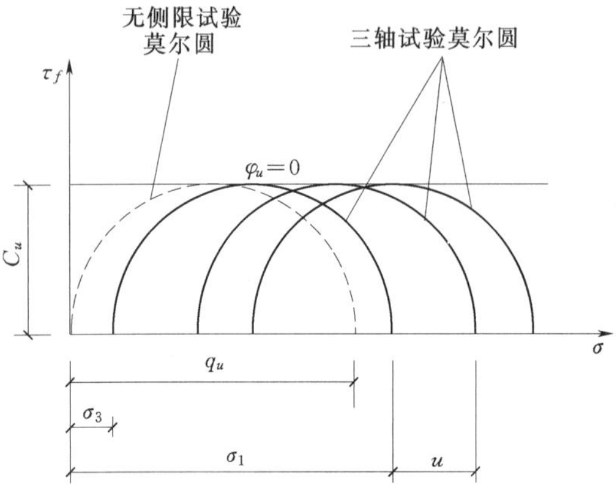

图 5.10　饱和黏土不排水剪切试验

虽然三个试样的周围压力 σ_3 不等，但破坏时的主应力差（$\sigma_1-\sigma_3$）相等即三个应力圆的半径相等，其内摩擦角 $\varphi_u=0$。这样，对饱和黏性土的不排水剪切试验，就不要加侧向压力（$\sigma_3=0$），只需施加垂直压力使土样达到剪切破坏。因此，可以用构造简单的无侧限压缩仪来代替三轴仪，对饱和黏性土进行不排水剪切试验。无侧限压缩试验时只需对一个试样加压破坏就求得强度包线，如图 5.11 所示，破坏时试样所能承受的最大轴向压力 q_u 称为无侧限抗压强度。

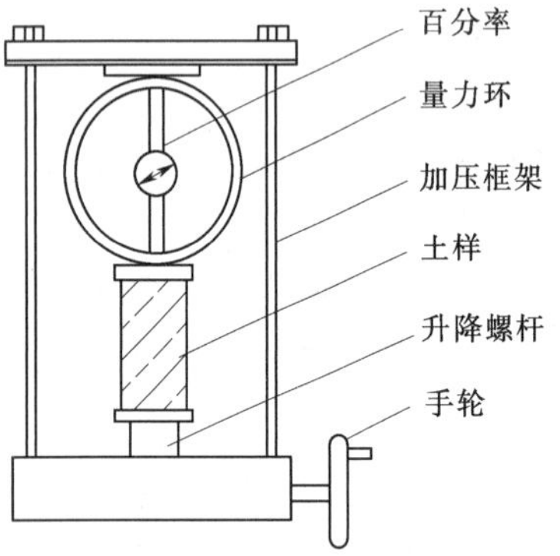

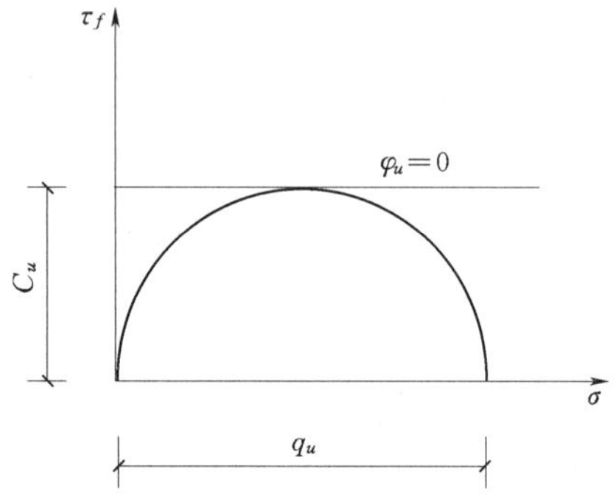

图 5.11　无侧限抗压试验

由于 $\varphi_u=0$，破坏时的 $\sigma_1=q_u=2c_u\tan\left(45^\circ+\frac{\varphi_u}{2}\right)$，则

$$\tau_f=c_u=\frac{q_u}{2} \tag{5.11}$$

式中　c_u——饱和黏性土的不排水黏聚力。

5.2.4　十字板剪切试验

当地基为软黏土时，取原状土困难。为避免在取土、运送与制备土样过程中受扰动而影响室内土工试验结果的可靠性，可采用抗剪强度的原位测试方法，即十字板剪切试验。该试验所用仪器是十字板剪切仪，其板头由两片正交的金属及垂直的轴杆组成，如图 5.12 所示。试验时，把十字板插入欲进行试验深度，然后在地面上以一定的转速施加扭力矩于轴杆，使板内土与周围土体发生剪切。通过量力设备测出最大扭矩 M_{max}，据此算出土的抗剪强度。

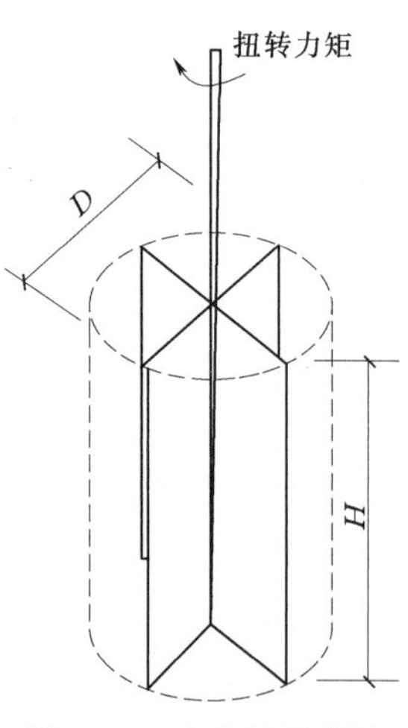

图 5.12　十字板示意图

十字板剪切试验属于不排水剪切试验，因此操作结果与无

侧限抗压试验结果接近。十字板剪切试验设备简单，操作方便，土样扰动少，所以，在国内外工程勘察中应用广泛。

5.3 地基承载力的确定

5.3.1 地基的破坏模式

为了研究地基承载力及其破坏模式，通过现场载荷试验（测得各级荷载下的地基沉降量 p—s 曲线）进行研究。试验研究表明，建筑地基在荷载作用下往往由于承载力不足而产生剪切破坏，其破坏型式可分为整体剪切破坏、局部剪切破坏及冲剪破坏三种模式（图5.13）。

(1) 整体剪切破坏的 p—s 曲线如图 5.13 中曲线 a 所示，地基变形的发展可分为三个阶段：①当荷载较小时，基底压力 p 与沉降 s 基本上成直线关系（OA 段），属线性变形阶段，相应于 A 点的荷载称临塑荷载，以 p_{cr} 表示；②当荷载增加到某一数值时，基础边缘处土体开始发生剪切破坏，随着荷载的增加，剪切破坏区（或塑性变形区）逐渐扩大，土体开始向周围挤出，p—s 曲线不再保持为直线（AB 段），属弹塑性变形（或剪切）阶段，相应于 B 点的荷载称为极限荷载，以 p_u 表示；③如果荷载继续增加，剪切破坏区不断扩大，最终在地基中形成一连续的滑动面，基础急剧下沉或向一侧倾斜，同时土体被挤出，基础四周地面隆起，地基发生整体剪切破坏，p—s 曲线陡直下降（BC 段），通常称完全破坏阶段。一般紧密的砂土、硬黏性土地基常属整体剪切破坏。

(2) 局部剪切破坏是介于整体剪切破坏和冲剪破坏之间的一种破坏型式。随着荷载的增加，剪切破坏区从基础边缘开始，发展到地基内部某一区域［图 5.13 (b) 中实线区域］，但滑动面并不延伸到地面，基础四周地面虽有隆起迹象，但不会出现明显的倾斜和倒塌。相应的 p—s 曲线（图5.13）中曲线 b 所示，拐点不甚明显，拐点后沉降增长率较前段大，但不像整体剪切破坏那样急剧增加。中等密实的砂土地基常发生局部剪切破坏。

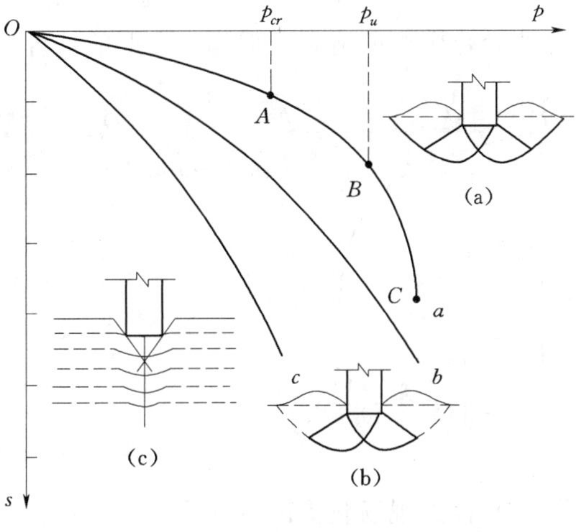

图 5.13 地基破坏模式

(a) 整体剪切破坏；(b) 局部剪切破坏；(c) 冲剪破坏

(3) 图 5.13 中 (c) 图所示的情况为冲剪破坏的情况。随着荷载的增加，基础下土层发生压缩变形，当荷载继续增加，基础四周土体发生竖向剪切破坏，基础“切入”土中，但地基中不出现明显的连续滑动面，基础四周地面不隆起，沉降随荷载的增加而加大，p—s 曲线中 c 曲线无明显拐点。松砂及软土地基常发生冲剪破坏。

根据地基的破坏模式确定地基的承载力。地基承载力是指地基土单位面积上所能承受的荷载的能力，以 kPa 计，它是地基基础设计的主要依据，不仅与土的物理、力学性质有关，还与基础的结构类型、宽度、埋深及其施工速度等有关。根据土力学原理可知，地基土在荷载作用下将产生相应的变形。当荷载增大，变形增大，而且地基中产生局部剪切破坏区，如果将破坏区深度限制在某一深度范围内时，建筑物一般还是能够承受的，但当荷载增大到一定程度时，土体会因剪切破坏区的发展而丧失稳定性，这对建筑物造成的危害常常是灾害性的，因而在任何情况下都不允许发生。另一方面，建筑物的沉降也不能超过容许的限度，以免建筑物开裂或影响正常使用。因此，地基容许承载力的含义包含强度和变形两个概念。当前确定地基承载力的方法包括以下几个。

（1）按现场载荷试验的结果确定。

（2）根据土的抗剪强度指标以理论公式计算。

（3）按各地区提供的承载力表确定。

应当指出，以上三种方法各有优缺点，互为补充，有时可按多种方法综合确定。《建筑地基基础设计规范》（GB 50007—2002）规定，确定地基承载力时，应结合当地建筑经验按下列规定综合确定。

（1）对一级建筑物采用载荷试验、理论公式计算及其他原位试验等方法综合确定。

（2）对可不作地基变形计算的二级建筑物，可按土的物理力学指标、标准贯入、轻便触探等方法或野外鉴别结果等方法确定。其余的二级建筑物尚应结合理论公式计算确定。

（3）对三级建筑物可根据邻近建筑物的经验确定。

5.3.2　载荷试验确定地基承载力

在现场通过一定面积的载荷板（0.25～0.50m^2）向地基土逐级施加荷载，测出地基土的压力与变形特征，绘出 p—s 曲线，如图 5.14 所示。它能反映载荷下 1～2 倍载荷板宽或直径范围内的地基土强度、变形的综合性状。

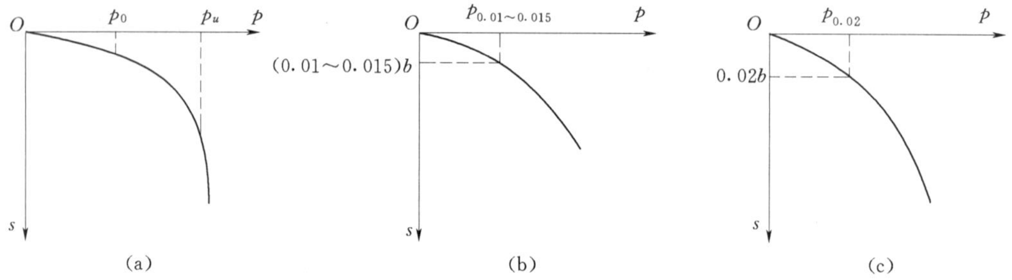

图 5.14　地基破坏模式

（1）根据现场载荷试验成果 p—s 曲线（图 5.14），确定地基承载力基本值 f_0。

1）当 p—s 曲线有明显的比例界限时，取 $f_0=p_0$［图 5.14（a），图中 $p_0=p_{cr}$］。

2）当极限荷载 p_u 能确定，且 $p_u<1.5p_0$ 时，取 $f_0=\dfrac{p_u}{2}$。

3）如 p—s 曲线没有明显的拐点时，则由地基变形值来确定 f_0。对于低压缩性土和砂土［图 5.14（b）］，可取 $s/b=0.01\sim0.015$ 所对应的荷载，即 $f_0=p_{0.01\sim0.015}$；对于高压缩性土［图 5.14（c）］，可取 $s/b=0.02$ 所对应的荷载，即 $f_0=p_{0.02}$。

（2）其次，按下列原则确定地基土承载力特征值：同一土层统计的试验点不应少于 3

点，基本值的最大值与最小值的极差不超过平均值的30%，取此平均值作为地基承载力特征值 f_{ak}。

应当指出，由于试验最大载荷所限，压板宽度往往小于实际基础宽度。试验影响深度仅为压板宽的2倍，因此，载荷试验影响法对均匀地基应用较满意。如持力层下存在软弱下卧层而该层又处于基础的主要受力层内，此时除非采用大尺寸载荷板做试验，否则意义不大。

5.3.3 理论公式确定地基承载力

《建筑地基基础设计规范》(GB 50007—2002) 中推荐用下式作为地基承载力的理论计算公式

$$f_a = M_b\gamma b + M_d\gamma_m d + M_c c_k \tag{5.12}$$

式中 f_a——修正后的地基承载力特征值；

b——基础底面宽度，大于6m按6m计；对于砂土小于3m按3m计；

M_b、M_d、M_c——承载力系数，按表5.1确定；

c_k——基底下一倍基宽深度内黏聚力的标准值。

表5.1 承载力系数 M_b、M_d、M_c

土的内摩擦角标准值 φ_k (°)	M_b	M_d	M_c	土的内摩擦角标准值 φ_k (°)	M_b	M_d	M_c
0	0	1.00	3.14	22	0.61	3.44	6.04
2	0.03	1.12	3.32	24	0.80	3.87	6.45
4	0.06	1.25	3.51	26	1.10	4.37	6.90
6	0.10	1.39	3.71	28	1.40	4.93	7.40
8	0.14	1.55	3.93	30	1.90	5.59	7.95
10	0.18	1.73	4.17	32	2.60	6.35	8.55
12	0.23	1.94	4.42	34	3.40	7.21	9.22
14	0.29	2.17	4.69	36	4.20	8.25	9.97
16	0.36	2.43	5.00	38	5.00	9.44	10.80
18	0.43	2.72	5.31	40	5.80	10.84	11.73
20	0.51	3.06	5.66				

关于式(5.12)的几点说明如下。

(1) 公式仅适用于 $e \leqslant 0.033b$ 的情况，这是因为该公式确定承载力相应的模式是基底压力呈均匀分布。当受到较大水平荷载而使合力的偏心距过大时，地基反力就会不均匀。

(2) 按该公式确定地基承载力时，只保证地基强度有足够的安全度，未能保证满足变形要求，故还应进行地基变形验算。

5.3.4 其他方法确定地基承载力

5.3.4.1 静力触探法

根据静力触探比 E_S、贯入阻力 p_S 确定 f_{ak}。见表5.2、表5.3、表5.4。

表 5.2　　黏性土及粉土地基承载力特征值 f_{ak}

沉积年代	一般第四纪											新近沉积									
p_s（MPa）	1.0	1.3	2.0	3.1	4.6	6.2	7.7	9.2	11.0	12.5	14.0	0.4	0.6	0.9	1.2	1.5	1.8	2.1	2.5	2.9	3.3
E_s（MPa）	4	6	8	10	12	14	16	18	20	22	24	2	3	4	5	6	7	8	9	10	11
f_{ak}（kPa）	120	160	190	210	230	250	270	290	310	330	350	50	80	100	110	120	130	150	160	180	190

注　本表适用于黏性土和 $I_P \geqslant 5$ 的粉土。

表 5.3　　粉、细砂地基承载力特征值 f_{ak}

沉积年代	一般第四纪						新近沉积				
p_s（MPa）	12	15	18	21	24	27.5	3.3	4.6	6.5	7.7	10
f_{ak}（kPa）	180	230	280	330	380	420	90	110	140	160	180

注　本表适用于细砂、粉砂及 $I_P<5$ 的粉土。

表 5.4　　素填土及变质炉灰地基承载力特征值 f_{ak}

p_s（kPa）				0.5	0.9	1.4	2.0	2.6	3.1
E_s（kPa）				1.5	3.0	5.0	7.0	9.0	11.0
f_{ak}（MPa）	素填土	饱和度	0.60	60	75	90	105	120	135
f_{ak}（MPa）	素填土	饱和度	0.75	70	90	105	120	135	150
f_{ak}（MPa）	素填土	饱和度	0.90	80	100	120	135	155	170
f_{ak}（MPa）	变质炉灰	饱和度	0.60	50	65	80	85	95	105
f_{ak}（MPa）	变质炉灰	饱和度	0.75	60	75	90	100	115	130
f_{ak}（MPa）	变质炉灰	饱和度	0.90	70	85	100	120	135	150

注　1. 本表适用于自重固结完成后的均匀素填土及变质炉灰。
2. 变质炉灰指堆积年代较久的炉灰经风化变质而成，稍具有黏性，手捻呈粉末、变软状态。

5.3.4.2　按建筑物经验确定

当拟建工程场地附近已有建筑物时，可调查已有建筑物的规模、荷载，地基土层情况，基础形式、尺寸，以及所采用的地基承载力数值。

对简单场地、中小型工程，可直接采用当地经验值。对大型工程或中等复杂场地，参考当地经验值后，可减少工程地质勘察工程量。

5.3.5　地基承载力特征值修正

当实际工程基础宽度 b 大于 3m 或埋置深度 d 大于 0.5m 时，按载荷试验或其他原位测试、经验值等方法确定的地基承载力特征值，均应按式（5.13）进行修正

$$f_a = f_{ak} + \eta_b \gamma (b-3) + \eta_d \gamma_m (d-0.5) \tag{5.13}$$

式中　f_a——修正后的地基承载力特征值；

f_{ak}——地基承载力特征值，按前述方法确定；

η_b、η_d——基础宽度和埋深的地基承载力修正系数，按基底下土的类别查表 5.5 取值；

γ——基础底面以下土的重度，地下水位以下取浮重度；

b——基础底面宽度，m，当基宽小于 3m 按 3m 取值，大于 6m 按 6m 取值；

γ_m——基础底面以上土的加权平均重度，地下水位以下取浮重度；

d——基础埋置深度，m，一般自室外地面标高算起。在填方整平地区，可自填土地面标高算起，但填土在上部结构施工后完成时，应从天然地面标高算起。对于地下室，如采用箱形基础或筏基时，基础埋置深度自室外地面标高算起；当采用独立基础或条形基础时，应从室内地面标高算起。

表 5.5　承载力修正系数

土的类别		η_b	η_d
淤泥和淤泥质土		0	1.0
人工填土 e 或 I_L 大于等于 0.85 的黏性土		0	1.0
红黏土	含水比 $a_w>0.8$	0	1.2
	含水比 $a_w\leqslant 0.8$	0.15	1.4
大面积压实填土	压实系数大于 0.95、黏粒含量 $\rho_c\geqslant 10\%$ 的粉土	0	1.5
	最大干密度大于 $2.1t/m^3$ 的级配砂石	0	2.0
粉土	黏粒含量 $\rho_c\geqslant 10\%$ 的粉土	0.3	1.5
	黏粒含量 $\rho_c<10\%$ 的粉土	0.5	2.0
e 及 I_L 均小于 0.85 的黏性土		0.3	1.6
粉砂、细砂（不包括很湿与饱和时的稍密状态）		2.0	3.0
中砂、粗砂、砾砂和碎石土		3.0	4.4

小　　结

（1）土的抗剪强度及其基本规律：土的抗剪强度由两部分构成：与正应力有关的摩擦因素 $\sigma\tan\varphi$ 和与正应力无关的黏聚力因素 c 组成。

（2）抗剪强度指标的测定：土的抗剪强度试验方法很多，经常采用的有室内试验和室外试验两种方法。室内试验包括直接剪切试验、无侧限压缩试验和三轴剪切试验。不同试验方法得到的强度不完全相同，具体选用哪一种试验方法，要根据土质情况、工程情况以及分析计算方法而定。

（3）极限平衡理论：极限平衡理论是根据土的强度规律与土中应力状态相结合而建立的一种数学关系。用莫尔应力圆表示土中某点的应力状态，并与土的抗剪强度线画在同一坐标上。当莫尔应力圆与抗剪强度线相切时，土体达极限平衡状态，切点的应力状态应满足剪切破坏条件，这时可推导得极限平衡条件公式。

（4）地基承载力特征值：可由载荷试验或其他原位测试公式计算，并结合工程实践经验等方法综合确定。

思　考　题

5.1　何谓土的抗剪强度？土的抗剪强度是如何确定的？

5.2　试说明土的抗剪强度的组成部分，当 $\varphi=0$ 或 $c=0$ 时各为哪一种土？

5.3　土体中发生剪切破坏的平面是不是剪应力最大的平面？在什么情况下，破裂面与最大剪应力面是一致的？一般情况下，破裂面与大主应力面成什么角度？

5.4　测定土的抗剪强度指标主要有哪几种方法？试比较它们的优缺点。

5.5　地基的临塑荷载和极限荷载的物理概念是什么？

5.6　何谓土的极限平衡状态？什么是土的极限平衡条件？

习　　题

5.1　某土样进行三轴剪切试验，剪切破坏时，测得 $\sigma_1=500$kPa，$\sigma_3=100$kPa，剪切破坏面与水平面夹角为 60°。求：

（1）土的 c、φ 值；

（2）计算剪切破坏面上的正应力和剪应力。

5.2　已知地基中某点受到大、小主应力 $\sigma_1=600$kPa，$\sigma_3=100$kPa。

（1）绘制莫尔应力圆；

（2）求最大剪应力值及最大剪应力作用面与大主应力作用面的夹角；

（3）计算作用在与小主应力作用面成 30°的面上的正应力和剪应力。

5.3　某土的内摩擦角和黏聚力分别为 $\varphi=25°$，$c=15$kPa，若 $\sigma_3=100$kPa，求：

（1）极限平衡时的大主应力 σ_1？

（2）极限平衡面与大主应力作用面的夹角？

（3）当 $\sigma_1=300$kPa 时，土体是否被剪切破坏？

第6章　土压力与土坡稳定

学习目标：按土体位移情况和墙后土体的应力状态，将土压力分为主动土压力、静止土压力和被动土压力三种，学习时应明确这三种土压力的概念，掌握朗肯土压力、库仑土压力的基本理论和计算方法及各种情况下的土压力计算，熟悉挡土墙类型、构造和设计。掌握简单土坡稳定分析方法和滑坡防治方法。

6.1　概　　述

在土木、交通、水利、港口等工程中，经常需修建挡土结构物，如挡土墙、地下室侧墙、桥台、板桩、散料仓库、重力式码头的岸壁等（图6.1）。这些侧向支持土体的结构物，统称为挡土墙。而被支撑的土体对挡土墙背产生的侧向压力，称为土压力。设计挡土墙时土压力是作用在挡土墙上的荷载。

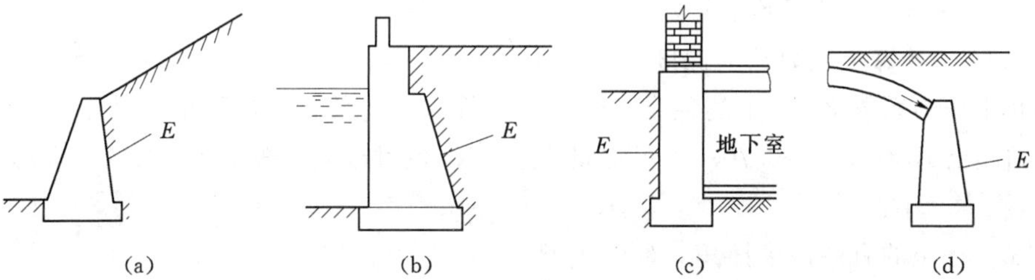

图6.1　常见挡土结构物

挡土墙就其结构型式可分为重力式、悬臂式和扶壁式等类型（图6.13），它可用块石、砖、素混凝土、钢筋混凝土和土工合成材料等建成。

挡土墙一般都是条形建筑物。它们延长长度远大于其高度和宽度，且其断面在相当长的范围内不变，因此土压力计算是取1延米的挡土墙进行分析的，即将土压力计算当作平面问题来处理。

土压力是挡土墙的主要外荷载，因此，设计挡土墙时首先要确定土压力的大小、方向及合力作用点。根据大量研究，土压力的计算是个比较复杂的问题，影响因素很多，土压力不仅与墙的高度、墙背的倾斜度、形状、粗糙度以及填料的物理力学性质、顶面形状和顶部荷载有关，而且还与墙和地基的刚度以及填土施工方法有关。

土坡可分为天然土坡和人工土坡。由于某些外界不利因素的影响，土坡可能发生土体滑动而失去稳定性，滑坡常造成严重的工程事故并危及人身安全，因此，应验算边坡的稳定性及采取适当的工程措施。

6.2 土压力及产生条件

根据土体位移情况和墙后土体所处的应力状态，土压力可分为静止土压力、主动土压力和被动土压力三种。

6.2.1 静止土压力

当挡土墙在土压力作用下无任何移动或转动，土体处于静止的弹性平衡状态时，墙背所受的土压力为静止土压力，应力用 σ_0 表示，合力用 E_0 表示。如图 6.2（c）所示，近似地符合这些条件的建筑物有地下室外墙、地下水池侧壁、涵洞的侧墙等。

图 6.2（c）表示在半无限土体中 Z 深度处一点的应力状态，作用于该土单元上的竖向和水平应力分别为：$\sigma_z=\sigma_{cz}=\gamma z$，$\sigma_x=\sigma_{cx}=K_0\gamma z$，而水平向及竖向的剪应力均为零，即铅直面和水平面为主平面，σ_z 和 σ_x 分别为大、小主应力。若用一静止不动的挡土墙代替左侧土体，且该墙的墙背铅直光滑，则替代后，右侧土体中的应力状态并未改变。σ_x 原来表示土体内部的应力，现在变成土体对墙背的压力，即静止土压力。静止土压力就如弹性半空间土体内一点的水平向自重应力 σ_{cx}，可按下式计算

$$\sigma_0 = \sigma_{cx} = K_0\sigma_z = K_0\gamma z \tag{6.1}$$

式中 K_0——静止土压力系数；

γ——墙后填土重度，kN/m^3；

z——计算土压力点的深度，m。

静止土压力系数 K_0 与土的性质、密实程度等因素有关，一般可取：砂土 $K_0=0.35\sim0.50$；黏性土 $K_0=0.50\sim0.70$。对正常固结土，K_0 也可近似地按半经验公式（6.2）计算

$$K_0 = 1-\sin\varphi' \tag{6.2}$$

式中 φ'——土的有效内摩擦角，(°)。

由式（6.1）可知，静止土压力 σ_0 沿墙高呈三角形分布（图 6.3），取纵向单位墙长计算，作用在挡土墙上的静止土压力 E_0 为

$$E_0 = \frac{1}{2}\gamma h^2 K_0 \tag{6.3}$$

式中 E_0——纵向单位墙长上的静止土压力，kN/m；

h——挡土墙高度，m。

E_0 的作用点在距离墙底 $h/3$ 处。

6.2.2 主动土压力

当挡土墙在侧向压力作用下，产生离开土体的微小位移或绕墙趾转动，将使墙对土体的侧向应力逐渐减小，墙后土体便出现向下滑动的趋势。这时，土中潜在滑动面上的抗剪力抵抗着这一滑动的产生。当墙的位移量（表 6.1）达到某一数值，墙背填土开始出现连续的滑动面，墙背与滑动面之间的土楔有跟随挡土墙一起向下滑动的趋势。在这个土楔即将滑动时，土的抗剪强度充分发挥，作用在挡土墙上的土压力则减小到最小值，土体达到了主动极限平衡状态。与之相应的土压力称为主动土压力，应力用 σ_a 表示，合力用 E_a 表示，如图 6.2（a）所示。

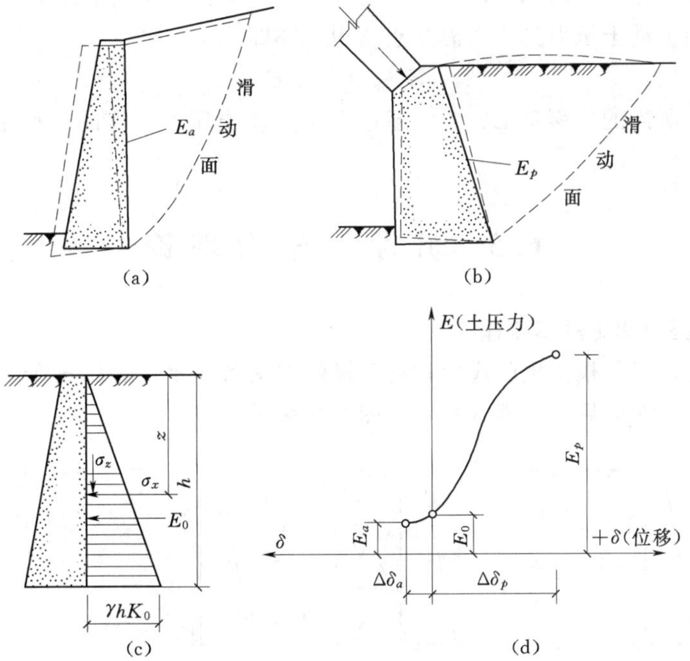

图 6.2　土压力类型及与墙身位移关系

(a) 主动土压力；(b) 被动土压力；(c) 静止土压力；(d) 土压力与墙身位移关系

6.2.3　被动土压力

与主动土压力相反，当挡土墙的移动或转动是挤向土体，则墙对土体的侧向应力逐渐增大，土体出现向上滑动趋势，而土中存在的抗剪力要阻止这一滑动的产生。当墙的位移量达到某一数值（表 6.1）时，土体也开始出现连续的滑动面，形成的土楔随挡土墙一起向上滑动，在这个土楔即将滑动时，土的抗剪强度充分发挥，作用在挡土墙上的土压力增大到最大值，土体达到另一种极限平衡状态，即被动极限状态。与之相应的土压力称为被动土压力，应力用 σ_p 表示，合力用 E_p 表示，如图 6.2（b）所示。

表 6.1　　产生主动或被动土压力时所需的挡土墙的位移量

土类	应力状态	挡土墙位移方式	所需的位移量
砂土	主动	平移	0.001h
	主动	绕墙趾转动	0.001h
	被动	平移	0.05h
	被动	绕墙趾转动	>0.1h
黏土	主动	平移	0.004h
	主动	绕墙趾转动	0.004h

注　h 为挡土墙高度。

主动土压力和被动土压力的计算理论主要有朗肯（Rankine，1857）土压力理论和库仑（Coulomb，1776）土压力理论。自从库仑理论发表以来，人们先后进行了多次多种的挡土墙模型实验、原型观测和理论研究。实验研究证明：在相同条件下，静止土压力小于被动土压力，而主动土压力又小于静止土压力，亦即

$$E_a < E_0 < E_p$$

产生被动土压力所需的位移量 $\Delta\delta_p$ 大大超过产生主动土压力所需的位移量 $\Delta\delta_a$，如图 6.2（d）所示。

6.3 朗肯土压力理论

6.3.1 朗肯土压力理论基本原理

朗肯土压力理论是根据土的应力状态和极限平衡条件建立的。分析时假定：①墙背铅直；②墙背光滑；③墙后填土面水平，如图 6.3 所示。

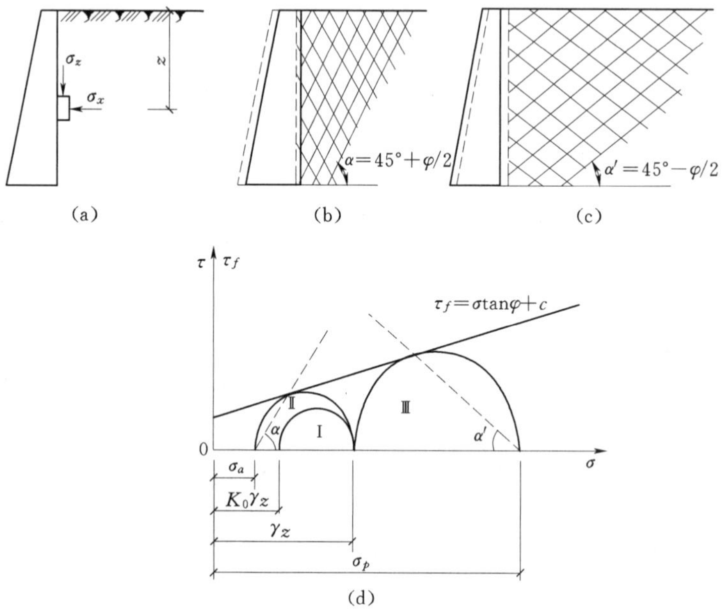

图 6.3 朗肯极限平衡状态

（a）深度为 z 时应力状态；（b）主动朗肯状态；（c）被动朗肯状态；（d）摩尔应力圆与朗肯状态

根据朗肯土压力理论假定，墙背与填土间无摩擦力，即无剪应力，亦即墙背为主应力面，竖直方向和水平方向的应力分别为大、小主应力。而竖直方向的应力即为竖向自重应力。如果挡土墙无位移，墙后土体处于弹性状态，则作用在墙背上的应力状态与弹性半空间土体应力状态相同。在距离填土面深度 z 处，$\sigma_{cz}=\sigma_1=\gamma z$，$\sigma_x=\sigma_3=K_0\gamma z$。用 σ_1 和 σ_3 作成的摩尔应力圆与土的抗剪强度曲线不相切割，如图 6.3（d）中圆Ⅰ所示。

当挡土墙离开土体向左移动时［图 6.3（b）］，墙后土体有向外移动趋势。此时土体中的竖向应力 σ_z 不变，而水平向的应力 σ_x 减小，σ_z 和 σ_x 仍为大小主应力。随着挡土墙的位移，σ_x 逐渐减小到使土体达极限平衡状态时，σ_x 达到最小值 σ_a，此时 σ_z 和 $\sigma_x=\sigma_a$ 的摩尔应力圆与抗剪强度包线相切［图 6.3（d）中圆Ⅱ］。土体形成一系列滑裂面，各点都处于极

限平衡状态，此种状态称为主动朗肯状态。此时墙背上的法向应力 σ_x 为小主应力 σ_a，即朗肯主动土压力。滑裂面与大主应力作用面（即水平面）成 $\alpha=45°+\varphi/2$ 角。

同理，若挡土墙在外力作用下挤压土体［图 6.3（c）］，σ_z 仍保持不变，而 σ_x 随着挡土墙位移增加而逐步增大，应力圆逐渐减小，当 σ_x 等于 σ_z 时，应力圆变成一个点，当 σ_x 继续增大超过 σ_z 时，σ_x 变成了大主应力，而 σ_z 则成为小主应力，应力圆逐渐增大。当挡土墙位移挤压土体使 σ_x 增大到土体达极限平衡状态时，σ_x 达最大值 σ_p，此时 σ_z 和 $\sigma_x=\sigma_p$ 的摩尔应力圆亦与抗剪强度包线相切［图 6.3（d）中圆Ⅲ］。土体形成一系列滑裂面，各点都处于极限平衡状态，此种状态称被动朗肯状态。此时墙背上的法向应力 σ_x 为最大主应力 σ_p，即朗肯被动土压力。滑裂面与小主应力作用面（即水平面）成 $\alpha'=45°-\varphi/2$ 角。

6.3.2 主动土压力计算

根据土的强度理论，当墙后填土达到主动极限平衡状态时，作用于 z 深度处的铅直向自重应力 $\sigma_{cz}=\gamma z$ 为大主应力，作用于墙背上的水平向土压力 σ_a 是小主应力 σ_3。大、小主应力 σ_1 和 σ_3 应满足以下关系式

黏性土
$$\sigma_3=\sigma_1\tan^2\left(45°-\frac{\varphi}{2}\right)-2c\tan\left(45°-\frac{\varphi}{2}\right) \tag{6.4}$$

砂性土
$$\sigma_3=\sigma_1\tan^2\left(45°-\frac{\varphi}{2}\right) \tag{6.5}$$

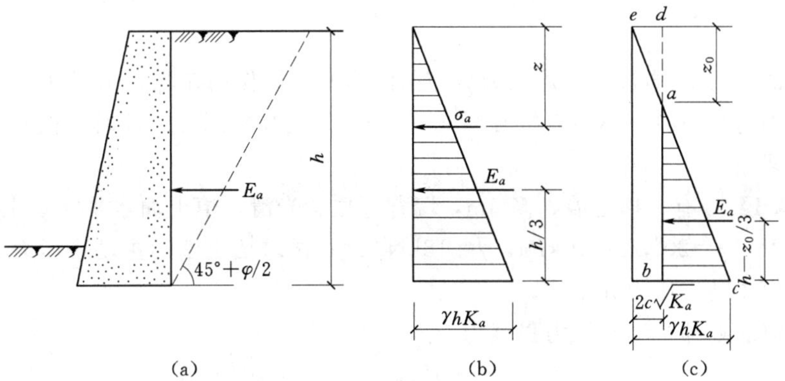

图 6.4 朗肯主动土压力状态

（a）主动土压力图式；（b）无黏性土；（c）黏性土

故可得朗肯主动土压力 σ_a 为：

黏性土：
$$\sigma_a=\sigma_x=\sigma_3=\gamma z\tan^2\left(45°-\frac{\varphi}{2}\right)-2c\tan\left(45°-\frac{\varphi}{2}\right)=\gamma zK_a-2c\sqrt{K_a} \tag{6.6}$$

砂性土：
$$\sigma_a=\gamma zK_a \tag{6.7}$$

式中 σ_a——沿深度方向的主动土压力分布，kPa；

K_a——主动土压力系数，$K_a=\tan^2\left(45°-\frac{\varphi}{2}\right)$；

c——填土的黏聚力，kPa。

由式（6.7）可知，砂性土的主动土压力与深度 z 成正比，沿墙高呈三角形分布［图 6.4（b）］，在纵向如取单位墙长计算，则主动土压力的合力 E_a 为

$$E_a = \frac{1}{2}\gamma h^2 K_a \tag{6.8}$$

主动土压力 E_a 通过三角形压力分布图的形心，即合力作用在距离墙底 $h/3$ 处。

黏性土的土压力强度由两部分组成。一部分是由土的自重引起的土压力 $\gamma z K_0$，另一部分是由土体黏聚力 c 引起的土压力 $2c\sqrt{K_a}$，为负值。这两部分土压力叠加的结果如图 6.4（c）所示，图中 abe 部分为负侧压力。由于墙背光滑，土对墙背产生的拉力将使土脱离墙体，故在计算土压力时，该部分应略去不计。因此黏性土的土压力分布实际上仅是 abc 部分。

a 点为压力零点，离填土面的深度 z_0 称为临界深度。在填土面无荷载的条件下，可令式（6.6）中的 σ_a 为零计算 z_0，即

$$\sigma_a z_0 = \gamma z_0 K_a - 2c\sqrt{K_a} = 0$$

故临界深度

$$z_0 = \frac{2c}{\gamma\sqrt{K_a}} \tag{6.9}$$

若在纵向取单位墙长计算，则主动土压力 E_a 为

$$E_a = \frac{1}{2}(h - z_0)(\gamma h K_a - 2c\sqrt{K_a}) = \frac{1}{2}\gamma h^2 K_a - 2ch\sqrt{K_a} + \frac{2c}{\gamma} \tag{6.10a}$$

或

$$E_a = \frac{1}{2}\gamma h_0^2 K_a \tag{6.10b}$$

其中

$$h_0 = h - z_0$$

主动土压力的合力 E_a 通过三角形压力分布图的形心，即作用在距离墙底（$h-z_0$）/3 处。

当填土面有荷载时，不能直接套用式（6.9）计算临界深度。此时应按 Z_0 处侧向的土压力 $\sigma_{az}=0$ 求解。

【例题 6.1】 有一挡土墙，高 5m，墙背直立、光滑，填土面水平，填土的物理力学性质指标如下：$\varphi=20°$，$c=10\text{kPa}$，$\gamma=18\text{kN/m}^3$；试求挡土墙的主动土压力 E_a 及作用点位置，并绘出主动土压力分布图。

解：在墙底处的主动土压力强度为

$$\sigma_a = \gamma h K_a - 2c\sqrt{K_a} = \gamma h \tan^2\left(45° - \frac{\varphi}{2}\right) - 2c\tan\left(45° - \frac{\varphi}{2}\right)$$

$$= 18 \times 5 \times \tan^2\left(45° - \frac{20°}{2}\right) - 2 \times 10 \times \tan\left(45° - \frac{20°}{2}\right) = 30.1(\text{kPa})$$

主动土压力

$$E_a = \frac{1}{2}\gamma h^2 K_a - 2ch\sqrt{K_a} + \frac{2c^2}{\gamma} = \frac{1}{2}\gamma h^2 \tan^2\left(45° - \frac{\varphi}{2}\right) - 2ch\tan\left(45° - \frac{\varphi}{2}\right) + \frac{2c^2}{\gamma}$$

$$= \frac{1}{2} \times 18 \times 5^2 \times \tan^2\left(45° - \frac{20°}{2}\right) - 2 \times 10 \times 5 \times \tan\left(45° - \frac{20°}{2}\right) + \frac{2 \times 10^2}{18}$$

$$= 51.4(\text{kN/m})$$

临界深度

$$z_0 = \frac{2c}{\gamma\sqrt{K_a}} = \frac{2 \times 10}{18 \times \tan\left(45° - \frac{20°}{2}\right)} = 1.59(\text{m})$$

主动土压力 E_a 作用在距墙底的距离 x 为

$$x=\frac{h-z_0}{3}=\frac{5-1.59}{3}=1.14(\mathrm{m})$$

主动土压力分布图如图 6.5 所示。

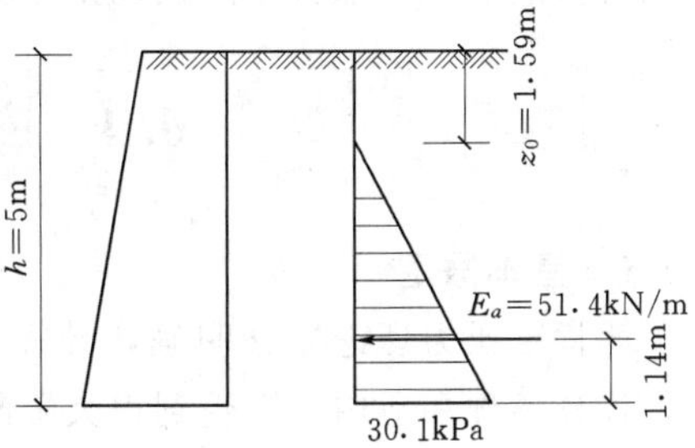

图 6.5　例题 6.1 图

6.3.3　被动土压力计算

当挡土墙在外力作用下挤压土体出现朗肯被动状态时，墙背任一深度 z 处竖向应力 σ_z 成为小主应力 σ_3，而水平应力 σ_x 变成为大主应力 σ_1。同理可推导求得朗肯被动土压力强度 σ_p 为

黏性土

$$\sigma_p=\gamma z\tan^2\left(45°+\frac{\varphi}{2}\right)+2c\tan\left(45°+\frac{\varphi}{2}\right)=\gamma zK_p+2c\sqrt{K_p} \tag{6.11}$$

砂性土

$$\sigma_p=\gamma z\tan^2\left(45°+\frac{\varphi}{2}\right)=\gamma zK_p \tag{6.12}$$

式中　K_p——被动土压力系数。

被动土压力分布如图 6.6 所示，如取单位墙长计算，则被动土压力合力为

黏性土

$$E_p=\frac{1}{2}\gamma h^2K_p+2ch\sqrt{K_p} \tag{6.13}$$

砂性土

$$E_p=\frac{1}{2}\gamma h^2K_p \tag{6.14}$$

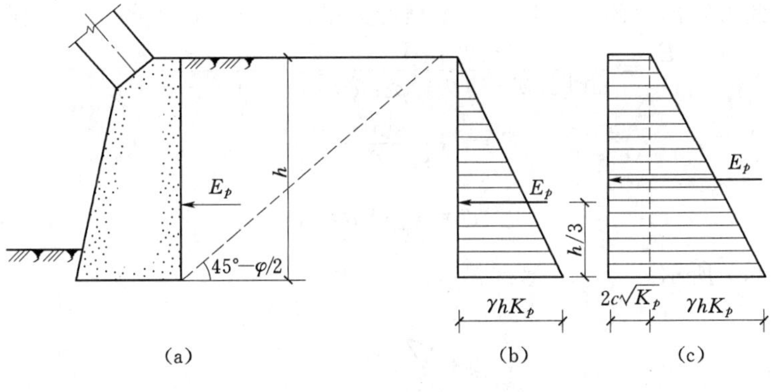

图 6.6　朗肯被动土压力状态

(a) 被动土压力图式；(b) 无黏性土；(c) 黏性土

被动土压力 E_p 的作用点在压力分布图的形心处，可通过一次求矩得到。

朗肯土压力理论是根据弹性半空间体的应力状态，根据土的极限平衡理论推导来计算土压力，其概念明确，计算公式简便。但由于假定墙背竖直、光滑、填土面水平，计算条件和适用范围受到限制，计算结果与实际有出入，求得的主动土压力值偏大，被动土压力值偏小，因此计算结果偏于安全。

如果采用被动土压力作为结构物的支承力，必须注意，产生被动土压力理论计算所需要的位移量较大，通常超过结构物的允许值。在实际工程中，由于其位移量较小，则被动土压力只能发挥一部分，故被动土压力取值应小于计算值。

6.4　库仑土压力理论

6.4.1　基本假定

朗肯土压力理论概念明确，计算公式简便，但由于假定墙背竖直、光滑、填土面水平，计算条件和适用范围受到很大限制，对于这些情况可考虑使用库仑土压力理论。

库仑土压力是根据墙后所形成的滑动楔体的静力平衡条件建立的。其理论假定：①墙后填土为无黏性土（$c=0$）；②墙后滑动楔体是沿着墙背和一个通过墙踵的平面发生滑动；③滑动楔体可视为刚体，即不考虑楔体内的应力变化。库仑土压力理论适用于砂土或碎石土填料（$c=0$，$\varphi\neq0$），可解决挡土墙墙背倾斜、粗糙和非水平填土面等情况。

6.4.2　主动土压力计算

当墙身向前平移或绕墙趾转动，使得墙后无黏性填土土楔 ABC（图 6.7）沿着墙背 AB 和通过墙踵 A 点的滑动面 AC 向下向前滑动时，在滑动面 AC 面上的土体破坏的瞬间，滑动楔体 ABC 处于主动极限平衡状态。取 ABC 为分离体，假设其自重为 G，则墙背对滑动楔体的反力为 E，其作用方向与墙背的法线成 δ 角（δ 为土对墙背的摩擦角，称为外摩擦角），滑动面 AC 与水平面的夹角为 θ，AC 面上的反力为 R，其作用方向与 AC 面上的法线成 φ 角（φ 为土的内摩擦角），并位于法线的下方，如图 6.7 所示。所以，作用在滑动楔体 ABC 上的力一共有 G、E 和 R 3 个力，其中 G 的大小及方向、E 和 R 的方向都为已知，由此可绘出封闭力三角形。根据静力平衡条件，由力的正弦定律，可得

$$\frac{E}{G}=\frac{\sin(\theta-\varphi)}{\sin[180^\circ-(\theta-\varphi+\psi)]}=\frac{\sin(\theta-\varphi)}{\sin(\theta-\varphi+\psi)} \tag{6.15a}$$

即

$$E=G\frac{\sin(\theta-\varphi)}{\sin(\theta-\varphi+\psi)} \tag{6.15b}$$

其中

$$\psi=\frac{\pi}{2}-\delta-\alpha$$

其他符号如图 6.7 所示。

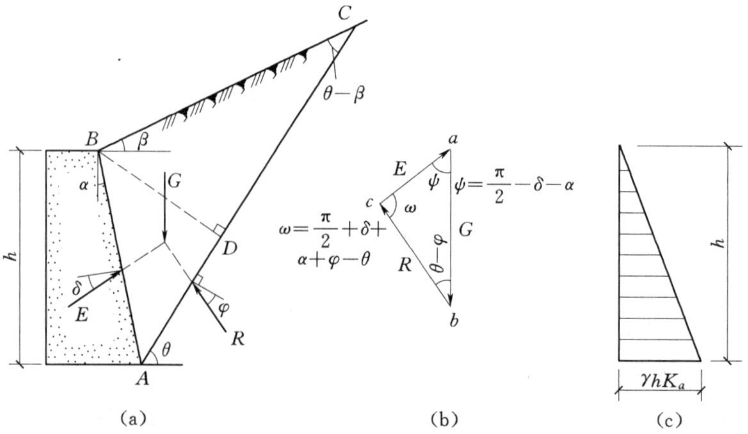

图 6.7　库仑主动土压力计算图

上述滑动面 AC 是任意选择的，所以它不一定是真正的滑动面，因而由式（6.15）计算得出的土压力 E 也只是相应于滑动面 AC 时的土压力，而不一定是所求的主动土压力。选用不同的滑动面，土压力 E 值也将随之改变。但是，挡土墙破坏时，填土内只能有一个真正的滑动面，即最危险的滑动面，与这个滑动面相对应的土压力才是所求的主动土压力 E_a。最危险滑动面可按下述方法求得，把 E 看作是滑动楔体在自重作用下克服了滑动面 AC 上的摩擦力以后而向前滑动的力，E 值越大，楔体向下滑动的可能性也越大，所以产生最大 E 值的滑动面就是真正的滑动面，相应最大的 E 值就是主动土压力 E_a。所以求真正滑动面的条件是：$\frac{\mathrm{d}E}{\mathrm{d}\theta}=0$，由此确定 θ 值，也就是真正滑动面的位置。将 θ 代入式（6.15b），就可得出主动土压力 E_a 如式（6.16）所示。

$$E_a=\frac{1}{2}\gamma h^2\frac{\cos^2(\varphi-\alpha)}{\cos^2\alpha\cos(\delta+\alpha)\left[1+\sqrt{\frac{\sin(\delta+\varphi)\sin(\varphi-\beta)}{\cos(\delta+\alpha)\cos(\alpha-\beta)}}\right]^2} \tag{6.16}$$

令

$$K_a=\frac{\cos^2(\varphi-\alpha)}{\cos^2\alpha\cos(\delta+\alpha)\left[1+\sqrt{\frac{\sin(\delta+\varphi)\sin(\varphi-\beta)}{\cos(\delta+\alpha)\cos(\alpha-\beta)}}\right]^2} \tag{6.17}$$

则式（6.17）可改写成

$$E_a=\frac{1}{2}\gamma h^2K_a \tag{6.18}$$

式中 γ——填土的重度，kN/m³；

φ——填土的内摩擦角，(°)；

δ——外摩擦角，它与填土性质、墙背粗糙程度、排水条件、填土表面轮廓和它上面有无超载等有关，应由试验确定，一般情况下可取下列数值，墙背光滑而排水不良，取 $\delta=(0\sim1/3)\varphi$，墙背粗糙和排水良好，取 $\delta=(1/3\sim1/2)\varphi$，墙背很粗糙且排水良好，取 $\delta=(1/2\sim2/3)\varphi$，墙背与填土间不可能滑动（如砌体砌筑的阶梯形挡土墙），取 $\delta=(2/3\sim1)\varphi$；

h——挡土墙高度，m；

α——墙背的倾斜角，即墙背与垂线的夹角，以垂线为准，墙顶背离填土为正（叫俯斜），墙顶挤压填土为负（叫仰斜）；

β——墙后填土表面的倾斜角；

K_a——主动土压力系数。

由式（6.16）可知，主动土压力 E_a 与 γ、h、φ、δ、α、β 等有关。分析式（6.17）可见当其他条件相同时，φ 角越大，主动土压力 E_a 值越小；δ 角越大，则主动土压力 E_a 越小；α 角为负（即仰斜墙），主动土压力 E_a 越小，而 α 角为正（即俯斜墙），且其值越大，主动土压力 E_a 越大；β 角越大，主动土压力 E_a 越大，而当 $\beta>\varphi$ 时，则 K_a 将得出虚根，表明填土坡脚 β 大于砂土的内摩擦角 φ（自然休止角），此时这部分填土将沿砂土的内摩擦角 φ（自然休止角）形成的坡面下滑，因此，设计时必须控制填土坡脚 β，使 $\beta\leqslant\varphi$。了解上述这些关系，将有助于在挡土墙设计中如何减小主动土压力。

当墙高为 z 时，主动土压力的合力 $E_a=\frac{1}{2}\gamma h^2K_a$，主动土压力沿墙高 z 的分布 σ_a 为

$$\sigma_a = \frac{\mathrm{d}E_a}{\mathrm{d}z} = \gamma z K_a \tag{6.19}$$

可见当 $z=0$ 时，$\sigma_a=0$；$z=h$ 时，$\sigma_{ah}=\gamma h K_a$，主动土压力沿墙高是按直线分布的，其分布图形为三角形，如图 6.7 所示，而主动土压力的作用点就应该在距墙底 $h/3$ 处。

当挡土墙背垂直（$\alpha=0$）、光滑（$\delta=0$），填土表面水平（$\beta=0$）时，式（6.19）可简化成

$$E_a = \frac{1}{2}\gamma h^2 \tan\left(45^\circ - \frac{\varphi}{2}\right) \tag{6.20}$$

此式与朗肯主动土压力的计算公式完全相同。

6.4.3 被动土压力计算

当墙在外力作用下向后推挤填土，最终使滑动楔体沿墙背 AB 和滑动面 AC 向上滑动（图 6.8），在滑动面 AC 破坏的瞬间，滑动楔体 ABC 处于被动极限平衡状态。取 ABC 为分离体，可见除自重 G 外，作用在楔体上的反力 E 和 R 的方向与求主动土压力的情况刚好相反，都应位于法线的另一侧，按上述求主动土压力时同样的方法，可求得被动土压力 E_p 的一般表达式式（6.21）。但要注意到与求主动土压力不同的地方，就是相应于 E 为最小值时的滑动面才是真正的滑动面，因为楔体在这时所受的阻力最小，最容易被向上推出。

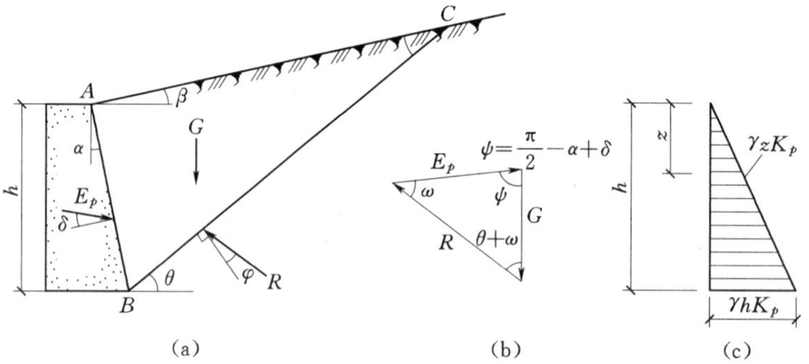

图 6.8 库仑被动土压力计算图

被动土压力 E_p 的公式如下

$$E_p = \frac{1}{2}\gamma h^2 \frac{\cos^2(\varphi+\alpha)}{\cos^2\alpha\cos(\alpha-\delta)\left[1-\sqrt{\dfrac{\sin(\delta+\varphi)\sin(\varphi+\beta)}{\cos(\alpha-\delta)\cos(\alpha-\beta)}}\right]^2} \tag{6.21}$$

令

$$K_p = \frac{\cos^2(\varphi+\alpha)}{\cos^2\alpha\cos(\alpha-\delta)\left[1-\sqrt{\dfrac{\sin(\delta+\varphi)\sin(\varphi+\beta)}{\cos(\alpha-\delta)\cos(\alpha-\beta)}}\right]^2} \tag{6.22}$$

则

$$E_p = \frac{1}{2}\gamma h^2 K_p \tag{6.23}$$

式中 K_p——被动土压力系数；

其他符号意义同前。

被动土压力 E_p 的作用点在距离墙底 $h/3$ 处。

当挡土墙背垂直（$\alpha=0$），光滑（$\delta=0$），填土表面水平（$\beta=0$）时，式（6.23）可化简成

$$E_a = \frac{1}{2}\gamma h^2 \tan\left(45^\circ + \frac{\varphi}{2}\right) \tag{6.24}$$

此式与朗肯被动土压力的计算公式完全相同；由此可见，朗肯理论是库仑理论的一种特殊情况。

6.5 工程实际中的土压力计算

6.5.1 填土表面有均布荷载作用

当挡土墙后填土表面有均布荷载 q 作用时，若挡土墙墙背竖直、光滑、填土面水平，则可采用朗肯理论计算。计算时一般将均布荷载换算成等效的土层（其重度 γ 与填土相同），即用假想的土层代替均布荷载 q，如图 6.9 所示。假想的土层厚度为

$$h_s = \frac{q}{\gamma}$$

然后以（$h+h_s$）为假想填土高度，按填土面无荷载情况计算墙顶面和墙底处的土压力。如填土为无黏性土时，墙顶面处的土压力为

$$\sigma_1 = \gamma h_s K_a = qK_a \tag{6.25}$$

墙底面处的土压力为

$$\sigma_2 = \gamma(h + h_s)K_a = (q + \gamma h)K_a \tag{6.26}$$

压力分布如图 6.9 所示，实际的土压力分布图为梯形 $ABCD$ 部分，土压力作用点在梯形分布图的形心。

由上可见，当填土面有均布荷载时，其土压力强度只要在无荷载情况下再加上 qK_a 即可。

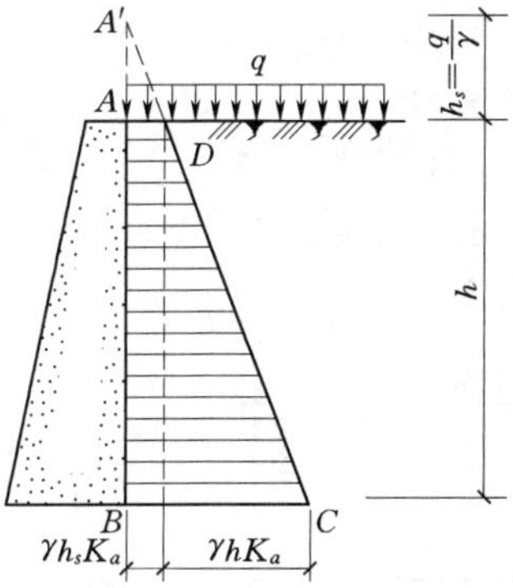

图 6.9 填土面有均布荷载

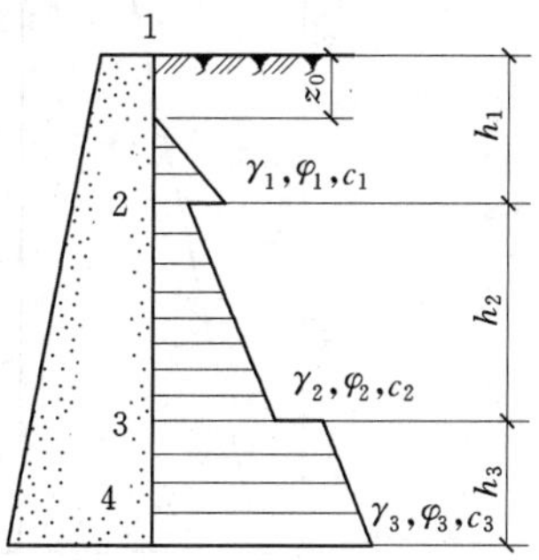

图 6.10 成层填土土压力计算

6.5.2 成层填土

如果墙后填筑有几种不同水平土层时（图 6.10），第一层土压力按均质土 γ_1，φ_1，c_1 计算。计算第二层土的土压力时，将上层土视作第二层土上的均布荷载，用第二层土的

γ_2，φ_2，c_2来计算第二层土顶面和底面处的土压力。以下分层亦同样按第二层土的方法计算。计算分层填土中某点的土压力强度时，只须将该点土的有效铅直应力乘以相应点土的土压力系数，并同时计入相应点黏聚力 c 的影响。这种计算模式在两层土交界处虽然其有效铅直应力相等，但由于相应土的力学性质指标（φ、c）不同，使土压力系数亦不同，因此应分别计算，从而使土压力强度曲线出现突变点。

6.5.3　填土有地下水

墙后填土常会部分或全部处于地下水位以下，由于渗水或排水不畅也会导致墙后填土含水量增加。水对砂土的抗剪强度指标的影响较小，一般可以忽略。但对黏性土，随着含水量的增加，抗剪强度指标明显降低，从而使墙背土压力增大。因此，挡土墙应具有良好的排水措施，对于重要工程，计算时还应考虑适当降低抗剪强度指标 c 和 φ。

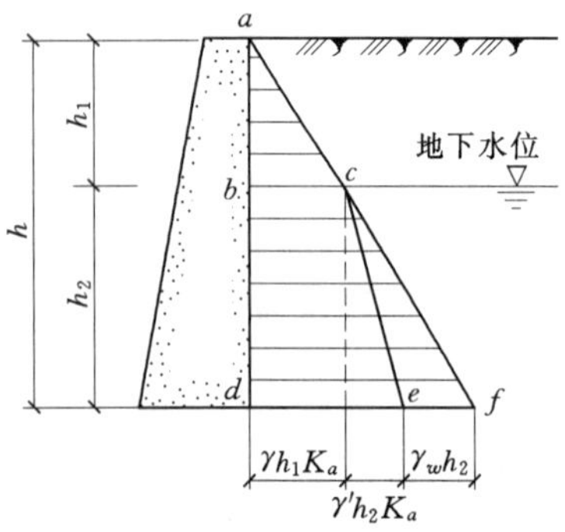

图 6.11　填土有地下水时土压力计算

地下水位以下土的重度应取浮重度，并应计入地下水对挡土墙产生的静水压力 $\gamma_w h$。因此，作用在墙背上的侧压力为土压力和水压力之和。图 6.11 中 $abdce$ 为土压力分布图，而 cef 为水压力分布图。

【例题 6.2】　某挡土墙高 7m（图 6.12），墙背竖直、光滑，墙后填土面水平，并作用均布荷载 $q=20\text{kPa}$。填土分两层，土层 $\gamma_1=18.0\text{kN/m}^3$，$\varphi_1=20°$，$c_1=12.0\text{kPa}$；下层位于水位以下，$\gamma_{sat}=19.2\text{kN/m}^3$，$\varphi_2=26°$，$c_2=6.0\text{kPa}$。试求墙背总侧压力 E 及其作用点位置，并绘侧压力分布图。

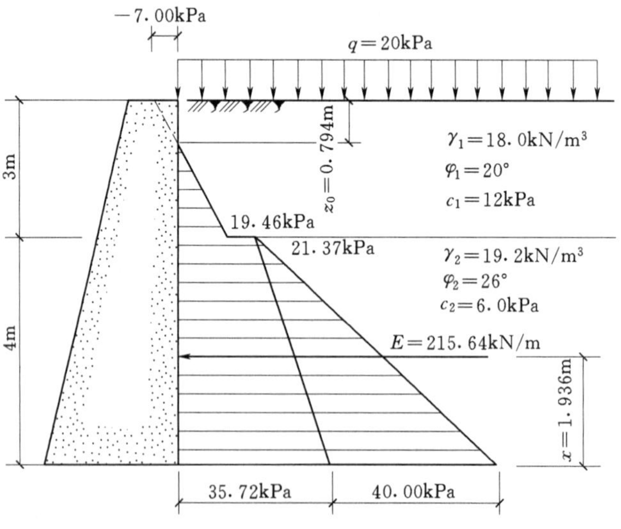

图 6.12　例题 6.2 图

解： 根据已知条件，墙背竖直、光滑，墙后填土面水平，符合朗肯主动土压力条件，故有

$$K_{a1} = \tan^2\left(45° - \frac{\varphi_1}{2}\right) = \tan^2\left(45° - \frac{20°}{2}\right) = 0.490$$

$$K_{a2} = \tan^2\left(45° - \frac{\varphi_2}{2}\right) = \tan^2\left(45° - \frac{26°}{2}\right) = 0.390$$

填土表面主动土压力为

$$\sigma_{a1} = qK_{a1} - 2c_1\sqrt{k_{a1}} = 20 \times 0.490 - 2 \times 12.0 \times \sqrt{0.490} = -7.00(\text{kPa})$$

第一层底部土压力强度为

$$\begin{aligned}\sigma_{a2}^{上} &= (q + \gamma_1 h_1)K_{a1} - 2c_1\sqrt{k_{a1}} \\ &= (20 + 18.0 \times 3) \times 0.490 - 2 \times 12.0 \times \sqrt{0.490} \\ &= 19.46(\text{kPa})\end{aligned}$$

第二层顶部土压力强度为

$$\begin{aligned}\sigma_{a2}^{下} &= (q + \gamma_1 h_1)K_{a2} - 2c_2\sqrt{k_{a2}} \\ &= (20 + 18.0 \times 3) \times 0.390 - 2 \times 6.0 \times \sqrt{0.390} \\ &= 21.37(\text{kPa})\end{aligned}$$

第二层底部土压力强度为

$$\begin{aligned}\sigma_{a3} &= (q + \gamma_1 h_1 + \gamma_2 h_2)K_{a2} - 2c_2\sqrt{k_{a2}} \\ &= [20 + 18.0 \times 3 + (19.2 - 10) \times 4] \times 0.390 - 2 \times 6.0 \times \sqrt{0.390} \\ &= 35.72(\text{kPa})\end{aligned}$$

第二层底部水压力强度为

$$\sigma_w = \gamma_w h_2 = 10 \times 4 = 40.00(\text{kPa})$$

临界深度 z_0 由 $\sigma_{a1} = (q + \gamma_1 z_0)K_{a1} - 2c_1\sqrt{k_{a1}} = 0$ 计算，即（$20+18.0\times z_0$）$\times 0.490-2\times 12.0\times\sqrt{0.490}=0$ 可得

$$z_0 = 0.794(\text{m})$$

将各点的土压力和水压力绘于图 6.12 中，计算主动土压力分布图形面积可得墙后总侧压力为

$$\begin{aligned}E &= 1/2 \times 19.46 \times (3 - 0.794) + 21.37 \times 4 + 1/2(40.0 + 35.72 - 21.37) \times 4 \\ &= 21.46 + 85.48 + 108.70 \\ &= 215.64(\text{kN/m})\end{aligned}$$

其作用点在距墙踵的距离 x 为

$$\begin{aligned}x &= \frac{1}{215.64}\left[21.46 \times \left(4 + \frac{3 - 0.794}{3}\right) + 85.45 \times 2 + 108.70 \times \frac{4}{3}\right] \\ &= 1.936(\text{m})\end{aligned}$$

6.6 挡土墙的设计

挡土墙设计包括墙型选择、稳定性验算、地基承载力验算、墙身材料强度验算以及一些设计中的构造要求和措施等。

6.6.1 挡土墙的类型

工程中常用的挡土墙结构型式有重力式、悬臂式、扶壁式、锚杆挡土墙、锚定板挡土墙、板桩墙及加筋土挡土墙等多种类型（图 6.13），一般应根据工程需要、土质情况、材料供应、施工技术以及造价等因素合理地选择。

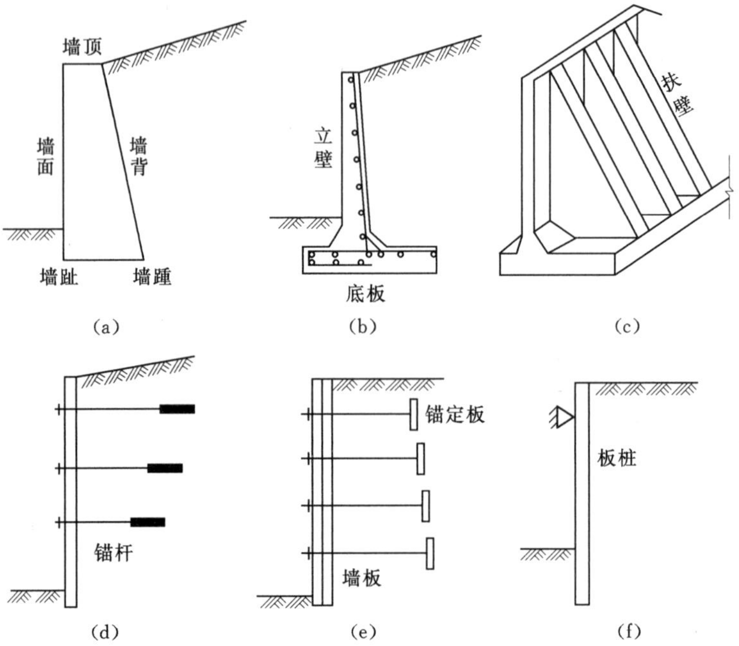

图 6.13 挡土墙类型

(a) 重力式挡土墙；(b) 悬臂式挡土墙；(c) 扶壁式挡土墙；
(d) 锚杆挡土墙；(e) 锚定板挡土墙；(f) 板桩墙

重力式挡土墙由于结构简单、施工方便、取材容易而得到广泛应用，重力式挡土墙一般由块石、毛石或混凝土材料砌筑，墙身截面较大，重力式挡土墙依靠墙身自重抵抗土压力引起的倾覆弯矩保持稳定。

悬臂式挡土墙一般由钢筋混凝土建造，墙的稳定主要依靠墙踵悬壁以上土重维持。墙体内设置钢筋承受拉应力，故墙身截面较小。其适用于墙高大于 5m、地基土质差、当地缺少石料等情况。

当挡土墙墙高大于 10m 时，若仍采用悬臂式挡土墙，则其竖壁所受的弯矩和产生的挠度都较大，为了增强竖壁的抗弯性能，必须沿墙纵向每隔一定距离（0.6～1.0 倍墙高）设置一道扶壁，这种挡土墙就称为扶壁式挡土墙。扶壁间填土可增加抗滑和抗倾覆能力，一般用于重要的大型土建工程。

锚杆式挡土墙是利用嵌入坚实岩层的灌浆锚杆作拉杆的一种挡土墙。

锚定板挡土墙由预制的钢筋混凝土墙板、钢拉杆和埋在填土中的锚定板连接而成。作用在墙板上的土压力通过拉杆传至锚定板，再由锚定板的抗拔力来平衡。与重力式挡土墙相比，其结构轻、柔性大、工程量少、造价低、施工方便，特别适用于地基承载力不大的地区。设计时，为了维持锚定板挡土结构内力平衡，必须保证锚定板的抗拔力大于墙面上的土压力。

板桩墙常采用钢板桩，并由打桩机械打入设置。用作深基坑开挖的临时土壁支护时，根据工程实际情况，可加单支撑、多支撑或不加支撑，并在用毕拔起或留在原地。

加筋土挡土墙简称加筋土，它由墙面板、拉筋及填料组成。加筋土挡土墙作为一个整体复合结构，在拉筋尾部土压力的作用下，要维持其整体稳定性，即不出现水平滑动、深层滑动等失稳现象，而且基底压应力及地基变形亦应在允许范围之内。加筋土构件可全部预制，其施工设备简单，工期快，并能抗严寒、抗地震，与重力式挡土墙相比，一般可降低造价 25%～60%。因此，加筋土是一种较为理想的挡土结构。

6.6.2 重力式挡土墙的构造要求

根据墙背倾角的不同，重力式挡土墙可分为俯斜、直立和仰斜三种（图 6.14）。墙高一般小于 8m，当墙高 h=8～12m 时，宜用衡重式［图 6.14（d）］。墙型的合理选择对挡土墙设计的安全和经济性有着较大的影响。作用在墙背的主动土压力，以仰斜最小，直立居中，俯斜式最大。仰斜式墙后填土较困难，用以护坡时较为合理。墙背的倾斜型式还应根据使用要求、地形和施工等条件综合考虑确定。一般挖坡建墙宜用仰斜，其土压力小，且墙背可与边坡紧密贴合；填方地区则可用直立或俯斜，便于施工及填土夯实；而在山坡上建墙，则宜用直立，因此仰斜墙身较高而入土较浅，俯斜则土压力较大。

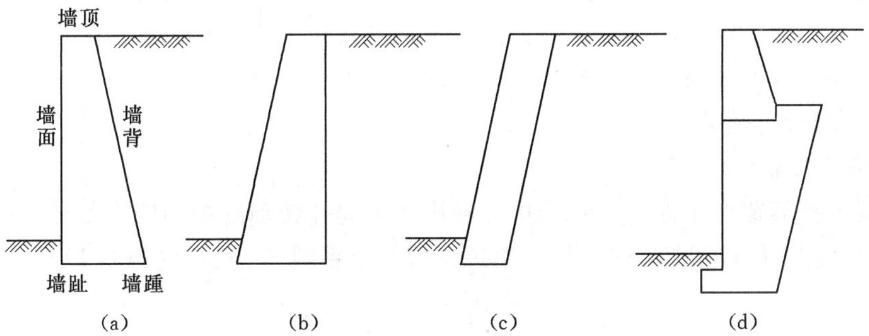

图 6.14 重力式挡土墙型式

(a) 俯斜；(b) 直立；(c) 仰斜；(d) 衡重式

重力式挡土墙的墙顶宽度，对于一般块石挡土墙不应小于 0.5m，对于混凝土挡土墙最小可为 0.2～0.4m。通常底宽约为墙高的 1/3～1/2。墙高较小且填土质量好的墙，初步设计时可取墙高的 1/3。为了施工方便，仰斜式墙背的坡度不宜缓于 1∶0.25（高宽比），且墙面应尽量与墙背平行。竖直式的墙面坡度不宜缓于 1∶0.4，以减少墙身材料。当挡土墙抗滑稳定难以满足时，可将基底做成逆坡：对土质地基，逆坡坡度不大于 0.1∶1，对于岩质地基则不大于 0.2∶1［图 6.15（a）］。当地基承载力难以满足时，墙体地下部分可做成台阶形［图 6.15（b）］。挡土墙基底埋深一般不应小于 0.5m；岩石地基应将基底埋入未风化的岩层内。

挡土墙后填土常因排水不良而大量积水，使土的抗剪强度指标下降，主动土压力增大，导致挡土墙破坏。因此，挡土墙应设置泄水孔，其间距宜取 2～3m，外斜 5%，孔眼

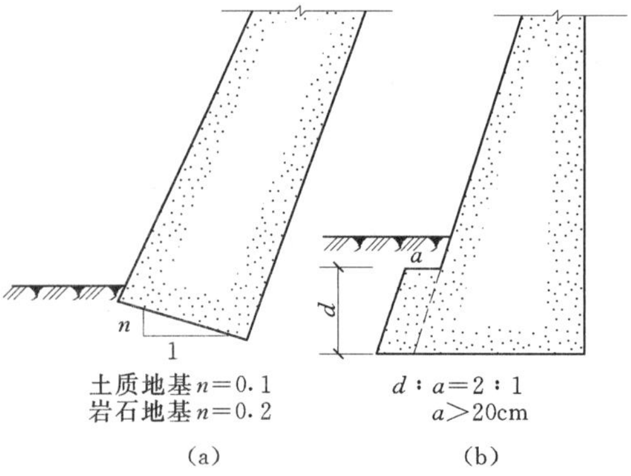

图 6.15 基底逆坡及墙趾台阶

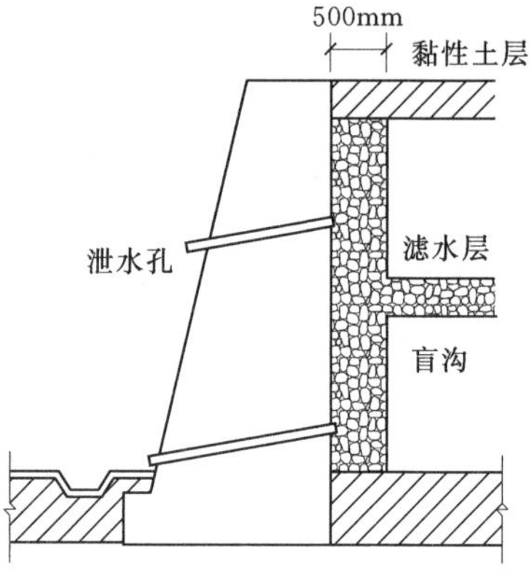

图 6.16 泄水孔、滤水层和盲沟

尺寸不宜小于 ϕ100mm。墙后要做好反滤层和必要的排水盲沟，在墙顶地面宜铺设防水层。当墙后有山坡时，还应在坡下设置截水沟，如图 6.16 所示。

挡土墙每隔 10～20m 应设置一道伸缩缝，缝宽可取 20mm 左右。当地基有变化时宜加设沉降缝。在挡土墙拐角处应适当采取局部加强的构造措施。

对于重要的、高度较大的挡土墙，宜选择透水性较强的填料，不宜采用黏性填土。因黏性土性能不稳定，干缩湿胀，这种交错变化将使挡土墙产生较大的侧压力，而在设计中无法考虑。其数值也可能比计算压力大许多倍，导致挡土墙外移，甚至失去作用而发生事故。而透水性较强的填料，内摩擦较大，主动土压力小，且土性稳定。

6.6.3 挡土墙稳定验算

1. 抗倾覆验算

挡土墙的抗倾覆稳定性是指它抵抗墙身绕墙趾向外转动倾覆的能力。即对墙趾的抗倾覆力矩$\sum M_1$与倾覆力矩$\sum M_2$的比值，用抗倾覆安全系数 K_t 表示（图 6.17）

$$K_t = \frac{\sum M_1}{\sum M_2} = \frac{Gx_0 + E_{az}x_f}{E_{ax}z_f} \tag{6.27}$$

$$E_{ax} = E_a\cos(\alpha + \delta)$$

$$E_{az} = E_a\sin(\alpha + \delta)$$

$$z_f = z - b\tan\alpha_0$$

式中 G——挡土墙的重力，kN /m；

b——基底水平投影宽度，m；

z——土压力作用点离墙踵的高度，m；

x_0——挡土墙重心离墙踵的水平距离，m；

E_{ax}——E_a的水平分力；

E_{az}——E_a的竖向分力。

为了保证挡土墙的倾覆稳定性。《建筑地基基础设计规范》（GB 50007—2002）规定：$K_t \geqslant 1.5$。

若验算结果不能满足式（6.27）要求时，可采取：增大挡土墙断面尺寸，使 G 增大；

加大 x_0，即伸长墙趾；墙背做成仰斜，减小土压力；在挡土墙垂直墙背上做形状如牛腿的卸荷台（图 6.18）等措施加以处理。

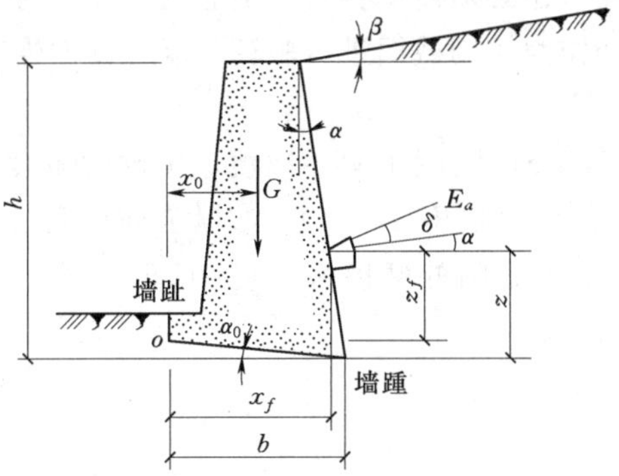

图 6.17　挡土墙稳定验算示意图

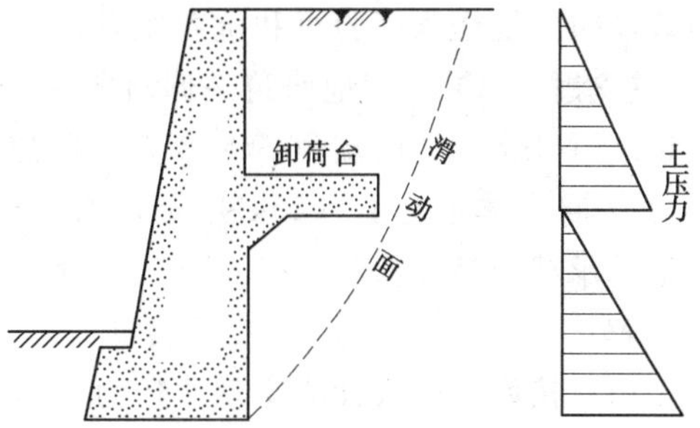

图 6.18　有卸荷台的挡土墙

2. 抗滑动验算

挡土墙的抗滑动稳定性是指在土压力和其他外力作用下，基底抵抗挡土墙滑移的能力。即作用于挡土墙的最大可能的抗滑力 F_1 与实际下滑力 F_2 之比值，用抗滑动安全系数 K_s 表示。

$$K_s = \frac{F_1}{F_2} = \frac{(G_n + E_{an})\mu}{E_{at} - G_t} \tag{6.28}$$

式中　E_{at}、E_{an}——墙背主动土压力 E_a 在平行和垂直墙底方向的分力；

μ——土对挡土墙基底的摩擦系数，可通过现场试验或参照经验按表 6.2 确定；

G_t、G_n——挡土墙的重力 G 在平行和垂直墙底方向的分力。

表 6.2　　**土对挡土墙基底的摩擦系数**

土的类型		摩擦系数 μ	土的类型	摩擦系数 μ
黏性土	可塑	0.25～0.30	中砂、粗砂、砾砂	0.40～0.50
	硬塑	0.30～0.35	碎石土	0.40～0.60
	坚硬	0.35～0.45	软质岩石	0.40～0.60
粉土	$S_r \leqslant 0.5$	0.30～0.40	表面粗糙的硬质岩石	0.65～0.75

为了保证挡土墙的滑动稳定性，《建筑地基基础设计规范》（GB 50007—2002）规定 $K_s \geqslant 1.3$。

若验算不能满足式（6.30）要求时，则可采取：修改挡土墙断面尺寸，加大 G 值；挡土墙底面做成砂、石垫层等措施加以解决。

6.6.4　挡土墙基底压力验算

为保证挡土墙的基底应力不超过地基的容许承载力，应进行基底应力验算。同时，为避免挡土墙基础发生不均匀沉陷，还应控制作用于挡土墙基底的合力偏心距。否则，地基将丧失稳定性而产生整体滑动。挡土墙基底属偏心受压情况，其基底压力按线性分布计算。其验算方法及要求完全和天然地基浅基础的验算方法相同。

6.6.5　挡土墙墙身强度验算

挡土墙设计中，除保证挡土墙有足够稳定性外，还必须使墙身具有足够的强度。对一般挡土墙的墙身强度验算，一般选墙身截面突变处作为控制截面进行验算。墙身截面强度验算应包括抗压强度验算和抗剪验算。

【例题 6.3】　某地修筑一仰斜式挡土墙。墙高 4m，墙后用中砂回填，中砂的重度 $\gamma=18.6\text{kN/m}^3$，内摩擦角 $\varphi=32.5°$，黏聚力 $c=0$。墙背倾角 $\alpha=-10°$，填土面倾角 $\beta=15°$。墙身砌体重度 $\gamma_1=22\text{kN/m}^3$，墙底与其下碎石土之间的摩擦系数 $\mu=0.55$，碎石土的地基承载力特征值 $f=250\text{kPa}$，试设计此挡土墙。

解：

(1) 按库仑公式计算主动土压力。

考虑中砂排水良好，取墙背外摩擦角 $\delta=20°$ ($\approx 2/3\varphi$)。将 $\delta=20°$，$\alpha=-10°$，$\beta=15°$和 $\varphi=32.5°$代入式 (6.15)，计算库仑主动土压力系数

$$K_a=\frac{\cos^2(\varphi-\alpha)}{\cos^2\alpha\cos(\delta+\alpha)\left[1+\sqrt{\dfrac{\sin(\delta+\varphi)\sin(\varphi-\beta)}{\cos(\delta+\alpha)\cos(\alpha-\beta)}}\right]^2}$$

$$=\frac{\cos^2(32.5°+10°)}{\cos^2(-10°)\cos(20°-10°)\left[1+\sqrt{\dfrac{\sin(32.5°+20°)\sin(32.5°-15°)}{\cos(20°-10°)\cos(-10°-15°)}}\right]^2}$$

$$=0.25$$

则主动土压力为

$$E_a=\frac{1}{2}\gamma hK_a=\frac{1}{2}\times18.4\times4^2\times0.25=37.2(\text{kN/m})$$

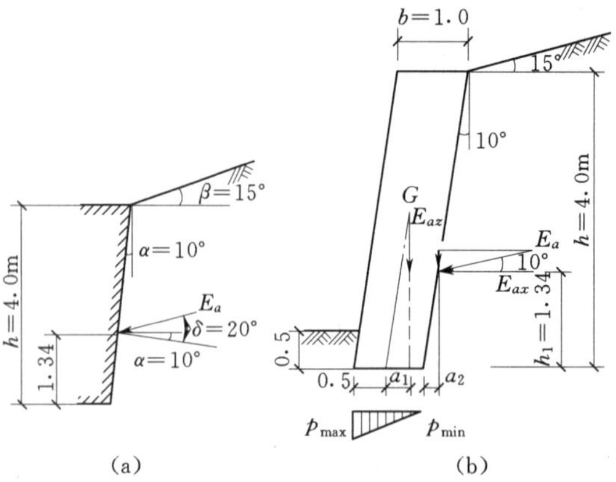

图 6.19　例题 6.3 图

E_a作用点离墙顶为 h_1

$$h_1=\frac{1}{3}h=\frac{1}{3}\times4=1.34(\text{m})$$

方向 [图 6.19 (a)] 在墙背法线的上方成 $\delta=20°$处，从图中关系可知：E_a与水平面夹角为 $\delta-\alpha=20°-10°=10°$。

(2) 选择墙身截面尺寸。

取墙身等宽度，墙背倾角 $\alpha=10°$，其坡度符合不缓于 1∶0.25 的构造要求。现取墙厚 $b=1.0\text{m}$。

(3) 抗倾覆验算。

先确定各力至墙趾的距离（图 6.19）。

$$a_1=\frac{1}{2}h\tan10°=\frac{1}{2}\times4\times\tan10°=0.35(\text{m})$$

$$a_2=h_1\tan10°=1.34\times\tan10°=0.24(\text{m})$$

抗倾覆安全系数

$$K_t=\frac{Gx_0+E_{az}x_f}{E_{az}z_f}=\frac{G\left(a_1+\frac{b}{2}\right)+E_{az}(a_2+b)}{E_{ax}h_1}$$

$$=\frac{88\times\left(0.35+\frac{1.0}{2}\right)+6.46(0.24+1.0)}{36.63\times1.34}=1.69\geqslant1.5\text{，满足规范要求。}$$

(4) 抗滑动验算。

墙体的重力 $G=bh\gamma_1=1.0\times4\times22=88(\text{kN/m})$

将 E_a 分解为水平方向和竖直方向的分力

$$E_{ax}=E_a\cos(\alpha+\delta)=37.2\times\cos10^\circ=36.63(\text{kN/m})$$

$$E_{az}=E_a\sin(\alpha+\delta)=37.2\times\sin10^\circ=6.46(\text{kN/m})$$

抗滑动安全系数

$$K_S=\frac{F_1}{F_2}=\frac{(G_n+E_{an})\mu}{E_{at}-G_t}=\frac{(88+6.46)\times0.55}{36.63}=1.45\geqslant1.3\text{，满足规范要求。}$$

(5) 墙底地基承载力验算。

墙底中心处竖向荷载 V 和力矩 M

$$V=G+E_{az}=88+6.46=94.46$$

$$M=Ga_1+E_{az}(a_2+0.5b)-E_{ax}h_1$$

$$=88\times0.35+6.46\times(0.24+0.5\times1.0)-36.63\times1.34=-13.50(\text{kN/m})$$

则偏心距为 $e=\frac{M}{V}=\frac{13.50}{94.46}=0.14(\text{m})\leqslant\frac{1}{6}b=0.17(\text{m})$

墙底应力为：

$$p_{\max}=\frac{V}{A}\left(1+\frac{6e}{b}\right)=\frac{94.46}{1.0\times1.0}\left(1.0+\frac{6\times0.14}{1.0}\right)=175.46(\text{kPa})<1.2f$$

$$=300(\text{kPa})\text{，满足要求；}$$

$$p_{\min}=\frac{V}{A}\left(1-\frac{6e}{b}\right)=\frac{94.46}{1.0\times1.0}\left(1.0-\frac{6\times0.14}{1.0}\right)=15.11(\text{kPa})$$

$$\bar{p}=\frac{V}{A}=\frac{94.46}{1.0\times1.0}=94.46(\text{kPa})<f=250\text{kPa，满足要求。}$$

(6) 墙身强度验算（略）。

6.7 土坡稳定分析

土坡就是具有倾斜坡面的土体。土坡可分为天然土坡和人工土坡，由自然地质作用形成的土坡，如山坡、江河的坡岸等，称为天然土坡。由人工开挖或填筑而形成的土坡，如路堑、路堤、渠道等称为人工土坡，它的简单外形和各部分名称如图 6.20 所示。

当土坡由于人为原因或各种自然因素的影响，破坏了土体的力学平衡，这样的不稳定

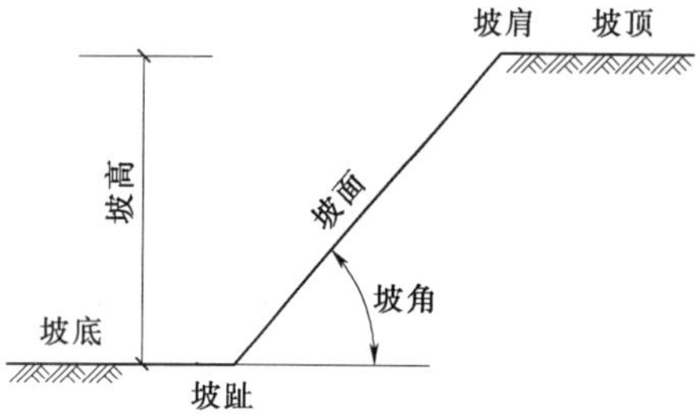

图 6.20 土坡各部分名称

土体在外力或自重作用下，会产生一部分土体相对于另一部分土体滑动的现象，称为滑坡。这种滑动有小型的，也有规模较大的，有缓慢的，也有骤然的或间歇性的。对于无明显的滑动面并有翻转现象的土体下落则称为坍塌。

影响土坡稳定性的因素很多，诸如：土坡所处的地质地形条件；组成土坡的土的物理力学性质，包括 c、φ 值以及有无硬、软夹层和裂隙等；土坡土体的润滑和膨胀作用、雨水和河流的冲刷和侵蚀作用；振动液化现象；土坡下部开挖造成的平衡失调和坡顶堆放荷载等人为因素。

6.7.1 简单土坡的稳定性分析

所谓简单土坡，是指土坡由均质土组成，土坡的坡度不变，其顶面和底面水平，而且各向一侧延伸到无限远，没有地下水的土坡。土坡稳定性分析的目的在于设计出土坡在给定条件下合理的断面尺寸或验算土坡已拟定断面尺寸是否稳定和合理。它的分析方法主要有工程地质对比法和力学分析法。本节主要介绍简单土坡的稳定性分析的力学方法。

土坡丧失稳定性，是由于土体内部发生剪切作用而形成了贯通的滑动面，使一部分土体相对另一部分土体滑动。这是因为滑动面上的剪应力值已经达到并超过土的抗剪强度，因此研究剪切面上的应力条件是土坡稳定性分析的核心问题。大量的调查资料证明：土的性质不同，土体滑动面形状各异。黏性土破坏时，滑动面近似为圆柱面；无黏性土破坏时，破裂面近似为一平面。因而在分析土坡稳定时，常假设土坡是沿着圆弧破裂面或直线破裂面滑动，以简化土坡稳定分析的方法。

6.7.1.1 无黏性土土坡稳定分析

由无黏性土构成的土坡，破坏时滑动面近似为平面，在断面上近似呈一条直线。为了简化这类土坡的稳定分析，通常采用直线破裂面法。并假定土体破坏时，不稳定土体沿破裂面作整体滑动。

由于无黏性土颗粒间无黏聚力存在，因此，只要位于坡面上的各土粒能保持稳定状态不致下滑，则该土坡就是稳定的。无黏性土土坡如图 6.21 所示。

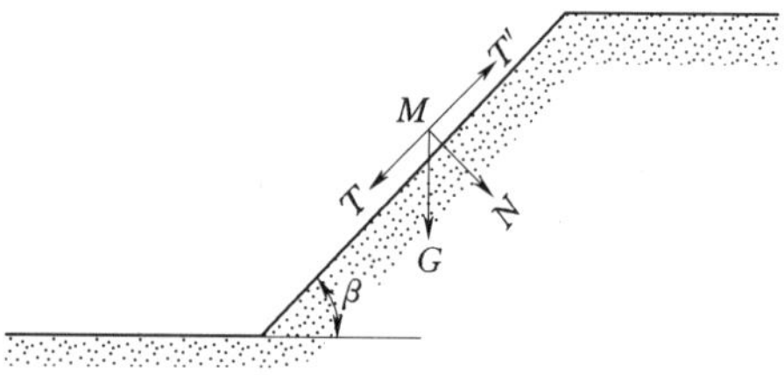

图 6.21 无黏性土土坡稳定分析

设土坡的坡面上某颗粒 M 所受重力为 G，砂的内摩擦角为 φ，土坡坡角为 β。则颗粒 M 的向下滑动力 T 为 G 的切向分力

$$T = G\sin\beta$$

颗粒 M 的抗滑力 T' 为 G 的法向分力 $N=G\cos\beta$ 在坡面上引起的摩擦力

$$T' = N\tan\varphi = G\cos\beta\tan\varphi$$

土坡的稳定系数 K 可用抗滑力与滑动力的比值来表示，即

$$K=\frac{T'}{T}=\frac{G\cos\beta\tan\varphi}{G\sin\beta}=\frac{\tan\varphi}{\tan\beta} \tag{6.29}$$

由式（6.29）可知，当$\beta=\varphi$时，$K=1$，即抗滑力等于滑动力，土坡处于极限平衡状态。因此，土坡稳定的极限坡角等于砂土的内摩擦角φ，此时的坡角β称为自然休止角。在工程上，现场常用测量休止角的方法确定砂土的内摩擦角φ。从式（6.29）亦可看出，无黏性土坡的稳定性与坡高无关，仅与坡角β有关，只要$\beta<\varphi$（$K>1$），土坡就是稳定的。

为了保证土坡具有足够的安全储备，用式（6.29）所求的K值必须大于1。一般取$K=1.15\sim1.5$。

6.7.1.2 黏性土土坡的稳定分析

黏性土的抗剪强度包括摩擦强度和黏聚强度两个组成部分。由于黏聚力的存在，黏性土土坡不会像无黏性土那样沿坡面表面滑动。均匀的黏性土的土坡的滑动面是一个曲面，它的曲率半径一般是上端最小，中部最大，下部则介于两者之间，形象地说，在坡顶处滑动面近于铅直，在接近坡脚处则渐趋水平。为了简化计算，通常把它假定为圆弧。

黏性土土坡稳定性分析的力学分析法，根据不同的假设和简化，迄今已有多种，主要的方法有：瑞典圆弧法［彼得森（K. E. Petterson），1915］、稳定数法［泰勒（D. W. Taylor），1937］以及条分法［费伦纽斯（W. Fellenius），1922；毕肖普（A. W. Bishop），1955］等。其中条分法计算比较简单合理，在工程中应用较广；而泰勒稳定数法使用方便，常用于坡高在10m以内的边坡设计。因此下面主要介绍条分法及泰勒稳定数法。

1. 条分法

用条分法分析黏性土土坡的稳定性时，假定：土是均质而又各向同性的；滑动土体是一个刚体；各土条间相互作用力的大小和位置为已知；按平面问题考虑等。

根据采用抗剪强度指标的不同，土坡稳定分析方法分为总应力法和有效应力法。前者计算比较简单，土的抗剪强度指标采用快剪或固结快剪指标；后者采用土的有效强度指标，并须确定滑动弧面上的孔隙水压力，计算比较麻烦，但概念清晰，计算结果更接近土坡实际情况。本节仅介绍总应力方法。

现以自重作用下的简单黏性土土坡为例，说明土坡稳定分析的原理及步骤。

（1）按比例绘制土坡剖面图（图6.22）。

（2）任选一点O为圆心，以Oa为半径（R）作圆弧ab，ab为假定的滑动圆弧面。

（3）将滑动面以上土体竖直分成宽度相等的若干土条并编号。编号时可以令通过圆心O的铅垂线为0条，逆滑向为正，顺滑向为负。为使计算方便，可取各分条宽度$b=R/10$，则$\sin\alpha_1=0.1$，$\sin\alpha_2=0.2$，$\sin\alpha_i=0.1i$，$\cos\alpha_i=-0.1i$等，可大大减少计算工作量。

（4）计算作用在土条ef上的剪切力T_i和抗剪力S_i。土条自重G_i和荷载Q_i在滑动面上ef的法向反力N_i和切向力T_i分别为：

$$N_i=(G_i+Q_i)\cos\alpha_i$$

$$T_i=(G_i+Q_i)\sin\alpha_i$$

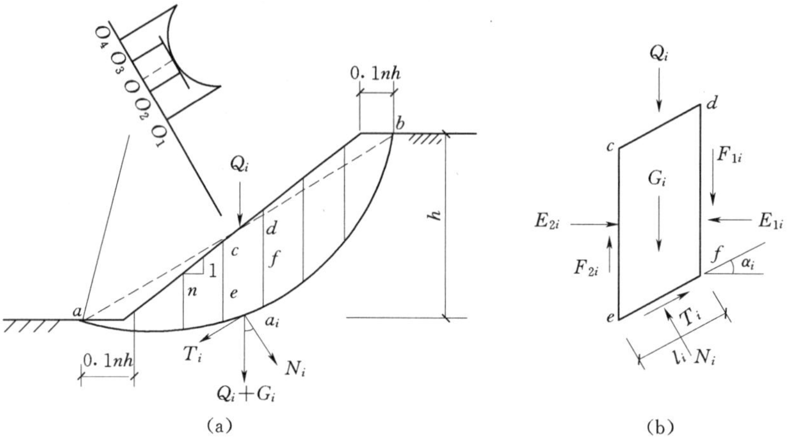

图 6.22 土坡稳定分析的条分法

(a) 土坡剖面；(b) 作用在土条 i 上的力

抗剪力 S_i 为
$$S_i = c_i l_i + (G_i + Q_i)\cos\alpha_i \tan\varphi_i$$

当不计土条两侧面 ce 和 df 上的法向力 E_i 和剪切力 F_i（图 6.22）的影响时，其误差约为 10%～15%。

（5）计算稳定安全系数（沿整个滑动面上的抗剪力与剪切力之比）K。

$$K = \frac{S}{T} = \frac{\sum[c_i l_i + (G_i + Q_i)\cos\alpha_i \tan\varphi_i]}{\sum(G_i + Q_i)\sin\alpha_i} \tag{6.30}$$

如果考虑 E_i、F_i 的影响，由图 6.22（b）中单元体的静力平衡可求得作用在土条上的法向力 N_i'，将其代入上式可得

$$K = \frac{\sum[c_i l_i \cos\alpha_i + (G_i + Q_i + F_{1i} - F_{2i})\tan\varphi_i]}{\sum(G_i + Q_i)\sin\alpha_i(\cos\alpha_i + \tan\varphi_i \sin\alpha_i / K)} \tag{6.31}$$

为了求得安全系数 K 值，$(F_{1i}-F_{2i})$ 值必须采用逐次逼近法计算。可用满足每一土条的静力平衡条件的 E_{1i} 和 F_{1i} 试算值及下列条件求得

$$\sum(E_{1i} - E_{2i}) = 0 \qquad \sum(F_{1i} - F_{2i}) = 0$$

如果假定 $\sum(F_{1i}-F_{2i})\tan\varphi_i = 0$，则式（6.29）的计算大大简化。计算时首先任意假定一个 K 值，把这个假定值连同土的性质 c_i 和 φ_i 以及反应土坡几何形状的 α_i 一并代入式（6.31），即可算出一个新的 K 值，如此反复进行直至计算值与假定值相符为止。

当采用有效应力法分析时，式（6.31）中的 G 应取有效应力计算。即减去总的孔隙水压力 $u_i l_i$，并采用有效应力强度指标 c_i' 和 φ_i'，故式（6.31）变为

$$K = \frac{\sum[c_i' l_i \cos\alpha_i + (G_i - u_i l_i \cos\alpha_i + Q_i + F_{1i} - F_{2i})\tan\varphi_i']}{\sum(G_i + Q_i)\sin\alpha_i(\cos\alpha_i + \tan\varphi_i' \sin\alpha_i / K)} \tag{6.32}$$

（6）假定多个可能的滑动面，分别计算相应 K 值，其中 K_{min} 所对应的滑动面就是最危险滑动面。当 $K_{min}>1$ 时，土坡是稳定的，根据工程实际，一般可取 $K_{min}=1.1\sim1.5$。

这种试算法工作量很大，陈惠发（1980）根据大量计算经验指出，最危险滑动圆弧的两端距坡顶点和坡脚点各为 $0.1nh$ 处（n 为坡面的斜率），且最危险滑弧中心在 ab 线的垂

直平分线上［图 6.22（a）］。因此，只需在 ab 线的垂直平分线上取若干点作为滑弧圆心，按上述方法分别计算相应的稳定安全系数，就可求得最小安全系数 K_{min}。

2. 泰勒稳定数法

泰勒（D. W. Taylor）经过大量的计算提出，由土的内摩擦角 φ、土坡坡角 β、下卧硬层的埋置深度等因素的影响，土坡破坏时，可能出现三种不同位置的滑动面（图 6.23），即坡脚滑弧、坡面滑弧和中点滑弧。

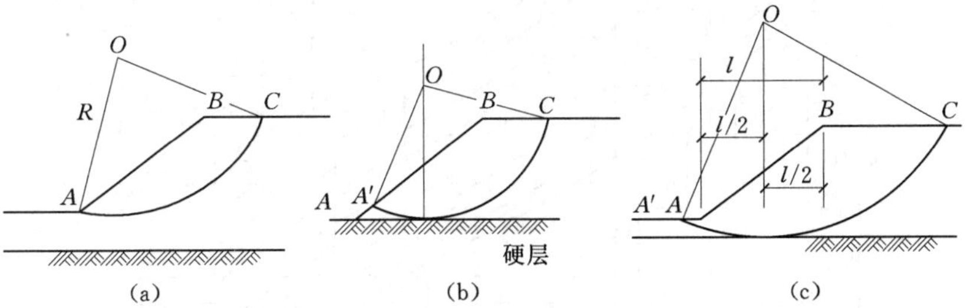

图 6.23　破裂面的三种位置

（a）坡脚圆；（b）坡面圆；（c）中点圆

当土的内摩擦角 $\varphi=0$ 且坡角 $\beta>53°$时，或土的内摩擦角 $\varphi>3°$时，滑动面一般通过坡脚，如图 6.23（a）所示的坡脚滑弧。其临界圆心可根据土的内摩擦角 φ 及土坡坡角 β 从图 6.24 的曲线查得 θ 及 α 角再由作图求得。

当土的内摩擦角 $\varphi=0$ 且坡角 $\beta<53°$时，当土坡下一定深度处存在有较硬的土层时，根据硬层的深度与土坡高度之比 n_d 的不同，其临界滑弧可能是坡脚滑弧，坡面滑弧或中点滑弧。

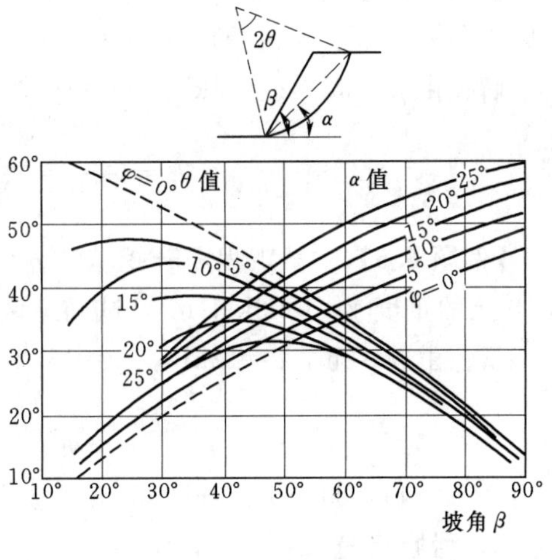

图 6.24　按泰勒方法确定最危险滑动圆心位置

为了减轻繁重的计算工作量，将影响土坡稳定性的 5 个参数（土体抗剪强度指标 c 和 φ、土料重度 γ、坡角 β、极限坡高 h）之间的关系用图表来表示。为了简化，把参数 c、γ 和 h 合并为一个新的无量纲参数 N，$N=\frac{c}{\gamma h}$称为稳定数。然后按不同的 φ 角绘出 N 与 β 的关系曲线，如图 6.25 所示。用以解决如下两方面问题。

（1）已知坡角 β、土的黏聚力 c、土的内摩擦角 φ 和土的重度 γ，求极限坡高 h。此时可由坡角 β、土的内摩擦角 φ 查图 6.25 而得稳定数 N，则

$$h=\frac{c}{\gamma N}$$

（2）已知土的黏聚力 c、土的内摩擦角 φ、土的重度 γ 和坡高 h，求极限坡角 β。此时

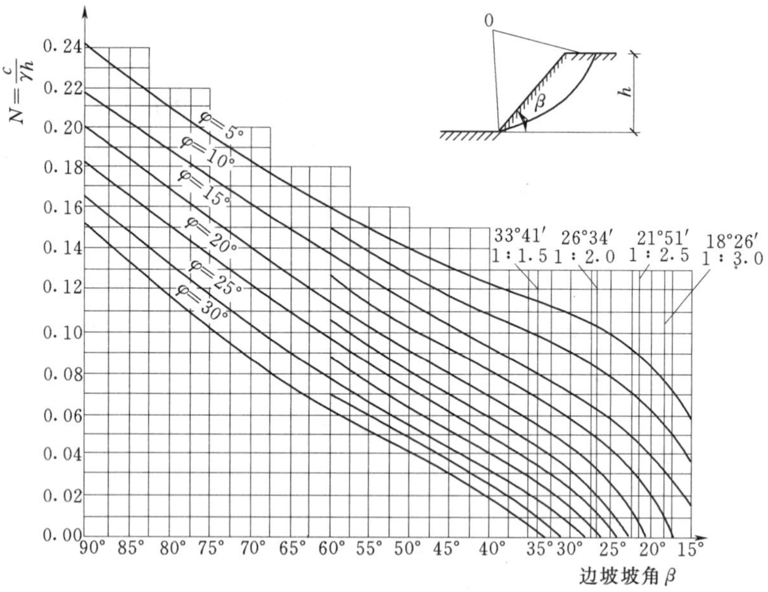

图 6.25 黏性土简单土坡计算图

计算稳定数 $N=\frac{c}{\gamma h}$，再由稳定数 N、土的内摩擦角 φ 查图 6.25 而得 β。

【例题 6.4】 已知某土坡边坡坡比为 1∶1.5（$\beta=35°$），土的黏聚力 $c=12\text{kPa}$，土的内摩擦角 $\varphi=15°$，土的重度 $\gamma=18\text{kN/m}^3$，试确定该土坡的极限高度。

解：由 $\beta=35°$，$c=12\text{kPa}$，$\varphi=15°$，查图 6.25 得稳定数 $N=0.06$

则

$$h=\frac{c}{\gamma N}=\frac{12}{18\times 0.06}=11.1(\text{m})$$

【例题 6.5】 某工程需开挖基坑 $h=6\text{m}$，土的黏聚力 $c=12\text{kPa}$，土的内摩擦角 $\varphi=15°$，土的重度 $\gamma=18.2\text{kN/m}^3$，试确定该土坡的极限坡角。

解：由 $h=6\text{m}$，$c=12\text{kPa}$，$\gamma=18.2\text{kN/m}^3$，计算

$$N=\frac{c}{\gamma h}=\frac{12}{18.2\times 6.0}=0.11$$

再由 $N=0.11$，$\varphi=15°$，查图 6.25 得极限坡角 $\beta=58°$。

6.7.2 滑坡防治

边坡在一定的自然条件下，因受地表水、地下水或地震、爆破等因素影响，斜坡上的土石体在重力作用下，失去原有的稳定性向下整体滑动，即滑坡。滑坡产生的内因与地质构造、岩土性质、水文地质条件有关。其外因有地下水活动、河流冲刷、人类活动等。

1. 滑坡分类

滑坡根据其滑体的物质组成、滑动形式及形成原因不同，可分为各种类型，主要类型见表 6.3。

表 6.3　　滑坡的分类

划分依据	类型	定义及特征
按滑坡的物质组成	堆积层滑坡	各种不同性质的堆积层，体内滑动或沿基岩面滑动。坡积层滑动可能性较大
	黄土滑坡	不同时期群集出现在黄土层中的滑坡。常见于高阶地前缘斜坡
	黏性土滑坡	黏性土本身变形滑动，或与其他土层、基岩的接触面滑动
	岩层滑坡	软弱岩层组合物的滑动，或不同岩层接触面间滑动
按滑动面通过岩层	同类土滑坡	发生在均质黏性土或黄土中，滑动面均匀光滑，呈圆弧形
	顺层滑坡	沿斜坡岩层面或软弱结构面滑动，滑动面呈平坦阶梯状
	切层滑坡	滑动面切割了不同的岩层层面，并形成滑坡平台
按滑动时受力状态	推移式滑坡	上部岩层滑动挤压下部产生变形，滑动速度较快，滑面起伏
	牵引式滑坡	下部先滑动使得上部失去支撑而变形滑动，速度较慢

滑坡分类的目的在于对滑坡作用的地质环境和形态特征以及形成滑坡的各种因素进行概括，以便反映出各类滑坡的工程地质特征及其发生发展规律，从而有效地预测、预报滑坡的发生，并进行有效的防治。

除表所列之外，还有按形成原因分为工程滑坡、自然滑坡；按滑动体厚度分为浅层滑坡、中层滑坡、深层滑坡；按滑动体体积分为大型滑坡、中型滑坡、小型滑坡、巨型滑坡等。

2. 滑坡防治

防治滑坡首先要对场地的工程地质和水文地质条件进行调查与评价。对有潜在威胁或直接危害的整体不稳定的山坡地带，一般不宜选作建筑场地，当因特殊需要而无法避开时，应采取可靠的防治措施。

在建设场区内，由于施工或其他因素的影响有可能形成滑坡的地段，必须采取可靠的预防措施。防止产生滑坡。对具有发展趋势并威胁建筑物安全使用的滑坡，应及早整治，防止滑坡继续发展。

预防和整治滑坡的措施和方法主要包括如下几项。

（1）选择场址时，尽量选择在山坡稳定地段，避开曾经发生过大、中型滑坡和古滑坡的场地。

（2）尽量利用原有地形条件，顺等高线布置建筑物，避免大挖大填。

（3）消除或减轻水对滑坡的危害，应设置排水沟以防止地面水浸入滑坡地段，必要时尚可采取防渗措施，如堵塞滑坡体上的裂缝；在地下水影响较大情况下，根据地质条件，做好地下排水工程，如采用截水盲沟和泄水隧洞等。

（4）改善滑坡体力学条件，采用结构支挡，在滑动体主动区卸载，在滑动体阻滑区段增加竖向荷载反压等措施。

小　结

本章介绍了土压力的产生、计算方法、挡土墙的设计及简单边坡的稳定分析方法，阐述了朗肯土压力理论和库仑土压力理论的基本假定、基本原理和计算方法，介绍了重力式挡土墙的构造要求和设计计算；无黏性土和黏性土简单土坡的稳定分析方法及滑坡防治措施。

思 考 题

6.1 按位移不同土压力有哪几种?

6.2 静止土压力、主动土压力、被动土压力的定义和产生的条件是什么，比较三者的数值大小。

6.3 比较朗肯土压力理论和库仑土压力理论的基本假定。

6.4 墙背的粗糙程度、填土排水条件的好坏对主动土压力有何影响?

6.5 常见的挡土墙有哪几种类型？如何确定重力式挡土墙断面尺寸及进行各种验算?

6.6 土坡稳定有何实际意义？影响土坡稳定的因素有哪些？如何防止土坡滑动?

6.7 土坡稳定分析的条分法原理是什么？如何确定最危险圆弧滑动面?

习 题

6.1 计算图6.26所示地下室外墙上的土压力分布图、合力大小及其作用点位置。

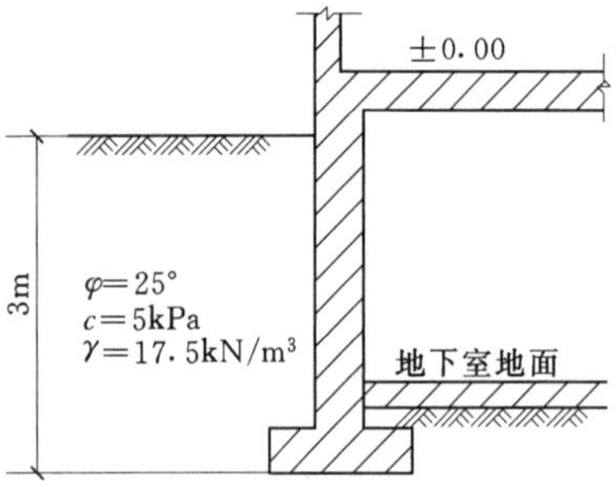

图6.26 习题6.1图

6.2 某挡土墙高5m，墙背竖直光滑，填土面水平，$\gamma=18.6\text{kN/m}^3$、$\varphi=20°$、$c=18\text{kPa}$。试计算挡土墙主动土压力分布、合力大小及其作用点位置。

6.3 某挡土墙高6m，墙背竖直光滑，填土面水平，并作用有连续的均布荷载$q=15\text{kPa}$，墙后填土分两层，其物理力学性质指标如图6.27所示，计算墙背所受土压力分布、合力及其作用点位置。

6.4 某重力式挡土墙高5m，墙背竖直光滑，填土面水平，如图6.28所示。砌体重度$\gamma=24\text{kN/m}^3$，基底摩擦系数$\mu=0.4$，作用在墙背上的主动土压力$E_a=46.5\text{kN/m}$。试验算该挡土墙的抗滑和抗倾覆稳定性。

6.5 某地基土的天然重度$\gamma=17.8\text{kN/m}^3$，内摩擦角$\varphi=11°$，黏聚力$c=15\text{kPa}$。当采用1∶1坡度开挖基坑时，其最大开挖深度可为多少?

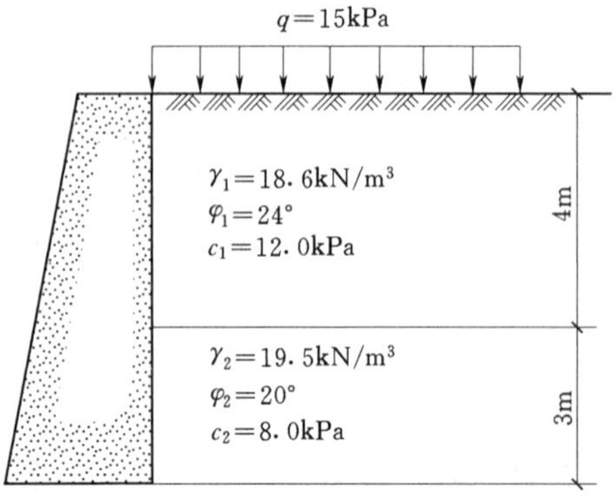

图6.27 习题6.3图

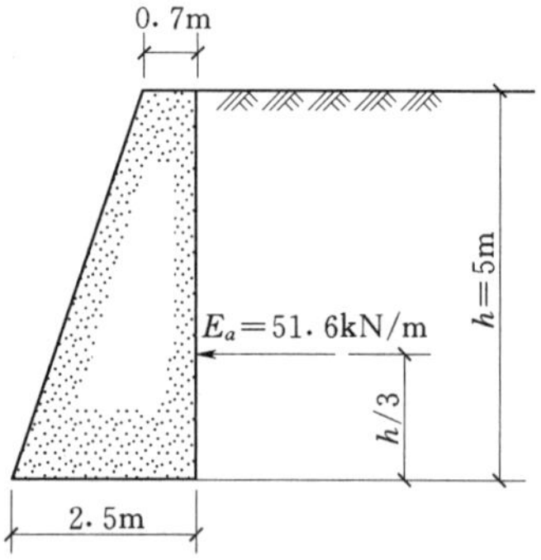

图6.28 习题6.4图

第 7 章 天然地基上的浅基础设计

学习目标：本章主要介绍浅基础的类型和各自特点及适用场合，介绍影响基础埋置深度的几方面的因素，重点阐明了浅基础的设计方法。另外还对减轻基础不均匀沉降的措施进行了详细的分析并指出了解决办法。通过学习，要求学生了解并掌握各种类型浅基础的基本构造，对简单的基础会进行设计，为进一步学习《混凝土结构和砌体结构》和《建筑工程施工》等专业课打下扎实的基础。

7.1 浅基础的类型

基础是建筑物的下部结构，在整个建筑中十分重要。本章主要介绍浅基础的类型和各种类型的浅基础的特点及适用场合，重点阐明了浅基础的设计方法，并对减轻基础不均匀沉降的措施进行了详细的分析并指出了解决办法。

浅基础通常是指基础的埋置深度小于 5m，用常规的施工方法进行施工的基础。

7.1.1 无筋扩展基础

无筋扩展基础是指由砖、毛石、灰土和三合土、混凝土或毛石混凝土等材料组成的且不需要配筋的墙下条形基础或柱下独立基础。无筋扩展基础多适用于多层民用建筑和轻型厂房。根据材料的不同，无筋扩展基础可分为以下几种类型。

1. 砖基础

砖基础多用于低层建筑的墙下基础。其优点是可就地取材，砌筑方便，但强度低且抗冻性差。因此，在寒冷而又潮湿地区采用不理想。为保证耐久性，砖的强度等级不低于 MU10，砌筑砂浆不低于 M5。砖基础剖面一般砌成阶梯形，通常称其为大放脚。大放脚从垫层上开始砌筑，为保证大放脚的刚度宜采用两皮一收的等收方式或两皮一收与一皮一收相间砌筑（即二、一间隔收砌筑法），每砌一阶，基础两边各收 1/4 砖长，一皮即一层砖，标志尺寸为 60mm。如图 7.1 所示。

2. 毛石基础

毛石基础是用强度等级不低于 MU20 的毛石，不低于 M5 的砂浆砌筑而成。由于毛石尺寸差别较大，为保证砌筑质量，毛石基础每台阶高度和基础墙厚不宜小于 400mm，每阶两边各伸出宽度不宜大于 200mm。石块应错缝搭砌，缝内砂浆应饱满，且每步台阶不应少于两皮毛石。如图 7.2 所示。

毛石基础的抗冻性较好，在寒冷潮湿地区可用于 6 层以下建筑物基础。

3. 灰土基础

灰土是用熟化石灰和粉土或黏性土拌和而成。按体积配合比为 3∶7 或 2∶8 加适量水拌和均匀，铺在基槽内分层夯实（每层虚铺 220～250mm 厚，夯实至 150mm）。灰土基础

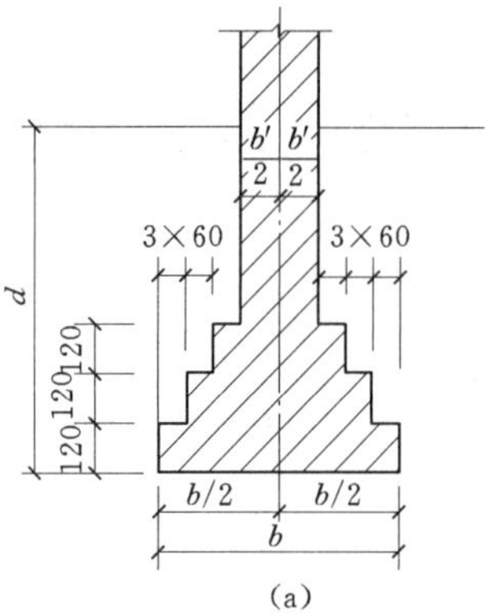

图7.1　砖基础（尺寸单位：mm）
(a) 两皮一收；(b) 二一间收

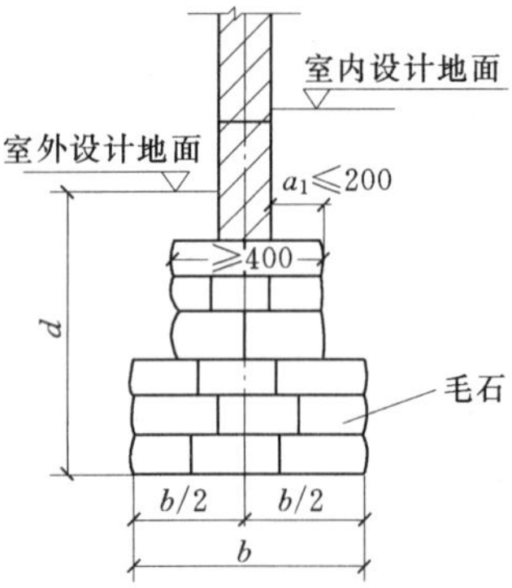

图7.2　毛石基础
（尺寸单位：mm）

造价低，可节约水泥和砖石材料，多用于5层及5层以下的民用建筑。

4. 三合土基础

三合土是由石灰、砂和骨料（矿渣、碎砖或石子），按体积比为1∶2∶4或1∶3∶6拌和均匀后分层夯实而成（每层虚铺220mm厚，夯实至150mm）。三合土基础强度较低，一般用于4层及4层以下的民用房屋，如图7.3所示。

5. 混凝土或毛石混凝土基础

混凝土基础的强度、耐久性和抗冻性均较好，其混凝土强度等级一般可采用C15，常用于荷载较大的墙柱基础。当浇筑较大基础时，为了节约混凝土用量，可在混凝土内掺入15%～25%（体积比）的毛石做成毛石混凝土基础，如图7.4所示，掺入毛石的尺寸不得大于30mm，使用前须冲洗干净。

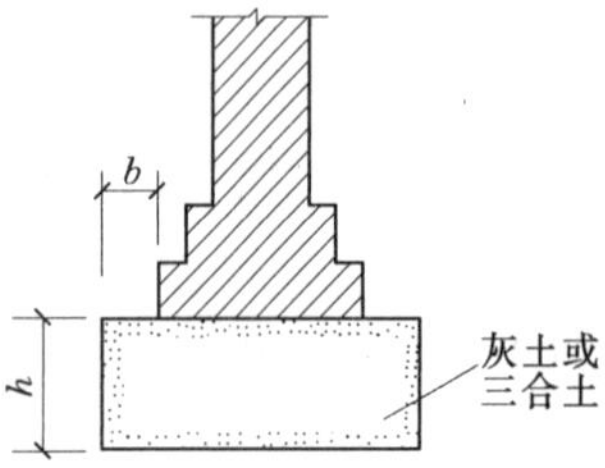

图7.3　灰土、三合土基础

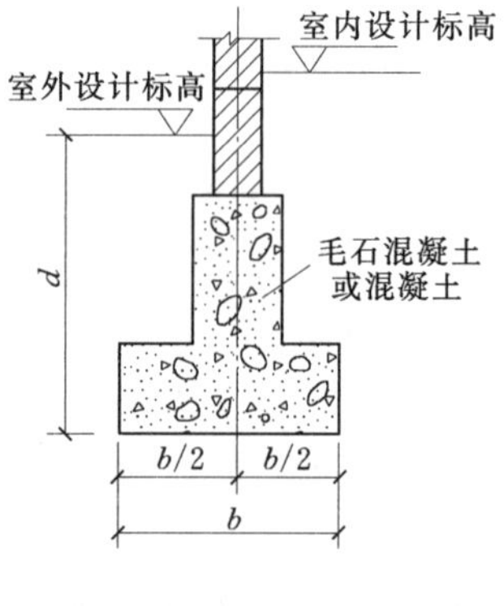

图7.4　混凝土或毛石混凝土基础

以上这些基础一般都称为刚性基础，都是用抗弯性能较差的材料建造的，在受弯时很容易因弯曲变形过大而拉坏。因此，必须限制基础的悬挑长度，具体详见 7.4 节的构造要求。

7.1.2 扩展基础

将上部结构传来的荷载，通过向侧边扩展成一定底面积，使作用在基底的压应力等于或小于地基土的允许承载力，而基础内部的应力应同时满足材料本身的强度要求，这种起到压力扩散作用的基础称为扩展基础。这类基础抗弯、抗剪强度都很高，耐久性和抗冻性都较理想。特别适用于荷载大，土质较软弱时，并且需要基底面积较大而又必须浅埋的情况。一般多为柱下钢筋混凝土独立基础和墙下钢筋混凝土条形基础。

1. 墙下钢筋混凝土条形基础

条形基础是承重墙下基础的主要形式。当上部结构荷载较大而地基土质又较软弱时，可采用墙下钢筋混凝土条形基础。这种基础一般做成无肋式基础，如图 7.5（a）所示；如果地基土质分布不均匀，在水平方向压缩性差异较大，为了减小基础的不均匀沉降，增加基础的整体性，可做带肋式的条形基础，如图 7.5（b）所示。

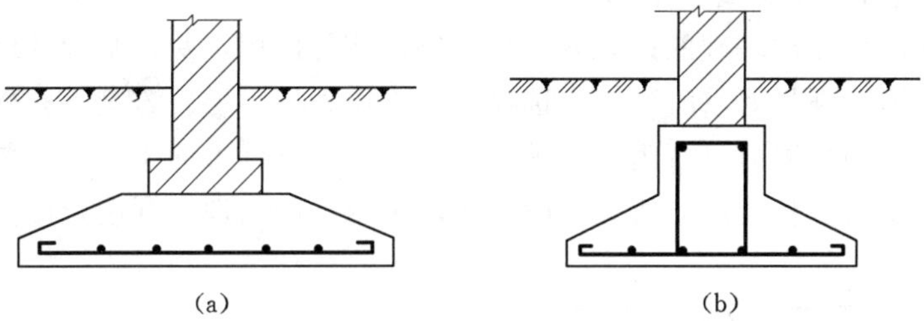

图 7.5　墙下钢筋混凝土条形基础

(a) 无肋式；(b) 有肋式

2. 柱下独立基础

独立基础是柱下基础的基本形式。现浇柱下独立基础的截面可做成阶梯形；预制柱一般采用杯形基础。

7.1.3 柱下条形基础

所谓条形基础，指基础长度远大于其宽度的一种基础形式。当柱承受荷载较大而地基土软弱，采用柱下独立基础，基础底面积很大而几乎相互连接，为增加基础的整体性和抗弯刚度，可将同一柱列的柱下基础连通做成钢筋混凝土条形基础，这种基础常在框架结构中采用。

7.1.4 筏型基础

如果地基很软弱，荷载很大，采用十字交叉基础仍不能满足要求；或相邻基础距离很小，或设置地下室时，可把基础底板做成一个整体的等厚度的钢筋混凝土连续板，形成无梁式筏形基础。当在柱间设有梁时则为梁板式筏形基础。筏形基础整体性好，刚度大，能有效地调整基础各部分的不均匀沉降。

7.1.5 箱型基础

当柱荷载很大，地基又特别软弱，基础可做成由钢筋混凝土底板、顶板、侧墙及纵横交叉的隔墙组成的箱形基础。

箱形基础具有整体性好，抗弯刚度大，且空腹深埋等特点，可相应增加建筑物层数，基础空心部分可作为地下室，可以减少基底附加应力，从而减小地基的变形。但基础的钢筋和水泥用量很大，造价较高，施工技术要求也高。

除上述的基础形式外，在工程实际中还有一些浅基础形式，如柱下十字交叉基础、壳体基础、圆环、圆板基础等。

7.2　基础埋置深度的选择

为防止基础日晒雨淋，人来车往造成基础损伤，基础应有一定的埋置深度。基础的埋置深度，一般指从室外地面至基础底面的垂直距离。选择基础的埋置深度是基础设计工作中的重要一环，因为它关系到地基是否可靠、施工的难易及造价的高低。影响基础埋深选择的因素很多，设计时要善于从实际情况出发，抓住主要因素进行考虑。基础埋置深度按下列条件确定。

7.2.1　工程地质与水文地质条件

工程地质状况往往对基础的设计方案起着决定性的作用，决定基础的埋置深度。一般当上层土的承载力能满足要求时，就应选择上层土作为持力层。若其下有软弱土层时，则应验算软弱下卧层的承载力是否满足要求。对于在基础延伸方向土性不均匀的地基，有时可根据持力层的变化，将基础分成若干段，各段采用不同的埋置深度，以减少基础的不均匀沉降。

7.2.2　建筑物用途及基础构造

确定基础埋深时，应了解建筑物的用途及使用要求。在保证建筑物基础安全、正常使用、稳定、耐久的前提下，应尽量浅埋，以便节省投资，方便施工。

为了保护基础不受人类和生物活动的影响，基础宜埋置在地表以下，其最小埋深为0.5m，且基础顶面宜低于室外设计地面 0.1m，同时又要便于建筑物周围排水沟的布置。

7.2.3　荷载大小和性质

荷载大小及性质不同，对持力层的要求也不同。某一深度的土层，对荷载小的基础可能是很好的持力层，而对荷载大的基础就可能不宜作为持力层。荷载的性质对基础埋置深度的影响也很明显。对于承受水平荷载的基础，必须有足够的埋置深度来获得土的侧向抗力，以保证基础的稳定性；对于承受上拔力的基础（如输电塔基础），也要求有较大的埋深以提供足够的抗拔阻力；对于承受动荷载的基础，则不宜选择饱和疏松的粉细砂作为持力层，以免这些土层由于振动液化而丧失承载力，造成基础失稳。

7.2.4　相邻建筑物的影响

在确定基础埋深时，应保证相邻原有建筑物在施工期间的安全和正常使用。一般新建筑物基础埋深不宜大于相邻原有建筑物基础。当必须深于原有建筑物基础时，两相邻基础之间应保持一定净距，

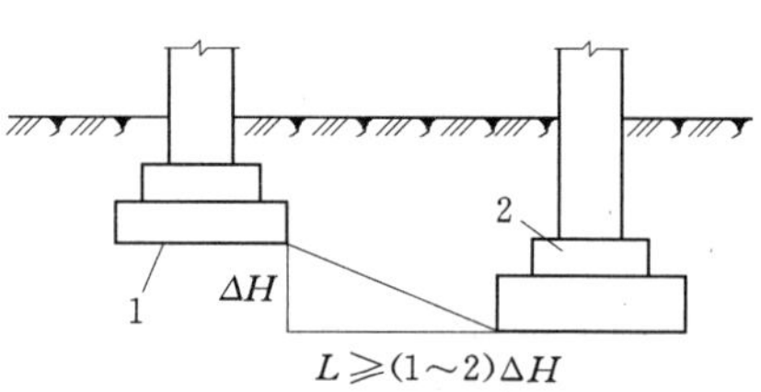

图 7.6　相邻基础的埋深

1—原有基础；2—新基础

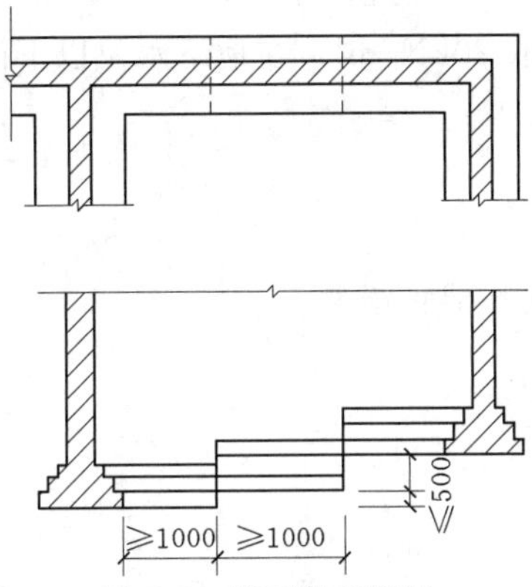

图 7.7 墙下基础埋深变化时台阶做法（尺寸单位：mm）

其数值应根据原有建筑荷载大小和土质情况确定。一般取两相邻基础底面高差的 1～2 倍，如图 7.6 所示。若不能满足上述要求，应采取分段施工，设临时加固支撑，打板桩，浇筑地下连续墙等施工措施。

此外，当墙下条形基础有不同埋深时，应沿基础纵向做成台阶形，并由深到浅逐渐过渡，台阶做法如图 7.7 所示。在使用期间，还要注意由于新基础的荷载作用，是否将引起原有建筑物产生不均匀沉降。

7.2.5 地基土的冻胀和融陷影响

地表以下一定深度的地层温度是随大气温度而变化的。当地层温度低于 0～1℃时，土中部分孔隙水将冻结形成冻土。

季节性冻土在冻融过程中，反复地产生冻胀和融陷，使土的强度降低，压缩性增大。当基础埋深浅于冻深时，即基础位于冻胀区内，在基础侧面作用着切向冻胀力 T，在基础底面作用着法向冻胀力 p，那么基础受冻胀力的作用而上抬。当春季融化时，冻胀力消失，基础产生下沉。由于融陷和上抬往往都是不均匀的，致使建筑物产生方向相反、相互交叉的斜裂缝。为了使建筑免遭冻害，对于埋置在冻胀土中的基础，应保证基础有相应的最小埋置深度以消除基底冻胀力。

7.3 基础底面尺寸的确定

当初步选择了基础类型和埋置深度后，就可以根据基础持力层承载力设计值计算基础底面的尺寸。如果持力层较薄，且其下存在着承载力显著低于持力层的下卧层时，尚须对软弱下卧层进行承载力验算。根据地基承载力确定基础底面尺寸后，必要时尚应对地基变形或稳定性进行验算。

7.3.1 轴心受压基础

如图 7.8 所示，在中心荷载作用下，基础底面上的平均压力应小于或等于经修正后的地基承载力特征值，即

$$p_k = \frac{F_k + G_k}{A} = \frac{F_k + \gamma_G A d}{A} \leqslant f_a$$

由此可以得到基础底面积为

$$A \geqslant \frac{F_k}{f_a - \gamma_G d} \tag{7.1}$$

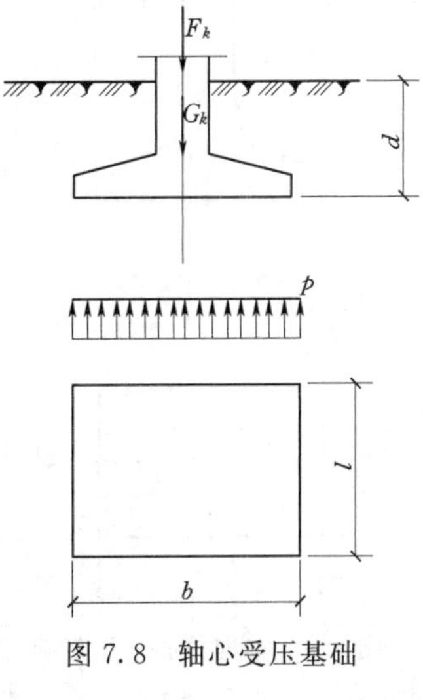

图 7.8 轴心受压基础

式中 A——基础底面积，m^2；

F_k——相应于荷载效应标准组合时，上部结构传至基础顶面的竖向力值，kN；

G_k——基础自重和基础上的土重，kN；

f_a——修正后的基础承载力特征值，kPa；

p_k——相应于荷载效应标准组合时，基础底面处的平均压力值，kPa；

γ_G——基础及其上回填土的平均重度，一般可近似取 20kN/m^3，在地下水位以下尚应扣除水的浮力作用；

d——基础的埋置深度，m。

1. 对于柱下独立基础

如果是矩形基础，取 $l/b=n$（一般 $n=1.5\sim2.0$），则基础底宽为

$$b=\sqrt{\frac{A}{n}}=\sqrt{\frac{F_k}{n(f_a-\gamma_G d)}} \tag{7.2}$$

长为

$$l=nb$$

方形基础

$$b=l=\sqrt{\frac{F_k}{f_a-\gamma_G d}} \tag{7.3}$$

2. 墙下条形基础

墙下条形基础通常沿墙纵向取单位长度（$l=1$m）为计算单元，F_k 即为每延长米的荷载（kN/m），则条形基础宽度为

$$b\geqslant\sqrt{\frac{F_k}{f_a-\gamma_G d}} \tag{7.4}$$

应当指出，如果计算带有窗洞口的墙下基础时，应取一个开间（即 s 为相邻窗洞中心线间的距离）为荷载计算单元，其荷载（kN/m）可以由相邻窗洞中心线间的荷载除以窗洞中心线的距离得到。

7.3.2　偏心受压基础

单层工业厂房的柱基础是典型的偏心受压基础，它在（F_k+G_k）、M 和 V 共同作用下，可以假定基底压力呈直线分布，在满足 $p_{j\min}>0$ 条件下时，基底压力呈梯形分布，如图 7.9 所示。在确定基底尺寸时，可暂不考虑基础底面的水平荷载，仅考虑基底形心处的竖向荷载和单向力矩（荷载作用在某一主轴上）。在偏心荷载作用下，基础底面积通常采用试算的方法确定，其具体步骤如下。

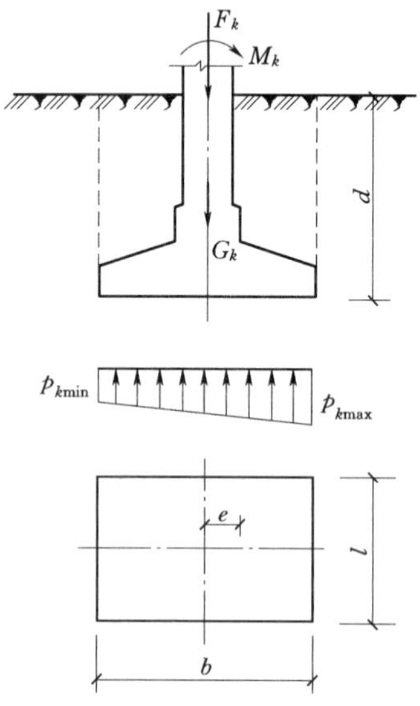

图 7.9　单向偏心受压基础

（1）先假定基础底宽 $b\leqslant3$m，进行承载力深度修正，初步确定地基承载力特征值 f_a。

（2）按中心受压情况，用式（7.1）估算基础面积，然后再考虑偏心荷载的影响，将基底面积 A_0 扩大 10%～40%。偏心距小时可用 10%，偏心距大时可用 40%，即

$$A=(1.1\sim1.4)A_0=(1.1\sim1.4)\frac{F_k}{f_a-\gamma_G d} \tag{7.5}$$

（3）对于矩形基础，取基底长短边之比 $l/b=1.5\sim$

2.0，初步确定基底的长短边尺寸。

（4）计算基底边缘最大与最小应力

$$p_{k\max}=\frac{F_k+G_k}{A}+\frac{M_k}{W} \tag{7.6}$$

$$p_{k\min}=\frac{F_k+G_k}{A}-\frac{M_k}{W} \tag{7.7}$$

式中 M_k——相应于荷载效应标准组合时，作用于基础底面的力矩值，kN·m；

W——基础底面的抵抗矩，对于矩形基础 $W=lb^2/6$，m^3；

$p_{k\max}$——相应于荷载效应标准组合时，基础底面边缘处的最大压力值，kPa；

$p_{k\min}$——相应于荷载效应标准组合时，基础底面边缘处的最小压力值，kPa。

（5）基底应力验算。

$$\frac{1}{2}(p_{k\max}+p_{k\min})\leqslant f_a \tag{7.8}$$

$$p_{k\max}\leqslant 1.2f_a \tag{7.9}$$

如果不满足地基承载力要求，需重新调整基底尺寸，直至符合要求为止。

7.3.3 地基软弱下卧层承载力验算

按上述公式确定的基础底面积，只考虑基底压力不超过持力层承载力。如地基变形计算深度范围内有软弱下卧层时，如图 7.10 所示，还应验算软弱下卧层的地基承载力。要求作用在软弱下卧层顶面的附加应力与自重应力之和不超过下卧层的承载力（图 7.11），即

$$p_z+p_{cz}\leqslant f_{az} \tag{7.10}$$

式中 p_z——相应于荷载效应标准组合时，软弱下卧层顶面处的附加压力值；

p_{cz}——软弱下卧层顶面处土的自重压力值；

f_{az}——软弱下卧层顶面处经深度修正后地基承载力特征值。

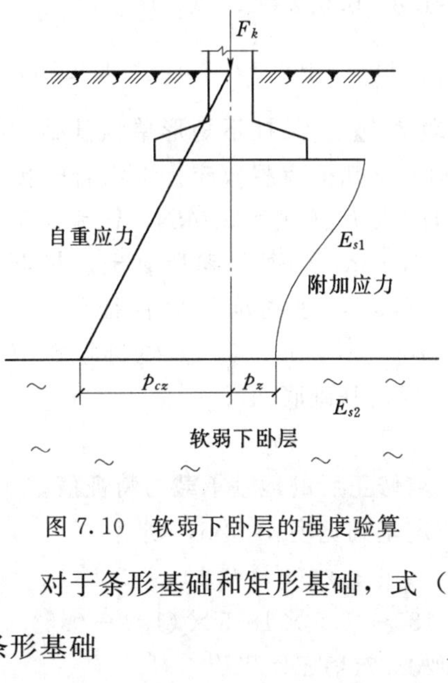

图 7.10 软弱下卧层的强度验算

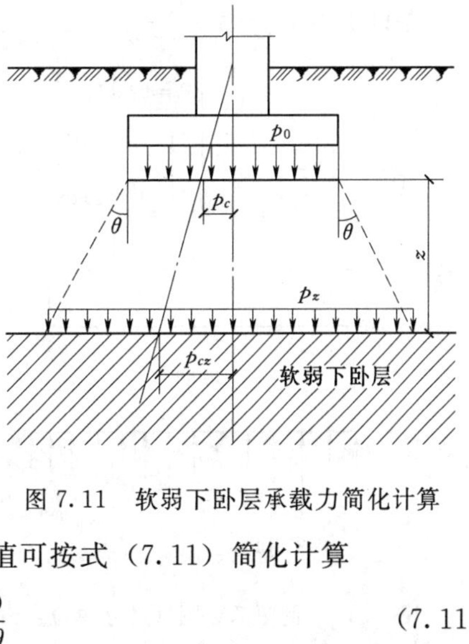

图 7.11 软弱下卧层承载力简化计算

对于条形基础和矩形基础，式（7.10）中的 p_z 值可按式（7.11）简化计算

条形基础
$$p_z=\frac{b(p_k-p_c)}{b+2z\tan\theta} \tag{7.11}$$

矩形基础
$$p_z=\frac{lb(p_k-p_c)}{(b+2z\tan\theta)(l+2z\tan\theta)} \tag{7.12}$$

式中　b——矩形基础或条形基础底边的宽度，m；

l——矩形基础底边的长度，m；

p_k——基础底面处的平均压力值，kPa；

p_c——基础底面处土的自重压力值，kPa；

z——基础底面至软弱下卧层顶面的距离，m；

θ——地基压力扩散线与垂直线的夹角，如图7.11所示，可按表7.1采用。

表7.1　地基压力扩散角θ

E_{s1}/E_{s2}	z/b		E_{s1}/E_{s2}	z/b	
	0.25	0.50		0.25	0.50
3	5°	23°	10	20°	30°
5	10°	25°			

注　1. E_{s1}为上层土压缩模量；E_{s2}为下层土压缩模量。

2. $z/b<0.25$时，取$\theta=0°$，必要时，宜由试验确定；$z/b>0.5$时，θ值不变。

【例题7.1】　墙下条形基础，在荷载效应标准组合时，作用在基础顶面上的轴向力$F_k=300\text{kN/m}$，基础埋深$d=1.8\text{m}$，室内外高差0.6，地基为黏土（$\eta_b=0.3$，$\eta_d=1.6$），其重度$\gamma=18\text{kN/m}^3$，地基承载力特征值$f_{ak}=150\text{kPa}$，求该条形基础宽度。

解：

（1）求修正后的地基承载力特征值。

假定基础宽度$b<3\text{m}$，因埋深$d>0.5\text{m}$，故仅进行地基承载力深度修正。

$$f_a=f_{ak}+\eta_d\gamma_m(d-0.5)=150+1.6\times18\times(1.8-0.5)=187.4(\text{kPa})$$

（2）求基础宽度。

因为室内外高差0.6m，故基础自重计算高度$d=1.8+0.6/2=2.1$（m）

基础宽度$b\geqslant\dfrac{F_k}{f_a-\gamma_G d}=\dfrac{300}{187.4-20\times2.1}=2.06(\text{m})$，取$b=2.1\text{m}$，与假定相符。

【例题7.2】　某柱下矩形单独基础如图7.12所示。已知按荷载效应标准组合时传至基础顶面的内力值$F_k=920\text{kN}$，$V_k=15\text{kN}$，$M_k=235\text{kN}\cdot\text{m}$，地基为粉质黏土，其重度$\gamma=18.5\text{kN/m}^3$，地基承载力特征值$f_{ak}=180\text{kPa}$（$\eta_b=0.3$，$\eta_d=1.6$）基础埋深$d=1.2\text{m}$，试确定基础底面尺寸。

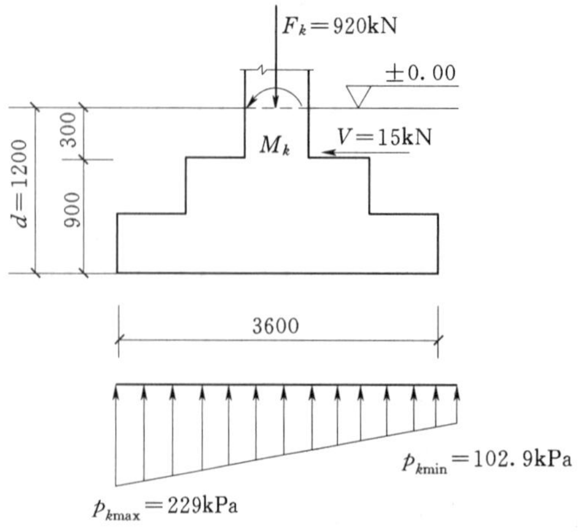

图7.12　例题7.2图（尺寸单位：mm）

解：

（1）求修正后的地基承载力特征值。

先假定基础宽度$b<3\text{m}$，则

$$\begin{aligned}f_a&=f_{ak}+\eta_d\gamma_m(d-0.5)\\&=180+1.6\times18.5\times(1.2-0.5)\\&=200.7(\text{kPa})\end{aligned}$$

（2）初步按轴心受压基础估算基底面积。

$$A_0=\frac{F_k}{f_a-\gamma_G d}=\frac{920}{200.7-20\times1.2}=5.2(\mathrm{m}^2)$$

考虑偏心荷载的影响，将底面积 A_0 增大 20%，则 $A=1.2\times5.2=6.24$（m^2）。取基底长短边之比 $l/b=2.0$，得 $b=\sqrt{\frac{A}{2}}=1.77$（m），暂选取 $b=1.8\mathrm{m}$，$l=3.6\mathrm{m}$。

（3）验算地基承载力。

偏心矩 $e=\dfrac{M_k}{F_k+G_k}=\dfrac{235+15\times0.9}{920+20\times3.6\times1.8\times1.2}=0.23<\dfrac{l}{6}=0.6(\mathrm{m})$

基底边缘的压力：$p_{k\max}=\dfrac{F_k+G_k}{A}\left(1+\dfrac{6e}{l}\right)=229(\mathrm{kPa})$

同理：$p_{k\min}=102.4(\mathrm{kPa})$

$p_{k\max}=229\mathrm{kPa}<1.2f_a=240.86(\mathrm{kPa})$

$\dfrac{1}{2}(p_{k\max}+p_{k\min})=165.7\mathrm{kPa}<f_a=200.7(\mathrm{kPa})$

满足要求。故基底尺寸：长 $l=3.6\mathrm{m}$，宽 $b=1.8\mathrm{m}$ 合适。

【例题 7.3】 有一轴心受压基础，上部结构传来轴向力 $F_k=900\mathrm{kN}$，地质条件如图 7.13 所示，试根据图示地质资料，验算软弱下卧层承载力是否满足要求。

解：

（1）求修正后的地基承载力特征值。

先假定基础宽度 $b<3\mathrm{m}$，则

$$\begin{aligned}f_a&=f_{ak}+\eta_d\gamma_m(d-0.5)\\&=165+1.6\times18\times(1.5-0.5)\\&=193.8(\mathrm{kPa})\end{aligned}$$

基础面积

$$\begin{aligned}b\times l&\geqslant\frac{F_k}{f_a-\gamma_G d}\\&=\frac{900}{193.8-20\times1.5}=5.5(\mathrm{m}^2)\end{aligned}$$

取 $b=2\mathrm{m}$，$l=3\mathrm{m}$，经验算，满足承载力的要求（验算过程从略）！

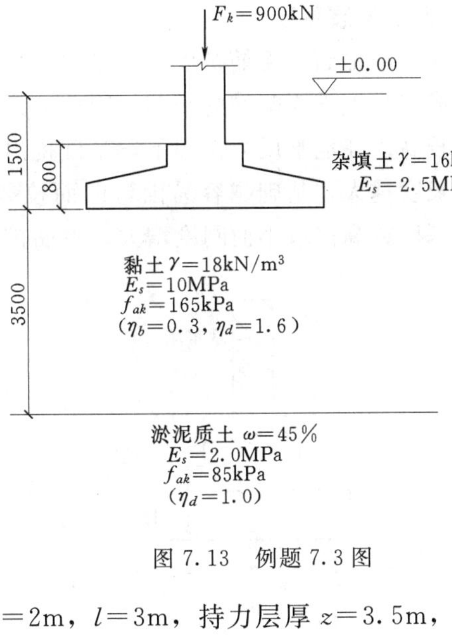

图 7.13 例题 7.3 图

（2）计算下卧层经修正后的地基承载力特征值。

已知按持力层承载力求得的基底尺寸为 $b=2\mathrm{m}$，$l=3\mathrm{m}$，持力层厚 $z=3.5\mathrm{m}$，基础埋深 $d=1.5\mathrm{m}$，下卧层埋深应为 $d+z=5\mathrm{m}$。

下卧层埋深范围内土的加权平均重度为

$$\gamma_m=\frac{\gamma_1 d+\gamma_2 z}{d+z}=\frac{16\times1.5+18\times3.5}{1.5+3.5}=17.4(\mathrm{kN/m^3})$$

经深度修正下卧层承载力特征值为

$$f_{az}=f_{ak}+\eta_d\gamma_m(d_z-0.5)=85+1.0\times17.4\times(5-0.5)=163.3(\mathrm{kPa})$$

(3) 下卧层顶面处的自重应力。

$$p_{cz}=\gamma_z d_z=17.4\times5=87(\text{kPa})$$

(4) 确定地基压力扩角 θ。

按持力层与下卧层压缩模量之比 $E_{s1}/E_{s2}=10/2=5$ 以及 $z/b=3.5/2=1.75>0.5$ 查表得 $\theta=25°$。

(5) 计算基底平均压力和土的自重压力。

$$p_k=\frac{F_k+G_k}{A}=\frac{900+20\times3\times2\times1.5}{2\times3}=180(\text{kPa})$$

$$p_c=\gamma_1 d=16\times1.5=24(\text{kPa})$$

(6) 计算下卧层顶面处的附加压力 p_z。

$$p_z=\frac{lb(p_k-p_c)}{(b+2z\tan\theta)(l+2z\tan\theta)}=\frac{3\times2\times(180-24)}{(3+2\times3.5\times\tan25°)(2+2\times3.5\times\tan25°)}$$
$$=28.4(\text{kPa})$$

(7) 验算下卧层承载力。

$p_z+p_{cz}=28.4+87=115.4\text{kPa}<f_{az}=163.3\text{kPa}$,满足要求。

7.4 基础结构设计

7.4.1 无筋扩展基础

前面已经提到，无筋扩展基础是由砖、毛石、混凝土或毛石混凝土、灰土和三合土等材料组成的且不需要配筋的基础。因此，无筋扩展基础材料抗拉、抗剪强度低，而抗压性能相对较高。在地基反力作用下，基础挑出部分如同悬臂梁一样向上弯曲。显然，基础外伸悬臂长度越大，基础越容易因弯曲而拉裂。所以必须减少外伸悬臂长度或增加基础高度，使基础宽高比减小而刚度增大。无筋扩展基础的构造示意如图 7.14 所示。

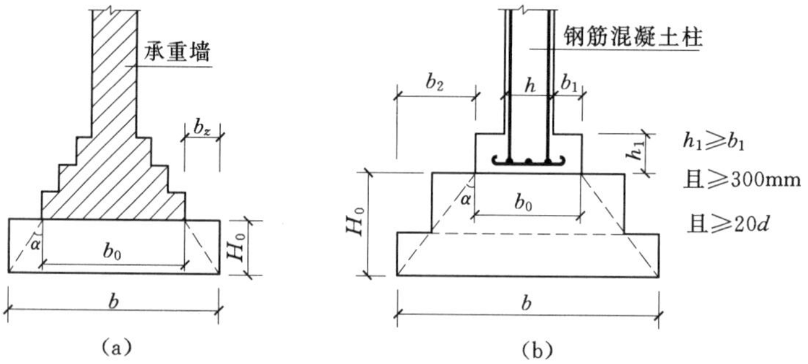

图 7.14 无筋扩展基础构造示意

根据大量实验研究和实践表明，对无筋扩展基础，当材料及基础底面积确定后，只要限制基础台阶宽高比 $b_2:H_0$ 小于表 7.2 允许值要求，就可以保证基础不会因受弯、受剪而破坏。

基础高度，应符合式 (7.13) 要求 (图 7.14)。

$$H_0 \geqslant \frac{b-b_0}{2\tan\alpha} \tag{7.13}$$

式中 b——基础底面宽度；

b_0——基础顶面的墙体宽度或柱脚宽度；

H_0——基础高度；

$\tan\alpha$——基础台阶宽高比 $b_2 : H_0$，其允许值可按表7.2选取；

b_2——基础台阶宽度。

采用无筋扩展基础的钢筋混凝土柱，其柱脚高度 h_1 不得小于 b_1（图7.14），并不应小于300mm且不小于20d（d 为柱中的纵向受力钢筋的最大直径）。当柱纵向钢筋在柱脚内的竖向锚固长度不满足锚固要求时，可沿水平方向弯折，弯折后的水平锚固长度不应小于10d 也不应大于20d。

表7.2　　无筋扩展基础台阶宽高比的允许值

基础材料	质量要求	台阶宽高比的允许值		
		$p_k \leqslant 100$	$100 < p_k \leqslant 200$	$200 < p_k \leqslant 300$
混凝土基础	C15混凝土	1 : 1.00	1 : 1.00	1 : 1.25
毛石混凝土基础	C15混凝土	1 : 1.00	1 : 1.25	1 : 1.50
砖基础	砖不低于MU10、砂浆不低于M5	1 : 1.50	1 : 1.50	1 : 1.50
毛石基础	砂浆不低于M5	1 : 1.25	1 : 1.50	—
灰土基础	体积比为3 : 7或2 : 8的灰土，其最小干密度：粉土1.55t/m³ 粉质黏土1.50t/m³ 黏土1.45t/m³	1 : 1.25	1 : 1.50	—
三合土基础	体积比1 : 2 : 4～1 : 3 : 6（石灰 : 砂 : 骨料），每层约虚铺220mm，夯至150mm	1 : 1.50	1 : 2.00	—

注 1. p_k 为荷载效应标准组合时基础底面处的平均压力值（kPa）。
2. 阶梯形毛石基础的每阶伸出宽度，不宜大于200mm。
3. 当基础由不同材料叠合组成时，应对接触部分作抗压验算。
4. 基础底面处的平均压力值超过300kPa的混凝土基础，尚应进行抗剪验算。

【例题7.4】 某地区一学校教学楼拟采用刚性基础，承重墙厚240mm，地基第一层土为0.8m厚的杂填土，重17kN/m³；第二层为粉质黏土层，厚5.4m，重度为17kN/m³，地基承载力特征值 $f_{ak}=190$kPa，$\eta_b=0.3$，$\eta_d=1.6$。已知上部结构传来的竖向荷载标准值 $F_k=200$kN/m，试对该承重墙下条形基础进行设计。

解：

（1）计算经修正后的地基承载力特征值。

选择粉质黏土层作为持力层，初步确定基础埋深 $d=1.0$m

$$f_a = f_{ak} + \eta_d \gamma_m (d-0.5)$$

$$= 190 + 1.6 \times 17 \times (1.0 - 0.5)$$
$$= 203.6(\text{kPa})$$

(2) 确定基础宽度。

$$b \geqslant \frac{F_k}{f_a - \gamma_G d} = \frac{200}{203.6 - 20 \times 1} = 1.09(\text{m})$$

偏安全起见，取 $b=1.3\text{m}$。

(3) 选择基础材料，并确定基础剖面尺寸。

基础下层采用 300mm 厚 C15 素混凝土层，其上层采用 MU10 砖和 M5 砂浆砌二、一间收的砖基础。

混凝土垫层设计

基底压力 $p_k = \dfrac{F_k + G_k}{A} = \dfrac{200 + 20 \times 1.3 \times 1.0 \times 1}{1.3 \times 1.0} = 173.8(\text{kPa})$

由表 7.2 查得 C15 混凝土垫层的宽高比允许值 $[b_2 : H_0] = 1:1$，混凝土垫层每边收进 350mm，垫层高 350mm。

砖基础所需台阶数 $n = \dfrac{1300 - 240 - 2 \times 350}{2 \times 60} = 3$

基础高度 $h_0 = 120 \times 2 + 60 \times 1 + 350 = 650(\text{mm})$

(4) 基础剖面图。

基础剖面形状及尺寸如图 7.14 所示。

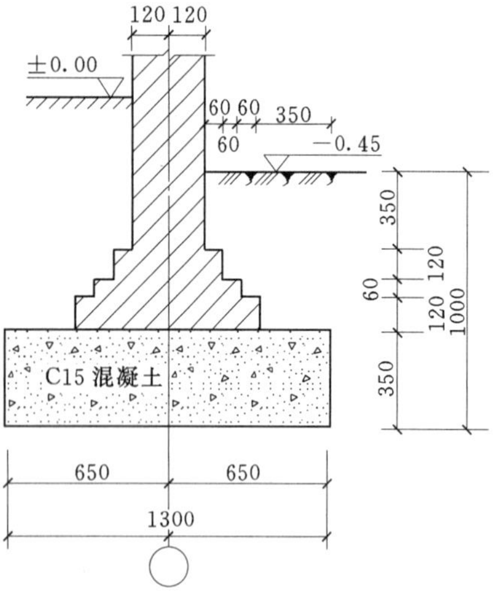

图 7.15　例题 7.4 图
(尺寸单位：mm)

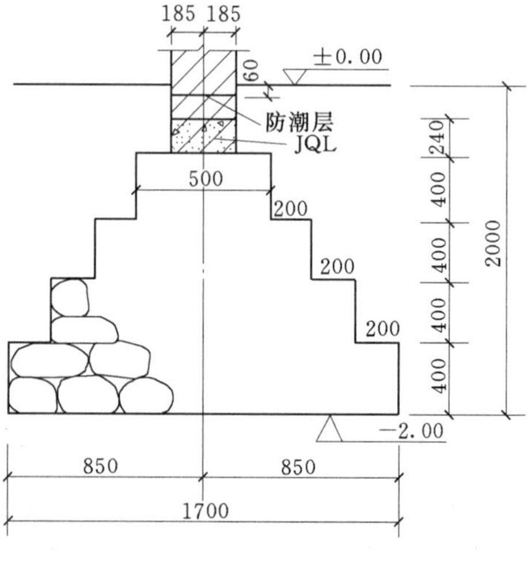

图 7.16　例题 7.5 图
(尺寸单位：mm)

【例题 7.5】　北京市某地区一住宅楼，底层内纵墙厚 0.37m，上部结构传至基础顶面处的竖向力值 $F_k=310\text{kN/m}$，已知基础埋深 $d=2.0\text{m}$，基础材料采用毛石，砂浆采用 M5 砌筑，地基土为黏土，其重度 $\gamma=18.5\text{kN/m}^3$，经深度修正后的地基承载力特征值 $f_a=230$ (kPa)，试确定毛石基础宽度及剖面尺寸，并绘出基础剖面图形。

解：

(1) 确定基础宽度。

$$b \geqslant \frac{F_k}{f_a - \gamma_G d} = \frac{310}{230 - 20 \times 2} = 1.63(\text{m})$$

取 $b=1.7\text{m}$

(2) 确定台阶宽高比允许值。

基底压力

$$p_k = \frac{F_k + G_k}{A} = \frac{310 + 20 \times 1.7 \times 1.0 \times 2}{1.7 \times 1.0} = 222.4(\text{kPa})$$

由表 7.2 查得 C15 混凝土垫层的宽高比允许值 $[b_2 : H_0] = 1 : 1.5$。

(3) 毛石基础所需台阶数（每级台阶宽度≤200mm）。

$$n = \frac{b - b_0}{2} \times \frac{1}{200} = \frac{1700 - 370}{2} \times \frac{1}{200} = 3.3\text{，取 } n=4$$

基础剖面图如图 7.16 所示。

(4) 验算台阶宽高比。

基础宽高比 $b_2/H_0 = \frac{665}{1600} = \frac{1}{2.4} < \frac{1}{1.5}$

每阶宽高比 $b_2/H_0 = \frac{200}{400} = \frac{1}{2} < \frac{1}{1.5}$ 满足要求！

7.4.2 扩展基础

扩展基础系指柱下钢筋混凝土独立基础和墙下钢筋混凝土条形基础。扩展基础的底面向外扩展，基础外伸的宽度大于基础高度，基础材料承受拉应力，因此，扩展基础必须采用钢筋混凝土材料。

扩展基础适用于上部结构荷载较大，有时为偏心荷载或承受弯矩、水平荷载的建筑物基础。在地基表层土质较好、下层土质软弱的情况，利用表层好土层设计浅埋基础，最适宜采用扩展基础。

7.4.2.1 扩展基础的构造要求

(1) 锥形基础的边缘高度，不宜小于 200mm；阶梯形基础的每阶高度，宜为 300～500mm。

(2) 垫层的厚度不宜小于 70mm；垫层混凝土强度等级应为 C10。

(3) 扩展基础底板受力钢筋的最小直径不宜小于 10mm；间距不宜大于 200mm，也不宜小于 100mm。墙下钢筋混凝土条形基础纵向分布钢筋的直径不小于 8mm；间距不大于 300mm；每延米分布钢筋的面积应不小于受力钢筋面积的 1/10。当有垫层时钢筋保护层的厚度不小于 40mm；无垫层时不小于 70mm。

(4) 混凝土强度等级不应低于 C20。

(5) 当柱下钢筋混凝土独立基础的边长和墙下钢筋混凝土条形基础的宽度大于或等于 2.5m 时，底板受力钢筋的长度可取边长或宽度的 0.9 倍，并宜交错布置，如图 7.17(a)所示。

(6) 钢筋混凝土条形基础底板在 T 形及十字形交接处，底板横向受力钢筋仅沿一个主要受力方向通长布置，另一方向的横向受力钢筋可布置到主要受力方向底板宽度 1/4 处，如

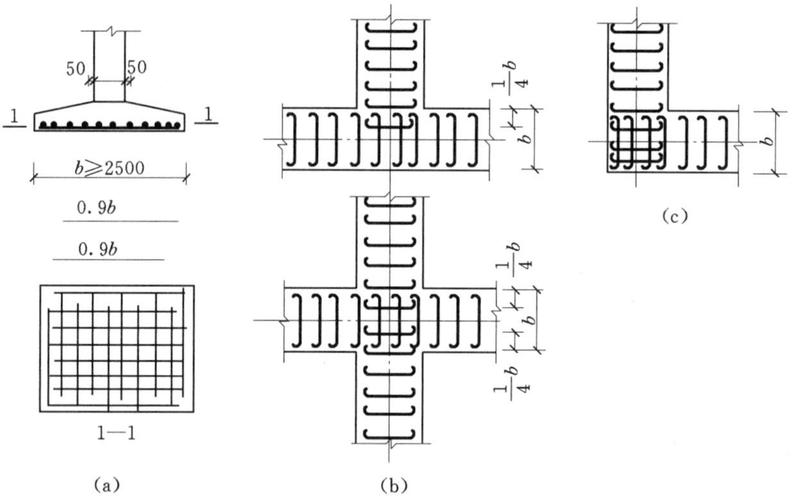

图 7.17　扩展基础底板受力钢筋布置示意（尺寸单位：mm）

图 7.17（b）所示。在拐角处底板横向受力钢筋应沿两个方向布置，如图 7.17（c）所示。

7.4.2.2　常见的几种基础形式

扩展基础分为柱下独立基础和墙下条形基础两类。工程中常用的有以下几种。

1. 现浇柱基础

现浇柱基础具有整体性好等很多优点，在目前的工程结构中应用较多。其基础形式有阶梯形和锥形（图 7.18）等几种。

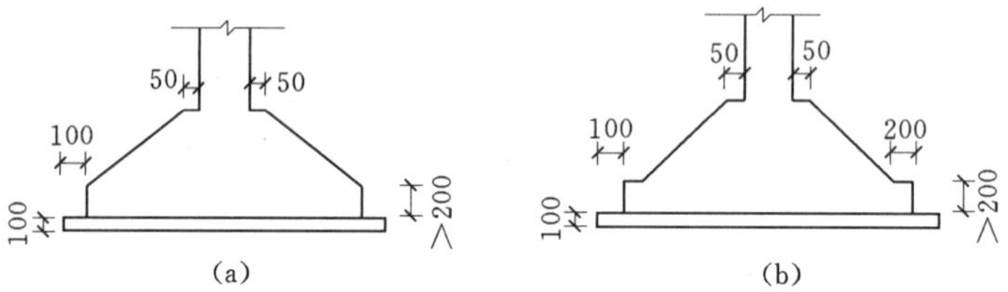

图 7.18　现浇柱锥形基础（尺寸单位：mm）

钢筋混凝土柱和剪力墙纵向受力钢筋在基础内的锚固长度 l_a 应根据钢筋在基础内的最小保护层厚度按现行《混凝土结构设计规范》（GB 50010—2002）有关规定确定。

有抗震设防要求时，纵向受力钢筋的最小锚固长度 l_{aE} 应按下式计算。

一、二级抗震等级　　$l_{aE}=1.15l_a$

三级抗震等级　　$l_{aE}=1.05l_a$

四级抗震等级　　$l_{aE}=l_a$

式中　l_a——纵向受拉钢筋的锚固长度。

现浇柱的基础，其插筋的数量、直径以及钢筋种类应与柱内纵向受力钢筋相同。插筋的锚固长度应满足上述要求，插筋与柱的纵向受力钢筋的连接方法，应符合现行《混凝土结构设计规范》（GB 50010—2002）的规定。插筋的下端宜作成直钩放在基础底板钢筋网

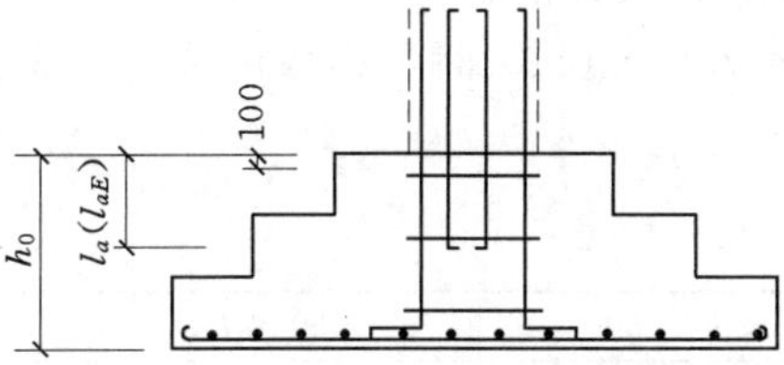

图 7.19 现浇柱的基础中插筋构造示意图（尺寸单位：mm）

上。当符合下列条件之一时，可仅将四角的插筋伸至底板钢筋网上，其余插筋锚固在基础顶面下 l_a 或 l_{aE}（有抗震设防要求时）处，如图 7.19 所示。

(1) 柱为轴心受压或小偏心受压，基础高度不小于 1200mm。

(2) 柱为大偏心受压，基础高度不小于 1400mm。

2. 预制柱杯形基础

如图 7.20 所示，预制柱与杯形基础的连接，应符合下列要求。

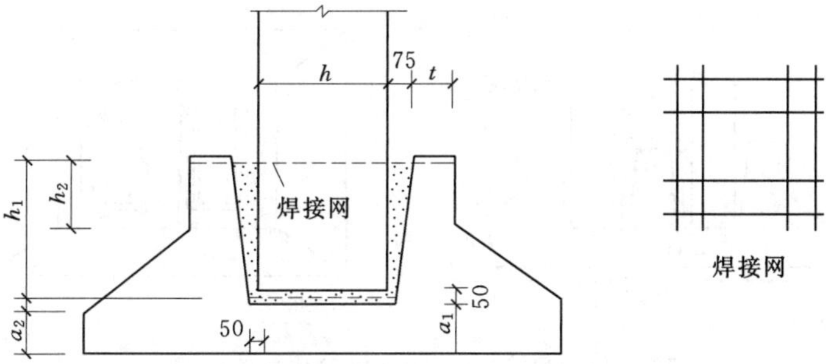

图 7.20 预制钢筋混凝土柱独立基础示意（尺寸单位：mm）

(1) 柱插入杯口深度，可按表 7.3 选用，并应满足钢筋锚固长度要求及吊装时柱的稳定性。

表 7.3 柱的插入深度 h_1 单位：mm

矩形或工字形柱				双肢柱
$h<500$	$500\leqslant h<800$	$800\leqslant h<1000$	$h>1000$	
$(1\sim1.2)h$	h	$0.9h$ 且 $\geqslant800$	$0.8h$ 且 $\geqslant1000$	$(1/3\sim2/3)\ h_a$ $(1.5\sim1.8)\ h_b$

注 1. h 为柱截面长边尺寸；h_a 为双肢柱全截面长边尺寸；h_b 为双肢柱全截面短边尺寸。

2. 柱轴心受压或小偏心受压时，h_1 可适当减小，偏心距大于 $2h$ 时，h_1 应适当加大。

(2) 基础的杯底厚度和杯壁厚度，可按表 7.4 选用。

表 7.4 基础的杯底厚度和杯壁厚度

柱截面长边尺寸 h (mm)	杯底厚度 a_1 (mm)	杯壁厚度 t (mm)	柱截面长边尺寸 h (mm)	杯底厚度 a_1 (mm)	杯壁厚度 t (mm)
$h<500$	$\geqslant150$	$150\sim200$	$1000\leqslant h<1500$	$\geqslant250$	$\geqslant350$
$500\leqslant h<800$	$\geqslant200$	$\geqslant200$	$1500\leqslant h<2000$	$\geqslant300$	$\geqslant400$
$800\leqslant h<1000$	$\geqslant200$	$\geqslant300$			

注 1. 双肢柱的杯底厚度值，可适当加大。

2. 当有基础梁时，基础梁下的杯壁厚度，应满足其支承宽度的要求。

3. 柱子插入杯口部分的表面应凿毛，柱子与杯口之间的空隙，应用比基础混凝土强度等级高一级的细石混凝土充填密实，当达到材料设计强度的 70% 以上时，方能进行上部吊装。

(3) 当柱为轴心受压或小偏心受压且 $t/h_2 \geqslant 0.65$ 时，或大偏心受压且 $t/h_2 \geqslant 0.75$ 时，杯壁可不配筋；当柱为轴心受压或小偏心受压且 $0.5 \leqslant t/h_2 < 0.65$ 时，杯壁可按表 7.5 构造配筋；其他情况下，应按计算配筋。

表 7.5　杯壁构造配筋

柱截面长边尺寸（mm）	$h<1000$	$1000 \leqslant h<1500$	$1500 \leqslant h \leqslant 2000$
钢筋直径（mm）	8～10	10～12	12～16

注　表中钢筋置于杯口顶部，每边两根（图 7.20）。

(4) 双杯口基础，如图 7.21 所示，用于厂房伸缩缝处的双柱下，或者考虑厂房扩建而设置的预留杯口情况。当中间杯壁的宽度小于 400mm 时，宜在其杯壁内配筋。

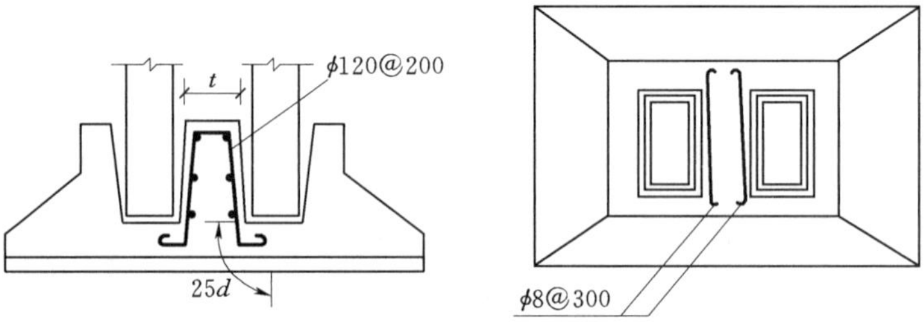

图 7.21　双杯口基础中间杯壁构造配筋示意

3. 高杯口基础

高杯口基础是带有短柱的杯形基础，其构造形式如图 7.22 所示。一般用于上层土较软弱或有空穴、井等不宜作持力层以及必须将基础深埋的情况。

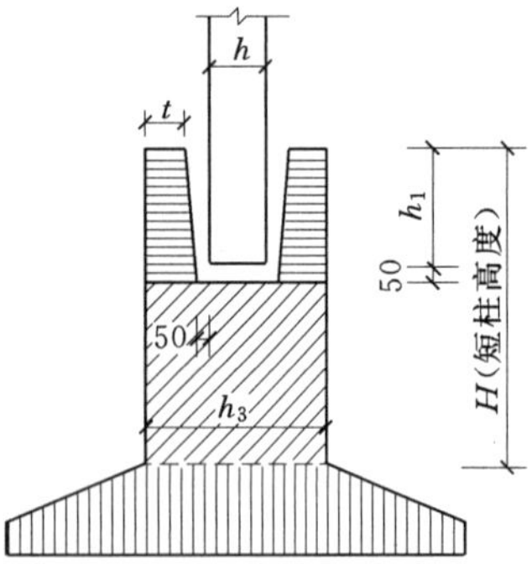

图 7.22　高杯口基础

高杯口基础柱的插入深度应符合杯形基础的要求；杯壁厚度应符合表 7.6 的规定和有关要求；杯壁短柱配筋可按图 7.23 的构造要求设置。基础短柱的纵向钢筋，在非地震区及抗震设防烈度低于 9 度地区，短柱四角纵向钢筋直径不宜小于 20mm，并延伸至基础底板的钢筋网上。短柱长边的纵向钢筋，当长边尺寸不大于 1000mm 时，其钢筋直径不应小于 12mm，间距不应大于 300mm；当长边尺寸大于 1000mm 时，其钢筋直径不应小于 16mm，间距不应大于 300mm，每隔一半左右伸下一根并作 150mm 的直钩支承在基础底部的钢筋网上，其余钢筋锚固至基础底板顶面下 l_a 处，如图 7.23 所示。短柱短边每隔 300mm 应配置直径不少于 12mm 的纵向钢筋，且每边的配筋率不少于 0.05%短柱的截面面积。短柱中的箍筋直径不应小于 8mm，间距不应大于 300mm；当抗震设防烈度为 8 度和 9 度时，箍筋直径不小于 8mm，间距不应大于 150mm。

表 7.6　高杯口基础的杯壁厚度 t　　单位：mm

h	t	h	t	h	t	h	t
$600<h \leqslant 800$	$\geqslant 250$	$1000<h \leqslant 1400$	$\geqslant 350$	$800<h \leqslant 1000$	$\geqslant 300$	$1400<h \leqslant 1600$	$\geqslant 400$

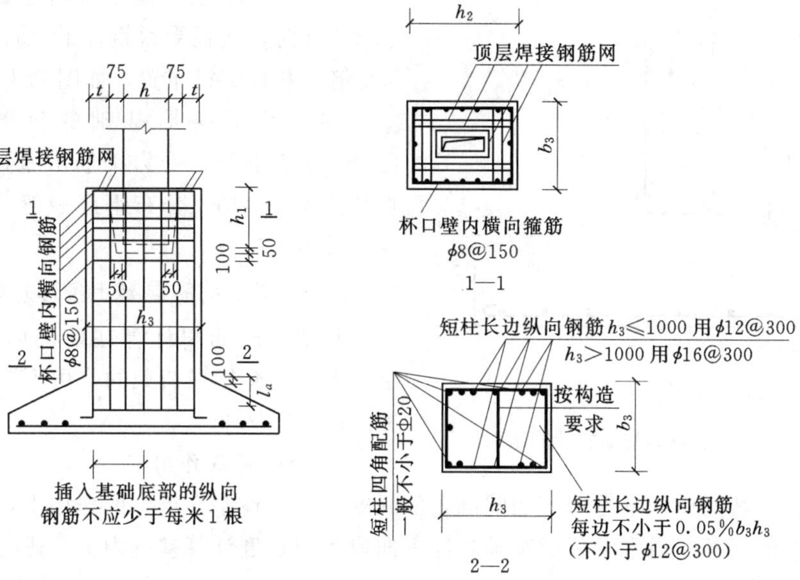

图 7.23 高杯口基础构造配筋示意（尺寸单位：mm）

7.4.3 墙下钢筋混凝土条形基础

7.4.3.1 墙下钢筋混凝土条形基础的构造

（1）墙下钢筋混凝土条形基础的构造如图 7.24 所示。当基础高度 $h>250$mm 时，截面采用锥形，其边缘高度不宜小于 200mm。当基础高度 $h\leqslant 250$mm 时，宜采用平板式。

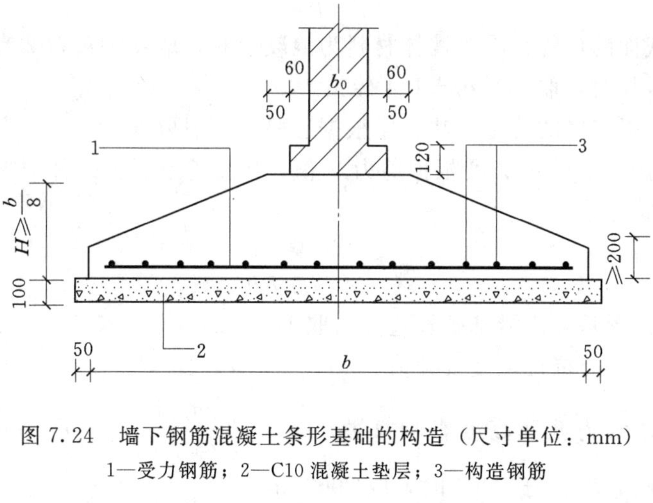

图 7.24 墙下钢筋混凝土条形基础的构造（尺寸单位：mm）

1—受力钢筋；2—C10 混凝土垫层；3—构造钢筋

当地基较软弱时，为增加基础抗弯刚度，减少基础不均匀沉降的影响，基础剖面也可采用带肋式条形基础，如图 7.5（b）所示，肋的纵向钢筋和箍筋一般按经验确定。

（2）墙下钢筋混凝土条形基础纵向分布钢筋的直径不小于 8mm；间距不大于 300mm；每延米分布钢筋的面积应不小于受力钢筋面积的 1/10。基础有垫层时，钢筋保护层不小于 40mm；无垫层时不小于 70mm。

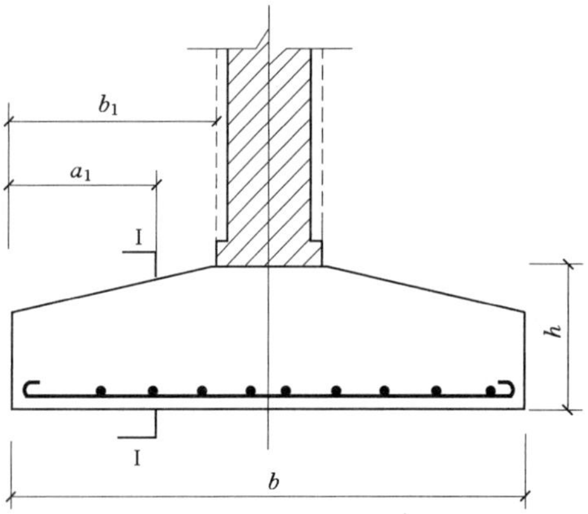

图 7.25　墙下条形基础的计算示意

(3) 墙下钢筋混凝土条形基础的宽度不小于 2.5m 时，底板受力钢筋的长度可取宽度的 0.9 倍，并且交错布置，如图 7.17 (a) 所示。

(4) 墙下条形基础的钢筋一般采用 HPB235 级钢筋，受力钢筋沿基础横向布置，直径为 $\phi8 \sim \phi16$，分布钢筋一般 $\phi6 \sim \phi8$@250～300mm。

7.4.3.2　墙下钢筋混凝土条形基础的设计

基础的底面积计算在前述内容已做了介绍，下面仅介绍在荷载的作用下，基础的厚度和配筋（图 7.25）。

1. 轴心荷载作用

底板在荷载的作用下受弯，如同倒置的悬臂板。在地基净反力的作用下，最大内力发生在悬臂板的根部，通常沿条形基础长度方向取单位长度计算基础内力，进行配筋。

地基净反力为

$$p_j = \frac{F}{b} \tag{7.14}$$

式中　F——相应于荷载效应基本组合时作用在基础顶面上的荷载，kN/m；

b——基础宽度，m。

基础任意截面Ⅰ—Ⅰ处的弯矩和剪力分别为

$$M = \frac{1}{2} p_j a_1^2 \tag{7.15}$$

$$V = p_j a_1 \tag{7.16}$$

其最大弯矩截面的位置：①当墙体材料为混凝土时，取 $a_1 = b_1$；②当材料为砖墙且大放脚不超过 1/4 砖长时，取 $a_1 = b_1 + 1/4$ 砖长。

条形基础的底板厚度的确定方法：①根据经验，一般取 $h = b/8$（b 为基础宽度）进行抗剪验算，即 $V \leqslant 0.7\beta_{hs} f_t b h_0$；②根据剪力 V 值，按受剪承载力条件，求得条形基础的截面有效高度 h_0，即

$$h_0 \geqslant \frac{V}{0.7\beta_{hs} f_t b} \tag{7.17}$$

式中　b——对于条形基础常沿基础长边方向取 1m；

f_t——混凝土轴心抗拉强度设计值；

β_{hs}——受剪承载力截面高度影响系数，$\beta_{hs} = \left(\frac{800}{h_0}\right)^{\frac{1}{4}}$，当 h_0 小于 800mm 时，取 800mm，h_0 大于 2000 时，取 2000mm。

基础底板厚度，可以通过式（7.18）、式（7.19）确定并应符合以 50mm 为模数的模数制。一般情况下，条形基础的受剪承载力都能满足要求。

设垫层时

$$h = h_0 + \phi/2 + 35 \tag{7.18}$$

不设垫层时

$$h = h_0 + \phi/2 + 70 \tag{7.19}$$

式中　ϕ——受力钢筋的直径，mm。

2. 偏心荷载作用

基础在偏心荷载作用下，不仅承受竖向集中力，还承受力矩的作用。其基底净反力一般呈梯形分布，如图 7.26 所示。

计算基底偏心距

$$e_0=\frac{M}{F} \tag{7.20}$$

基底边缘处的最大和最小净反力

$$\begin{cases} p_{j\max}=\dfrac{F}{b}\left(1+\dfrac{6e_0}{b}\right) \\ p_{j\min}=\dfrac{F}{b}\left(1-\dfrac{6e_0}{b}\right) \end{cases} \tag{7.21}$$

悬臂支座处Ⅰ－Ⅰ截面的地基净反力为

$$p_{j\mathrm{I}}=p_{j\min}+\frac{b-a_1}{b}(p_{j\max}-p_{j\min}) \tag{7.22}$$

Ⅰ－Ⅰ截面处的弯矩和剪力分别为

$$\begin{cases} M=\dfrac{1}{4}(p_{j\max}+p_{j\mathrm{I}})a_1^2 \\ V=\dfrac{1}{2}(p_{j\max}+p_{j\mathrm{I}})a_1 \end{cases} \tag{7.23}$$

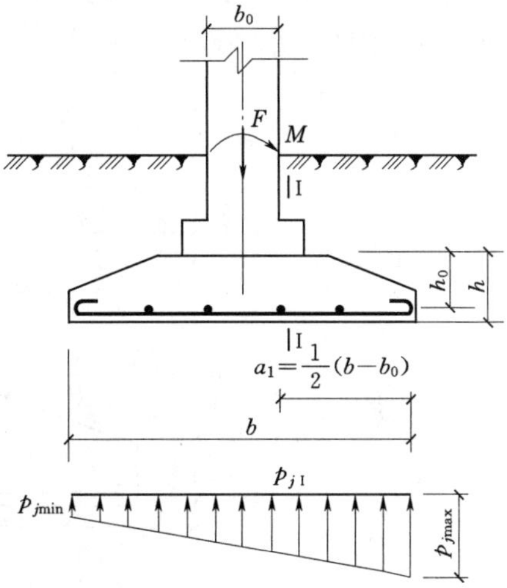

图 7.26　墙下条形基础受偏心荷载

3. 基础底板配筋

按国家标准《混凝土结构设计规范》有关规定计算。基础底板内受力钢筋面积可按式（7.24）计算

$$A_s=\frac{M}{0.9f_yh_0} \tag{7.24}$$

式中　A_s——条形基础每米长基础底板受力钢筋截面面积，mm²/m；

　　f_y——钢筋抗拉强度设计值，N/mm²。

【例题 7.6】　某住宅楼砖墙承重，底层墙厚 0.37m，相应于荷载效应基本组合时，作用基础顶面上的荷载 $F=245$kN/m，基础埋深 $d=1.0$m，已知条形基础宽度 $b=2$m，基础材料采用 C15 混凝土，f_t0.91N/mm²；HPB235 级钢筋，$f_y=210$N/mm²。试确定墙下钢筋混凝土条形基础的底板厚度及配筋。

解：

（1）地基净反力

$$p_j=\frac{F}{b}=\frac{245}{2}=122.5(\mathrm{kPa})$$

（2）计算基础悬臂部分最大内力

$$a_1=(2-0.37)/2=0.815(\mathrm{m})$$

$$M=\frac{1}{2}p_ja_1^2=\frac{1}{2}\times122.5\times0.815^2=40.7(\mathrm{kN})$$

$$V=p_ja_1=122.5\times0.815=99.8(\mathrm{kN})$$

（3）初步确定基础底板厚度一般先按 $h=b/8$ 的经验值，然后再进行抗剪验算。

$h=2.0/8=0.25$m 取 $h=0.3$m$=300$（mm），$h_0=300-35=265$（mm）。

（4）受剪承载力验算

$0.7\beta_{hs}f_tbh_0=0.7\times1.0\times0.91\times1000\times265=168.8\text{kN}>V=99.8\text{kN}$，满足要求！

（5）基础底板配筋

$$A_s=\frac{M}{0.9f_yh_0}=\frac{40.7\times10^6}{0.9\times265\times210}=812.6(\text{mm}^2)$$

选用 $\phi12@140$（$A_s=808\text{mm}^2$，误差在允许的范围内，满足要求。），分布钢筋选用 $\phi8@300$，如图 7.27 所示。

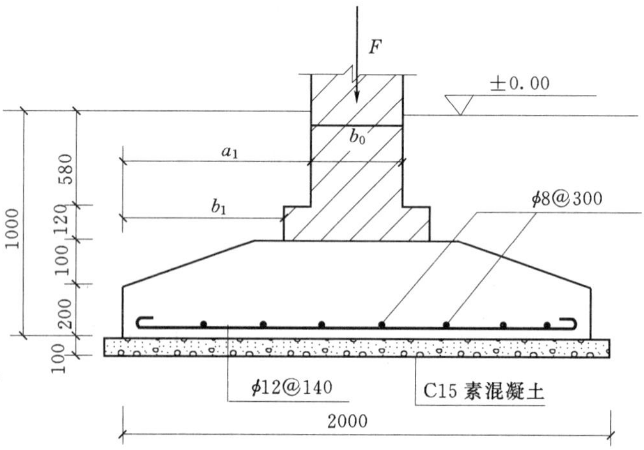

图 7.27　例题 7.6 图（尺寸单位：mm）

7.4.4　柱下钢筋混凝土独立基础

1. 基础底板厚度

柱下钢筋混凝土单独基础的底板厚度主要由受冲切承载力确定。在柱轴心荷载作用下，如果基础底板厚度不足，将沿柱周边（或基础变阶处）产生冲切破坏，形成 45°斜裂面的锥体，如图 7.28 所示。为防止基础发生这种破坏，由冲切破坏锥体以外的地基净反力所产生的冲切力 F_l 应小于冲切面处混凝土的抗冲切能力。

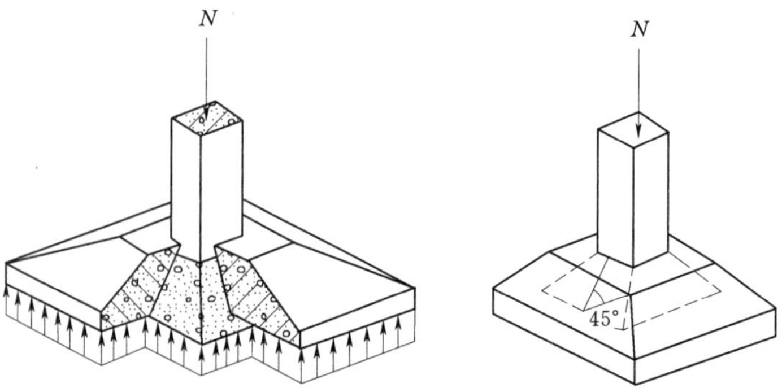

图 7.28　基础冲切破坏

对矩形截面柱的矩形基础，应验算柱与基础交接处以及基础变阶处的受冲切承载力；受冲切承载力应按下列公式验算。

$$F_l \leqslant 0.7\beta_{hp} f_t a_m h_0 \tag{7.25}$$

$$a_m = (a_t + a_b)/2 \tag{7.26}$$

$$F_l = p_j A_l \tag{7.27}$$

式中 β_{hp}——受冲切承载力截面高度影响系数，当 h 不大于 800mm 时，取 $\beta_{hp}=1.0$；当 h 大于等于 2000mm 时，取 $\beta_{hp}=0.9$，其间按线性内插法取用；

f_t——混凝土轴心抗拉强度设计值；

h_0——基础冲切破坏锥体的有效高度；

a_m——冲切破坏锥体最不利一侧计算长度；

a_t——冲切破坏锥体最不利一侧斜截面的上边长，当计算柱与基础交接处的受冲切承载力时，取柱宽；当计算基础变阶处的受冲切承载力时，取上阶宽；

a_b——冲切破坏锥体最不利一侧斜截面在基础底面积范围内的下边长，当冲切破坏锥体的底面落在基础底面以内，如图 7.29（a）、（b）所示，计算柱与基础交接处的受冲切承载力时，取柱宽加两倍基础有效高度；当计算基础变阶处的受冲切承载力时，取上阶宽加两倍该处的基础有效高度。当冲切破坏锥体的底面在 l 方向落在基础底面以外，即 $a+2h_0 \geqslant l$ 时，如图 7.29（c）所示，取 $a_b=l$；

p_j——扣除基础自重及其上土重后相应于荷载效应基本组合时的地基土单位面积净反力，对偏心受压基础可取基础边缘处最大地基土单位面积净反力；

A_l——冲切验算时取用的部分底面积，图 7.29（a）、（b）中的阴影面积 $ABCDEF$ 或图 7.29（c）中的阴影面积 $ABCD$。

当 $l \geqslant a_t + 2h_0$ 时，如图 7.29（a）、（b）所示。

$$A_l = (b/2 - h_c/2 - h_0)l - (l/2 - a_t/2 - h_0)^2 \tag{7.28}$$

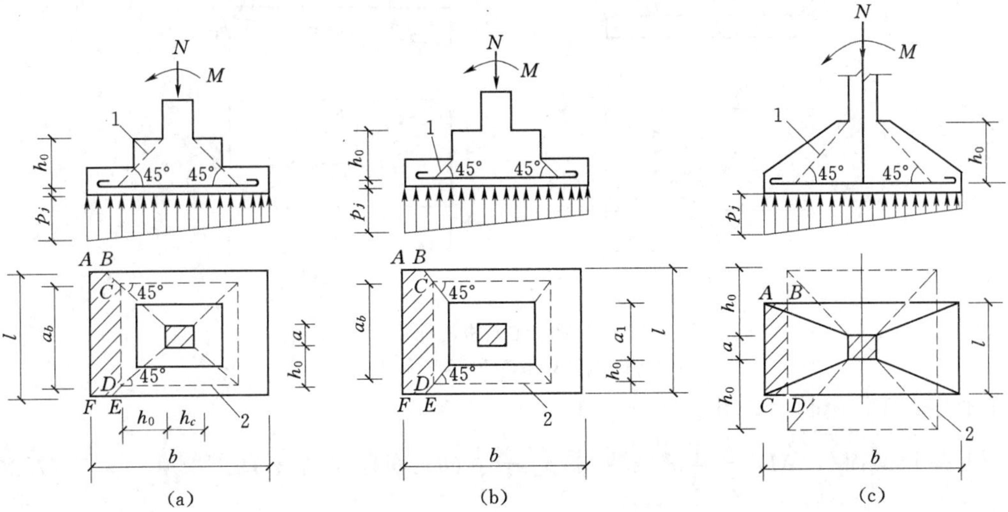

图 7.29 计算阶梯形基础的受冲切承载力截面位置

（a）、（c）柱与基础交接处；（b）基础变阶处

1—冲切破坏锥体最不利一侧的斜截面；2—冲切破坏锥体的底面线

当 $l<a_t+2h_0$ 时，如图 7.29（c）所示。

$$A_l=(b/2-h_c/2-h_0)l \tag{7.29}$$

式中 F_l——相应于荷载效应基本组合时作用在 A_l 上的地基土净反力设计值。

阶梯形基础，尚需验算变阶处的受冲切承载力，此时可将上阶底周边视为柱周边，用台阶的平面尺寸代替柱截面尺寸 $h_c\times a_t$，验算方法同前。当基础底面在 45°冲切破坏线以内时，可不进行冲切验算。

2. 基础底板的配筋

基础底板的配筋，应按受弯承载力确定。柱下单独基础在轴心荷载或单向偏心荷载作用下，基础底板由于地基净反力的作用而沿柱周边向上弯曲，当弯曲应力超过基础受弯承载力时，基础底板将发生弯曲破坏。一般柱下单独基础的长短边尺寸较为接近，故基础底板为双向弯曲，其内力可采用简化的方法计算。即将单独基础的底板视为嵌固在柱子周边的梯形悬臂板，近似地将基底面积按对角线划分成四块梯形面积，计算截面取柱边或基础变阶处（阶梯形基础）。矩形基础沿基础长短两个方向的弯矩，等于梯形面积上的地基净反力的合力对柱边或基础变阶处截面的力矩。

对于矩形基础，如图 7.30 所示，当台阶的宽高比小于或等于 2.5 和偏心距小于或等于 1/6 基础宽度时，基础底板任意截面的弯矩可按下列公式计算。

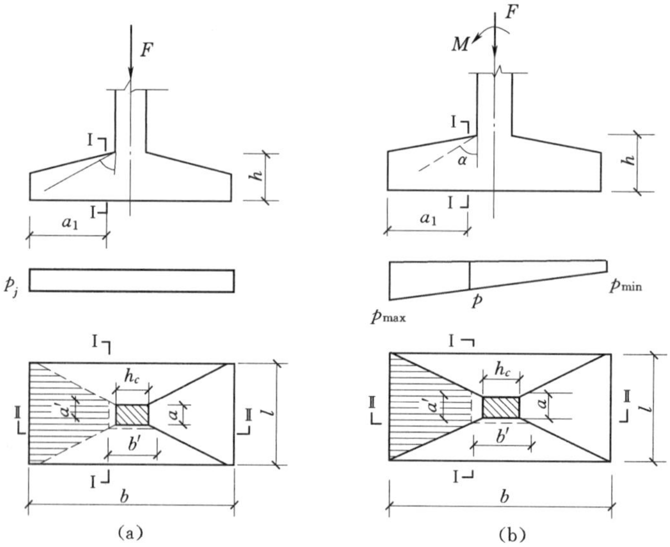

图 7.30 矩形基础底板配筋计算示意

（a）轴心荷载作用；（b）偏心荷载作用

轴心荷载作用时，如图 7.30（a）所示。

Ⅰ—Ⅰ 截面 $$M_{\mathrm{I}}=\frac{1}{6}a_1^2(2l+a)p_j=\frac{1}{24}(b-b')^2(2l+a')p_j \tag{7.30}$$

Ⅱ—Ⅱ 截面 $$M_{\mathrm{II}}=\frac{1}{24}(l-a')^2(2b+b')p_j \tag{7.31}$$

偏心荷载作用时，如图 7.30（b）所示。

Ⅰ—Ⅰ 截面 $$M_{\mathrm{I}} = \frac{1}{12}a_1^2\left[2l + a'\left(p_{\max} + p - \frac{2G}{A}\right) + (p_{\max} - p)l\right] \quad (7.32)$$

Ⅱ—Ⅱ 截面 $$M_{\mathrm{II}} = \frac{1}{48}(l - a')^2(2b + b')\left(p_{\max} + p_{\min} - \frac{2G}{A}\right) \quad (7.33)$$

式中 M_{I}、M_{II}——任意截面、Ⅱ—Ⅱ处相应荷载效应基本组合时的弯矩设计值，kN·m；

a_1——任意截面Ⅰ—Ⅰ至基底边缘最大反力处的距离，m；

l、b——基础底面的边长，m；

$p_{\max}$、$p_{\min}$——相应于荷载效应基本组合时的基础底面边缘最大和最小地基反力设计值，kPa；

p——相应于荷载效应基本组合时在任意截面Ⅰ—Ⅰ处基础底面地基反力设计值，kPa；

G——考虑荷载分项系数的基础自重及其上的土重；当组合值由永久荷载控制时，$G=1.35G_k$，G_k 为基础及其上土的自重标准值。

平行基底 b 方向的受力钢筋面积为

$$A_{s\mathrm{I}} = \frac{M_{\mathrm{I}}}{0.9f_y h_0} \quad (7.34)$$

平行基底 l 方向的受力钢筋面积为

$$A_{s\mathrm{II}} = \frac{M_{\mathrm{II}}}{0.9f_y h_0} \quad (7.35)$$

一般情况下最大弯矩产生在沿柱边截面处，阶梯形基础尚需计算变阶处的弯矩及其配筋，此时只要用台阶平面尺寸代替柱截面尺寸即可，计算方法同前。

当扩展基础的混凝土强度等级小于柱的混凝土强度等级时，尚应验算柱下扩展基础顶面的局部受压承载力。

7.5 减轻不均匀沉降的措施

7.5.1 不均匀沉降产生的原因及危害

建筑物一般总会产生一定的沉降，软弱地基上的建筑物更容易产生不均匀沉降。过大的不均匀沉降易使上部结构开裂与破坏，造成建筑物各处渗水、下水道堵塞不畅等，严重影响建筑物的使用。

引起地基不均匀沉降的原因包括如下几个方面。

(1) 地质勘察报告的准确性差、真实性不高。实际施工中，有些工程不进行地质勘察盲目施工；有的勘察不按规定进行，如钻探中布孔不准确或孔深不到位；有的抄袭相邻建筑物的资料等，都会给设计人员造成分析、判断或设计错误，使建筑物可能产生沉降或不均匀沉降，甚至发生结构破坏。

(2) 设计方面存在问题。建筑物长度太长；建筑体型比较复杂凹凸转角多；未在适当部位设置沉降缝；基础及建筑物整体刚度不足；建筑物层高相差大所受荷载差异大；地基土的压缩性显著不同、地基处理方法不同；以及设计方面的错误等都会引起建筑物产生过大的不均匀沉降。

(3) 施工方面存在问题。没有认真进行验槽；基础施工前扰动了地基土；在已建成的建筑物周围堆放大量的建筑材料或土方；对于砖砌体结构，砌筑质量不满足要求，砂浆强度低、灰缝不饱满、砌砖组砌不当、通缝多、拉结筋不按规定设置等，也会引起建筑物建成后产生不均匀沉降。

针对以上问题，防止地基产生不均匀沉降的措施主要有建筑措施、结构措施和施工措施，另外也可以采用深基础和地基处理。

7.5.2 减轻不均匀沉降的建筑措施

(1) 建筑物体型应力求简单。建筑物立面的高差不宜悬殊，所受荷载差异不宜太大；在平面上开头应力求简单，尽量避免凹凸转角，同时平面上的转折和弯曲也不宜过多，否则会使其整体性和抗变形能力降低。另外，适当控制建筑物的长高比（建筑物在平面上的长度和从基底算起的高度之比），其越小，整体刚度越好，调整不均匀沉降的能力越强，一般控制在2.5～3之间。对于砌体承重结构，为保证其整体刚度，应合理布置纵横墙。纵横墙应尽量贯通，横隔墙的间距不宜过大，一般不大于建筑物宽度的1.5倍为宜。

(2) 设置沉降缝。沉降缝将建筑物分成各自独立的单元，各单元的沉降不相互影响。一般在建筑平面的转折部位、高度差异（或荷载差异）处、长高比较大的砌体承重结构或钢筋混凝土框架结构的适当部位、地基土的压缩性有显著差异处、建筑结构或基础类型不同处、分期建造房屋的交界处等设置沉降缝。沉降缝应有足够的宽度，建筑物越高（层数越多），缝就越宽。

(3) 相邻建筑物之间应保持一定的距离。地基土中的附加应力会扩散到基础外的一定宽度和深度，如果两相邻建筑物距离过近，就会产生应力叠加，而引起过大的不均匀沉降；特别是在原有建筑物旁新建重高建筑物时更应注意。

(4) 适当调整建筑物标高。各建筑单元、地下管线、工业设备等原有标高，会随着地基的不断沉降而改变。此类情况，预先可采取一定措施给以提高。如：①室内地坪和地下设施的标高高，可根据预做沉降量予以提高，建筑物各部分（或设备之间）有联系时，可将沉降较大者标高提高；②建筑物与设备之间，应留有足够的净空。当建筑物有管道穿过时，应预留足够尺寸的孔洞，或采用柔性管道接头等。

7.5.3 结构设计方面

(1) 减轻建筑物自重。减轻建筑物自重可以减少基底压力，是防止和减轻不均匀沉降很重要的途径。实际中可采用轻质材料，如多孔砖墙或其他轻质墙体；选用轻型结构，如预应力钢筋混凝土结构、轻钢结构以及各种轻型空间结构；选用自重较轻、覆土较少的基础形式，如浅埋的宽基础、有半地下室或地下室的基础，或者室内地面架空地坪等。

(2) 设置圈梁和钢筋混凝土构造柱。在建筑物的墙体里设置圈梁和构造柱能增强建筑物的整体性，提高其抗弯刚度，在一定程度上能防止或减少裂缝的出现，即使出现了裂缝也能阻止裂缝的发展。

(3) 减少或调整基础底面的附加压力。采用较大的基础底面积，减少基底附加压力，可以减小沉降量。对同一地基上建筑物的相邻部分，可采用不同的基底附加压力，荷载大的宜采用增大基底尺寸，来减少基底附加压力、降低沉降差异。某些时候可采用静定结构体系，当发生不均匀沉降时，不至于引起很大的附加内力，能较好地适应不均匀沉降。

(4) 地基基础设计应控制变形值，必须进行基础最终沉降量和偏心距的验算，基础最终沉降量应当控制在《建筑地基基础设计规范》(GB 50007—2002) 规定的限值以内。当天然地基不能满足建筑物沉降变形控制要求时，必须采取技术措施，如打预制钢筋混凝土短桩等。同一建筑物尽量采用同一类型的基础并埋置于同一土层中。在软弱地基上的砌体承重结构，可采用钢筋混凝土梁板式基础，其支承面积和整体刚度大，抗弯能力强，能有效地调整不均匀沉降。

7.5.4 施工方面

(1) 在基坑开挖时，不要扰动地基土，通常坑底保留 200mm 左右厚的土，待垫层施工时，再人工挖除。如坑底土被扰动，应挖去，用砂、碎石回填夯实。要注意打桩、井点降水及深基开挖对附近建筑物的影响。

(2) 当建筑物存在有高、低和重、轻不同部分时，应先施工高、重部分，使其有一定的沉降后再施工低、轻部分，或先施工主体房屋，再施工附属房屋，能减少一部分沉降差；如高低层使用连接件时，应最后修建连接件，以调整部分沉降差异。活载大的建筑物(如料仓、油罐、水塔等)，在施工前，有条件时可先堆载预压；在使用期间，应控制加载速率和加载范围，避免量大、迅速和集中堆载。

(3) 在已建成的小、轻型建筑物周围，不宜堆放大量的建筑材料和土方等重物，以免地面堆载引起建筑物产生附加沉降。

(4) 由于地基分布的复杂性和勘探点的有限性，应认真重视基础验槽，尽可能在基础施工前，发现并根除地基土会产生不均匀沉降的隐患，弥补工程勘探工作的不足。

(5) 合理组织施工，保证施工质量。针对具体的工程，安排正确的施工顺序，并根据施工工艺要求严格控制施工质量。

总之，地基产生不均匀沉降的原因是多方面的，带给建筑物的影响较大，对建筑物的破坏是难以修复的。但是能在设计、施工等各方面采取一定的措施，就可以预防和减少不均匀沉降的产生。

小 结

该章重点介绍了浅基础的类型及构造，基础埋置深度的选择，基础底面尺寸的确定，特别介绍了地基承载力的确定及围绕地基承载力而进行的浅基础的设计与计算。与此同时，介绍了减轻不均匀沉降的措施。

思 考 题

7.1 天然地基上刚性浅基础设计计算包括哪些步骤和内容？

7.2 基础尺寸的拟定，要考虑哪些因素？

7.3 何谓浅基础？何谓深基础？有何优缺点？

7.4 扩展基础的适用范围是什么？其材料和构造有何要求？

7.5 软弱下卧层如何验算？

7.6 地基不均匀沉降的原因有哪些？如何减轻不均匀沉降？

7.7 基础为何要有一定的埋深？影响基础埋深的因素有哪些？

习　　题

7.1　图7.31为某教学楼外墙基础剖面图，基础埋深 $d=2m$，室内外高差为0.45m，相应于荷载效应标准组合上部结构传至地面的荷载值 $F_k=240kN/m$，基础埋深范围内土的重度 $\gamma_m=18kN/m^3$，地基持力层为粉质黏土 $\eta_b=0.3$，$\eta_d=1.6$，地基承载力特征值 $f_{ak}=190kPa$。试确定基础底面宽度。

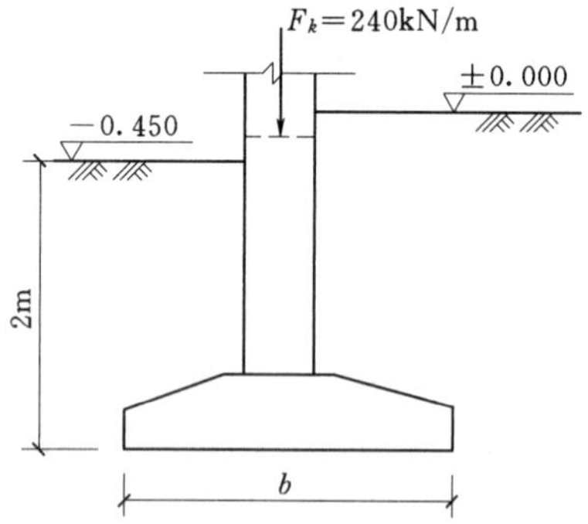

图7.31　习题7.1图

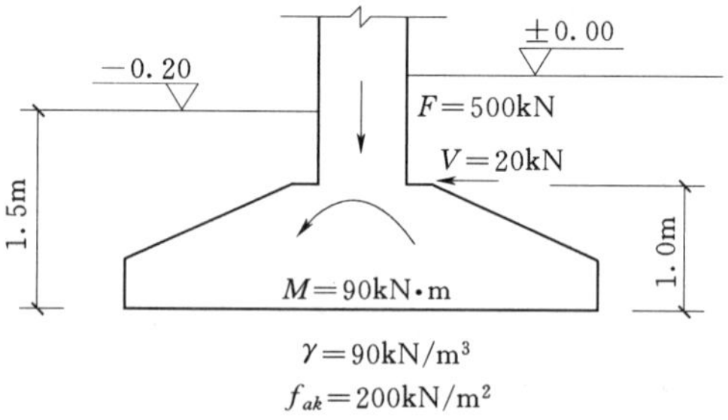

图7.32　习题7.2图

7.2　某钢筋混凝土独立柱基础，所受荷载如图7.32所示。试设计基础底面尺寸。（$\eta_d=1.1$、$\eta_b=0.3$）。

7.3　某建筑承重墙体厚240mm，传至基础顶部荷载 $F=175kN/m$，建筑地基地质资料如图7.33所示，试设计该基础。

7.4　某住宅砖墙承重，外墙厚240mm，上部结构传来轴向力 $F_k=198kN/m$，基础埋置深度 $d=1.2m$，地基土为粉土，其重度 $\gamma=18.9kN/m^3$，经深度修正以后的地基承载力特征值 $f_a=195kPa$。基础材料采用毛石，砂浆采用M5。试设计此条形基础并绘制基础剖面图。

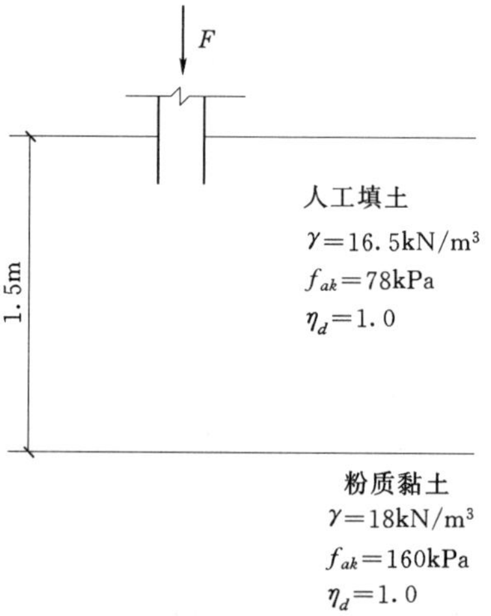

图7.33　习题7.3图

第 8 章　桩基础与其他深基础

学习目标：了解桩基础的作用，掌握桩基础的类型，熟悉桩基础的构造，掌握单桩和群桩竖向承载力的确定，了解单桩水平承载力，掌握桩基础的设计（包括桩的类型及几何尺寸的选择、单桩承载力的确定、确定桩数与平面布置、桩基验算、桩身结构设计、承台设计等），了解其他深基础（沉井、地下连续墙等）。

8.1　桩基础的类型

8.1.1　桩基作用

桩是一种人为在地基中设置的竖直或倾斜的柱形基础构件，单根桩或数根桩与连接桩顶的承台一起构成了桩基础，其作用主要是将上部结构的荷载由地基上部软弱的土层或易压缩层传给深层性质较好、强度高、压缩性小的坚硬土层或岩层，使基础满足变形和强度要求。

桩基础一般具有承载力高、沉降量小且沉降均匀、能承受一定的水平荷载、减小动力设备振动对结构的不利影响、提高结构的抗震能力、可以实现基础工程施工的机械化和工业化等优点。

通常在以下几种情况下可考虑采用桩基础。

（1）不允许地基有过大沉降和不均匀沉降的高层建筑、高耸构筑物或其他重要建筑。

（2）重型工业厂房和地面堆载很大的建筑物，如设有大吨位重级工作吊车的车间和荷载过大的仓库、料仓等。

（3）作用有较大水平力或较大倾覆力矩的高耸建筑物或结构物，如烟囱、水塔、电视塔、输电线塔等，或需以桩承受水平力或上拔力的其他情况。

（4）需要减弱振动影响的大型、精密机械的设备基础。

（5）以桩基为抗震措施的地震区结构物基础。

（6）不适于地基处理的软弱地基或某些特殊土上的各类永久建筑物。

（7）施工水位或地下水位很高或基础位于水中的建筑物，如桥梁、码头、海上采油平台等。

（8）处于流动水域中的桥梁基础，可能因冲刷深度较大而危及基础稳定的情况。

（9）意义重大或需永久（长期）保存的建筑物。

当地基上部软弱而下部不太深处埋藏有坚实土层时，最宜采用桩基础，如果上部的软弱土层深厚，桩端达不到良好土层，则应考虑桩基的沉降等问题。桩基础设计之前（或设计初期），应根据建筑物的特点和有关要求，完成工程勘察和场地环境、施工条件等资料的收集工作。在工程实践中，由于桩基方案选择、设计、施工等原因，造成桩基础不符合规范要求，甚至酿成重大事故的事例很多，因此，做好地质勘察、慎重选择桩基础方案、精心设计施工，是保证桩基工程质量必须遵循的原则。

8.1.2　桩基础的类型

8.1.2.1　按承载性状分类

根据桩土相互作用的特点，按桩侧阻力与桩端阻力的发挥程度及各自对荷载的分担比例，可将桩分为如下几类。

1. 摩擦型桩

(1) 摩擦桩。指在极限承载力状态下，桩顶荷载绝大部分由桩侧阻力承受，桩端阻力可忽略不计，即纯摩擦桩。如在深厚的软弱土层中，桩端无坚硬土层作持力层时的桩基；或桩的长径比很大，荷载只通过桩身压缩产生的桩侧阻力传递给桩周土，传递到桩端的轴力很小；或桩端支承的土不甚密实，如桩底残留虚土或沉渣的灌注桩、桩端脱空的打入桩，桩相对于土有一定的相对位移时，即具有摩擦桩的作用。

(2) 端承摩擦桩。指在极限承载力状态下，桩顶荷载主要由桩侧阻力承受，桩端阻力占少量比例，但不能忽略不计。如置于软塑状态黏性土中的长桩，桩端土为可塑状态黏性土时，即为端承摩擦桩。

2. 端承型桩

常把穿过软弱或极软弱土层，桩端支承在坚硬土层或岩层（桩端深入岩层一般为 1 倍桩径左右）的桩称为端承型桩。如果桩端伸入岩层一定深度（大于 3 倍桩径）而具有嵌岩作用的桩则称为嵌岩桩。

(1) 端承桩。指在极限承载力状态下，桩顶荷载由桩端阻力承受，桩侧阻力可忽略不计。通常端承桩的长径比较小（一般小于 10），桩身穿过极软弱的土层，桩端置于坚硬土层或岩石上。

(2) 摩擦端承桩。指在极限承载力状态下，桩顶荷载主要由桩端阻力承受，桩侧阻力占的比例较小，但并非忽略不计，如桩身穿过软弱土层，桩端置于较坚硬的土层上。

8.1.2.2　按桩身材料分类

按桩身材料可将桩分为木桩、混凝土桩、钢桩、组合材料桩等。木桩由于承载力低、耐久性差等原因，只在木材产地或某些应急工程中应用。钢桩穿透力强、承载能力大且能承受较大的水平力，材料强度均匀可靠，起吊运输和沉桩接桩都较方便，但耗钢量大、造价高、易锈蚀，目前国内仅用于少数重要工程中。常用的钢桩有开口或闭口的钢管桩及 H 形钢桩等。在工程中应用最广的是混凝土桩，优点是承载力高，不受地下水位限制，便于机械化施工，节约钢材；缺点是自重大，施工复杂。按施工方法的不同，可将混凝土桩分为预制桩和灌注桩。

1. 混凝土预制桩

指在工厂或施工现场预先将桩身制作好，待就位后用一定的沉桩方法将桩送入土中，沉桩方法按成桩机具不同可分为锤击法、振入法、静压法、旋转法和水冲法等。预制桩一般适用于不需考虑噪声污染和振动影响的场地、持力层以上覆盖层中无坚硬夹层和持力层顶面起伏变化不大的场地、水下桩基工程、大面积桩基工程等情况。优点是桩长和截面形状、尺寸可在一定范围内根据需要选择，质量较易保证，承载力高，耐久性好。

预制桩常用的形式有实心方桩和预应力混凝土管桩。普通实心方桩的截面边长一般为

300～550mm，分节预制的长度因预制场所和设备而异。在工厂预制中，分节长度因受交通运输的限制，长度一般不大于12m，现场预制桩的长度比较灵活，但因桩架长度和场地尺寸的限制，一般不超过25～30m。当设计桩长较大，需在沉桩过程中连接到所需桩长。

当预制桩的截面较大时，为了节省材料、减轻自重，可采用预应力混凝土管桩，它在工厂内采用先张法预应力工艺和离心成型法制作，其中未经高压蒸汽养护生产的为PC管桩，桩身混凝土强度等级为C60～C80；经高压蒸汽养护的为PHC（高强度）管桩，桩身混凝土强度等级不小于C80，外径为300～600mm，分节长度为5～13m，桩节的端部设有钢制端头板和钢套箍。管桩的沉桩方法多采用静力压入或选用柴油锤施打，桩尖可进入强风化岩。

2. *灌注桩*

指用机械或人工在施工现场所设桩位处开孔，然后在孔内放置钢筋笼、浇筑桩身混凝土而形成的桩。截面一般成圆形，有的做成扩底桩，以提高承载力。和混凝土预制桩与钢桩相比，灌注桩具有适用于各种地层、承载力大、节省钢材、造价低、噪音低、振动低、桩长可随持力层起伏而改变、一般比预制桩经济等优点。灌注桩一般只根据使用期间可能出现的内力配置钢筋，用钢量较省。保证灌注桩承载力的关键在于桩身的成型和混凝土浇筑质量。灌注桩的种类很多，按灌注桩的成孔方法不同有沉管灌注桩、钻（冲、爆、挖）孔灌注桩等多种形式。灌注桩可采用套管（或沉管）护壁、泥浆护壁和干作业等方法成孔。

（1）沉管灌注桩。利用锤击、振动或振动冲击等方法，使带有预制桩尖或活瓣桩尖的钢管沉入土中至设计标高，成孔，然后在钢管内放入（或不放）钢筋笼，再一边浇筑和振捣混凝土，一边拔管所形成的桩。桩径一般为300～600mm，桩长受桩架高度限制一般不超过25m。沉管灌注桩和预制桩一样也可能产生噪声、振动和挤土等方面的问题，还可能产生缩颈、断桩、局部夹土、混凝土离析、强度不足等质量问题（或事故），穿越淤泥和淤泥质土时更易产生质量问题，对桩径400mm以下的桩尤其如此，应采取必要的措施，防止事故，保证质量。如在设计中应取较大的桩距，施工中要求较高的灌注充盈系数、较低的拔管速度、采取反插措施等。缩颈常发生在地下水位以下的软硬土层交界处或软弱土层中，为了消除缩颈，扩大桩径，可进行“复打”，即第一次浇筑混凝土时不吊入钢筋笼，在浇筑混凝土完毕后重新在原位置再次沉管，浇筑混凝土，并按规定吊入钢筋笼成桩，复打后的桩，横截面面积增大，承载力提高，但复打会提高桩基础工程的造价。

（2）冲、钻孔灌注桩。冲、钻孔灌注桩是目前广泛使用的桩型，用各种成孔机具（如冲击、振冲或冲抓锥等成孔机）成孔，把桩孔处的土排出地面，桩的直径和长度随使用成孔机具而异，然后清除孔底沉渣，安放钢筋笼，最后浇筑混凝土。冲孔灌注桩的冲击钻头易于击碎孤石并穿越粒径较大的卵石层，而钻孔灌注桩的牙轮钻头能磨削较坚硬的岩石，以便嵌岩，若改装特种钻头还能扩孔。所以，冲、钻孔灌注桩适用于几乎任何一种复杂地层，可克服其他方法在漂石、卵石或含有大块石的土层中钻进的困难。桩径选择也比较灵活，小的0.6m左右，大的2m以上，桩长也不受限制，对高层和超高层建筑物还可采用钻孔嵌岩桩，可得到较大的承载力。

冲、钻孔灌注桩的主要质量问题是塌孔、沉渣等，若护壁泥浆成分和施工工艺控制得当，则不易坍孔，而沉渣会影响到桩的竖向承载力。排除沉渣的方法主要有泥浆静止排渣、正循环排渣、反循环排渣，前两种排渣方法无法彻底清除沉渣，实践证明反循环排渣可彻底排渣，使单桩承载力大幅度提高，大大降低桩基工程造价，值得推广应用。

(3) 挖孔灌注桩。采用人工或机械挖掘开孔，其桩径不宜小于 1m，深度超过 15m 时，桩径应在 1.2～1.4m 以上，宜在无地下水或其水量较小的情况下采用。优点是可直接观察地层情况，孔底易清除干净，桩身质量容易保证，施工设备简单、噪声小、无振动和泥泞等污染，桩径大，桩端能进入岩层，承载力高，适应性强，较经济，无挤土作用，场内各桩可同时施工。缺点是在流砂层及软土层中难以成孔，甚至无法成孔。施工中应判明桩孔穿过处及桩底是否出现流砂、流泥等，还应探明透水层的可能涌水量，必须注意防止孔内有害气体、塌孔、缺氧、触电、落物伤害等危及人员安全事故，应严格执行安全生产的规定。为防止坍孔，每挖 0.9～1m 深，制作一节混凝土护壁，护壁内的环向钢筋按需要设置，上下节护壁间插筋连接。护壁一般高出地表 100～200mm，呈斜阶状，孔深不大时护壁厚 150mm，孔深很大时应适当加厚。挖孔灌注桩如需扩底，扩底直径不宜大于 3 倍桩身直径，当孔深达到设计标高时，应及时清底，最后在护壁内安装钢筋笼，浇筑混凝土。

8.1.2.3　按桩的设置效应分类

大量工程实践表明，桩的设置方法不同，桩孔处原土和桩周土所受的排挤作用也很不相同。成桩挤土效应对桩周土天然结构、应力状态、桩基承载力、成桩质量控制及环境等有很大影响。根据成桩方法和成桩过程中的挤土效应可将桩分为以下几类。

1. 挤土桩

指采用锤击、振动、静压等沉桩方法把桩挤入土中，将桩位处的土排挤开，使桩周某一范围内土的结构受到严重扰动破坏（重塑或土粒重新排列），如实心预制桩、下端封闭的管桩、木桩、沉管灌注桩等打入桩等。

2. 部分挤土桩

也称微排桩，指沉桩时对桩周土体有部分排挤作用，但土的强度和变形性质改变不大的桩，由原状土测得的土的物理力学性质指标一般仍可用于估算桩基承载力和沉降。如打入式敞口桩（如底端开口的管桩）、H 形钢桩、预钻孔打入式预制桩、开口预应力混凝土管桩、部分挤土灌注桩等。

3. 非挤土桩

采用钻或挖的方法，在桩的成孔过程中清除了孔中土体，桩周土不受设桩时的排挤作用，如先钻孔再打入的预制桩、人工挖孔灌注桩、钻孔灌注桩等。

此外，按桩的倾斜程度，还可将桩分为竖直桩和斜桩；按桩径大小可分为小桩、中等直径桩、大直径桩；按桩的横截面形式，可以分为方桩、圆桩、八角形桩、空心管桩、H 形桩等；按承台与地面的相对位置可分为低承台桩基、高承台桩基等；按桩受力情况分为承压桩、水平受荷桩、抗拔桩、复合受荷桩。

8.2 桩的承载力

8.2.1 单桩竖向承载力

1. 单桩竖向承载力分析

单桩竖向承载力是指单桩在竖向荷载作用下不失去稳定（即不发生急剧的、不停滞的下沉，桩端土不发生大量塑性变形），也不产生过大的沉降（即保证桩基在长期荷载下的变形不超过允许值）时，足以保证结构物正常使用前提下所能承受的最大荷载。

桩土体系的荷载传递过程为：当上部结构的竖向荷载通过承台逐步施加于桩顶，桩身上部压缩，产生相对于土的向下位移，受荷下移的桩身使桩周土发生变形，桩身表面受到桩周土向上的摩阻力，桩身荷载通过桩侧摩阻力传递到桩周土层中去。起初，桩顶荷载较小，桩身截面位移主要发生在桩身上段，桩顶荷载主要由上段桩侧的摩阻力来承担，桩顶荷载增加到一定数值时，桩端产生位移，导致桩端下沉，桩身随之整体下移，使桩侧摩阻力进一步发挥，当沿桩身全长的摩阻力全部发挥出来达到极限后，桩顶荷载增量将全部由桩端阻力承担，直至桩端阻力也达到极限，位移迅速增大，桩底持力层破坏，无法承受更大的桩顶荷载为止，此时桩已处于承载力极限状态，桩承受的荷载就是桩的极限承载力。

根据试验资料，桩侧摩阻力达到极限值所需的桩—土相对滑移极限位移值基本上只与土的类别有关，根据试验资料约为 4～6mm（黏性土）或 6～10mm（砂类土），与桩径大小无关。

2. 桩侧负摩阻力

桩土之间相对位移的方向，对于荷载传递的影响很大。若桩周土由于某些原因相对于桩侧向下位移，且下沉量大于相应深度处桩身的下沉量时，则土体对桩侧产生向下的摩阻力，这种摩阻力相当于在桩上施加下拉荷载，称之为桩侧负摩阻力。负摩阻力的存在降低了桩的承载力，并可导致桩发生过量的沉降，设计和施工时应引起足够的重视。

符合下列条件之一的桩基，当桩周土层产生的沉降超过桩的沉降时，应考虑桩侧负摩阻力。

（1）桩穿越较厚松散填土、自重湿陷性黄土、欠固结土层进入相对较硬土层时，桩周土在自重作用下随时间而逐渐固结。

（2）桩周存在软弱土层，邻近桩侧地面承受局部较大的长期荷载，或地面大面积堆载（包括填土）时。

（3）在正常固结或弱超固结的软黏土地区，由于地下水位全面降低（如长期抽取地下水），使桩周土中有效应力增大，并产生显著压缩沉降时。

（4）沉桩严重扰动桩周土后引起土的固结。

（5）冻土地区，由于温度升高而引起桩侧土体融沉。

（6）打桩时使已设置的邻桩抬升。

负摩阻力的大小可通过在桩及土体内埋设仪器监测位移、应力等，经计算确定。在无实测资料时，可参考《建筑桩基技术规范》（JGJ 94—94）给出的负摩阻力系数表，经计算确定。桩侧负摩阻力问题，实质上和摩阻力一样，如果已知桩截面位移、土层位移及其与负摩阻力之间的关系，就可以确定桩侧负摩阻力的分布和桩身轴力的变化以及桩的沉降了。

桩侧负摩阻力对桩基础是极为不利的，负摩阻力的产生使桩的竖向承载力减小，而桩身轴力加大。对可能出现负摩阻力的桩基，可采取以下措施。

(1) 对填土的建筑场地，先填土并保证填土的密实度，待填土地面沉降基本稳定后再成桩。

(2) 对地面大面积堆载的建筑物，采取预压等处理措施，减少堆载引起的地面沉降。

(3) 对自重湿陷性黄土地基，采用强夯、挤密土桩等先行处理，消除上部或全部土层的自重湿陷性。

(4) 在沉降量大的土层内，在桩周设置保护套，这段桩的周围摩阻力就被消除，防止了下拉作用。

(5) 在预制桩身上涂敷一层具有适当黏度的沥青滑动层，在钢桩外加一层厚度为3mm的塑料薄膜等，对灌注桩在桩与土之间浇筑膨润土泥浆。

(6) 对位于中性点以上的桩身进行处理，如在预制桩表面涂上一层沥青油，以减少负摩阻力。

(7) 采用其他有效而合理的措施。

8.2.2 单桩水平承载力

作用在桩基上的水平荷载有长期作用的水平荷载和反复作用的水平荷载，如地下室外墙上土和水的侧压力、拱的推力、挡土结构物和水工结构物经常作用着土和水的侧压力等，风荷载、波浪和潮水产生的水平力和弯矩、机械制动荷载以及地震水平作用等。

以承受水平荷载为主的桩基础可考虑采用斜桩，但常受施工条件的限制难以实现。一般，当水平荷载和竖向荷载的合力与竖直线的夹角不超过5°（相当于水平荷载的数值为竖向荷载的1/12～1/10）时，竖直桩的水平承载力可以满足设计要求，应采用竖直桩。

8.2.2.1 单桩水平承载力确定

桩的水平承载力是指与桩轴线垂直方向的承载力，目前确定单桩水平承载力的方法主要有两种，即现场水平静载荷试验和理论计算，必要时可进行带承台桩的载荷试验。此外，也可根据理论计算，从桩顶水平位移限值、材料强度或抗裂验算来加以确定，有可能时还应参考当地经验。

1. 单桩水平静载荷试验

单桩水平静载荷试验是在现场进行的，采用接近于水平受力桩的实际工作条件的试验方法确定单桩的水平承载力和地基土的水平抗力系数，或对工程桩的水平承载力进行检验和评价。

(1) 试验设备和仪表装置。常采用一台水平放置的千斤顶同时对两根桩施加水平荷载，桩的水平位移宜采用大量程百分表测量，放置在桩的外侧，每一试桩在力的作用水平面上和该平面以上500mm左右各安装一或两只百分表，处于下面的表测量桩身在地面处的水平位移，处于上面的表测量桩顶水平位移，根据两表位移差与两表距离的比值求得地面以上桩身的转角。如果桩身露出地面较短，可只在力的作用水平面上安装百分表测量水平位移。固定百分表的基准桩宜打设在试桩侧面，与试桩的净距不少于1倍试桩直径。

（2）加载方法。对承受反复作用的水平荷载的桩基，宜采用单向多循环加卸载法，对于个别受长期水平荷载的桩基也可采用慢速维持加载法，加载后的稳定标准可参照竖向静载荷试验。当桩身折断或水平位移超过 30～40mm（软土取 40mm）或桩侧地表出现明显裂缝或隆起或所加的水平荷载已超过极限荷载时，可终止试验。

（3）确定单桩水平承载力特征值。《建筑桩基技术规范》（JGJ 94—94）规定如下。

1）对钢筋混凝土预制桩、钢桩、桩身全截面配筋率不小于 0.65%的灌注桩，可根据静载试验结果取地面处水平位移为 10mm（对水平位移敏感的建筑物取 6mm）对应的荷载为单桩水平承载力特征值。

2）对桩身配筋率小于 0.65%的灌注桩，可取单桩水平静载荷试验的临界荷载为单桩水平承载力设计值。

2. *理论分析法*

用理论方法计算单桩水平承载力时，通常把承受水平荷载的单桩视作文克尔假定的弹性地基中的竖直梁，研究桩在水平荷载和两侧土压力共同作用下的挠度曲线，通过梁的挠曲微分方程解答，计算桩身的弯矩、剪力和桩的水平承载力，并考虑由桩顶竖向荷载产生的轴力，进行桩的强度计算。

8.2.2.2 单桩水平承载力验算

当作用于桩基上的外力主要为水平力时，应根据使用要求对桩顶变位的限制，对桩基的水平承载力进行验算。根据《建筑地基基础设计规范》（GB 50007—2002），单桩水平承载力计算公式为

$$H_{ik} \leqslant R_{Ha} \tag{8.1}$$

式中 H_{ik}——第 i 根桩的水平力；

R_{Ha}——单桩水平承载力特征值。

8.2.3 群桩竖向承载力

8.2.3.1 群桩工作情况

1. *群桩效应*

实际工程的桩基础，除少量大直径桩是用单桩基础外，一般都是 2 根以上桩由上部承台联结而成的群桩基础，群桩中的每根桩称为基桩。群桩效应指群桩受竖向荷载后，由于承台、桩、土的相互作用形成共同作用的整体，各桩的承载力和变形相互影响、相互制约，使其桩侧阻力、桩端阻力、沉降等性状发生变化而与单桩明显不同，承载力往往不等于各单桩承载力之和，设计时应予综合考虑。

2. *群桩效应系数*

构成群桩承载力的各个分量（如侧阻、端阻、承台底土阻）因群桩效应而降低或提高的幅度可用群桩效应系数来度量。《建筑桩基技术规范》（JGJ 94—94）引用构成基桩极限承载力各分量的平均值与其相应单桩各分量的平均值之比作为该分量的群桩效应系数，即分项群桩效应系数，包括侧阻群桩效应系数、端阻群桩效应系数、侧阻端阻综合群桩效应系数、承台土阻力群桩效应系数。桩基设计时，要尽量提高群桩效应系数。设计时应合理选择桩距，一般情况下最优桩距是 3～5 倍桩径。用较少的长桩比用较多的短桩更为合理；桩不宜平均布置，宜加强外围和采取梅花式排列，有利于提高群桩效应系数。

摩擦桩基也宜有一个较好的持力层，桩尖进入持力层 1～2m，可提高群桩的承载力和减少沉降量。

3. 群桩的工作原理

(1) 端承型群桩。对于端承型群桩，上部荷载通过桩身直接传到桩端处土层上，而桩端处承压面积很小，各桩端的压力互不影响，可认为端承型群桩中各桩的工作情况与单桩工作情况基本相同；且由于桩的变形很小，桩间土基本不承载，群桩的承载力就等于各单桩的承载力之和，群桩的沉降量也与单桩基本相同，群桩效应系数等于 1。

(2) 摩擦型群桩。摩擦型群桩主要通过桩侧摩阻力将上部荷载传到桩周及桩端的土层中去。当桩数少，桩距较大时，桩端平面处各桩传来的压力互不重叠或重叠不多，群桩中各桩的工作情况仍和单桩单独工作一样，故群桩的承载力等于各单桩承载力之和。但当桩距较小，桩数较多时，桩端处地基中各桩传来的压力就会相互重叠，使桩端处压力要比单桩时增大很多，群桩的承载力就不等于各单桩之和，沉降量也大于单桩的沉降量。国内外大量工程试验研究表明，用单一的群桩效应系数不能准确反映群桩基础的工作状况，而且往往低估了群桩基础的承载力。对打入较疏松的砂类土和粉土中的挤土群桩，其桩间土和桩端土被明显挤密，使桩侧阻力和桩端阻力都提高，所以群桩效应系数常大于 1。

设计群桩基础时，一般可不考虑群桩效应对单桩竖向承载力的影响，即取群桩效应系数等于 1，但对摩擦型桩基、设计等级为甲级以及部分乙级的建筑物桩基，必须进行沉降验算，以确保桩基沉降不超过允许值。

8.2.3.2　群桩承载力计算

目前群桩承载力的计算方法主要有《建筑桩基技术规范》(JGJ 94—94) 采用的群桩分项效应系数法和《建筑地基基础设计规范》(GB 50007—2002) 采用的等代实体基础法，下面主要介绍群桩分项效应系数法。

群桩分项效应系数法属于以概率理论为基础的极限状态设计法，与传统的桩基础设计法主要有两点区别：①不再采用单一的安全系数，而代之以采用侧阻、端阻和承台底土的抗力分项系数或侧阻、端阻综合抗力分项系数和承台底土的抗力分项系数；②根据桩群、土、承台相互作用特性，在大量试验结果的基础上，经统计分析，给出了各项群桩效应系数。

(1) 对端承桩和桩数不超过 3 根的非端承桩基，不考虑群桩效应，其基桩的竖向承载力设计值为

$$R = \frac{Q_{sk}}{\gamma_s} + \frac{Q_{pk}}{\gamma_p} \tag{8.2}$$

式中　Q_{sk}、Q_{pk}——单桩总极限侧阻力和总极限端阻力标准值；

γ_s、γ_p——桩侧阻抗力分项系数、桩端阻抗力分项系数，按表 8.1 采用。

当根据静载荷试验确定单桩竖向极限承载力标准值时，基桩的竖向承载力设计值为

$$R = \frac{Q_{uk}}{\gamma_{sp}} \tag{8.3}$$

式中　Q_{uk}——单桩竖向极限承载力标准值；

γ_{sp}——桩侧阻端阻综合抗力分项系数，按表 8.1 采用。

表 8.1　　桩基竖向承载力抗力分项系数

桩型与工艺	$\gamma_s=\gamma_p=\gamma_{sp}$		γ_c
	静载试验法	经验参数法	
预制桩、钢管桩	1.60	1.65	1.70
大直径灌注桩（清底干净）	1.60	1.65	1.65
泥浆护壁钻（冲）孔灌注桩	1.62	1.67	1.65
干作业钻孔灌注桩（$d<0.8$）	1.65	1.70	1.65
沉管灌注桩	1.70	1.75	1.70

注　1. 根据静力触探方法确定预制桩、钢管桩承载力时，取 $\gamma_s=\gamma_p=\gamma_{sp}=1.6$。
2. 抗拔桩的侧阻抗力分项系数 γ_s 可取表中数值。

（2）桩数超过 3 根的非端承桩复合桩基，宜考虑桩群、土、承台的相互作用效应，其复合基桩竖向承载力设计值为

$$R=\eta_s\frac{Q_{sk}}{\gamma_s}+\eta_p\frac{Q_{pk}}{\gamma_p}+\eta_c\frac{Q_{ck}}{\gamma_c} \tag{8.4}$$

式中　Q_{ck}——相应于任一复合基桩的承台底地基土总极限阻力标准值；

γ_c——承台底土阻力抗力分项系数，按表 8.1 确定；

η_s、η_p——桩侧阻群桩效应系数、桩端阻群桩效应系数，按表 8.2 确定；

η_c——承台底土阻力群桩效应系数，按《建筑桩基技术规范》（JGJ 94—94）有关规定确定。

表 8.2　　侧阻、端阻群桩效应系数及侧阻端阻综合群桩效应系数

效应系数	土名称	黏性土				粉土、砂土			
	B_c/l \ s_a/d	3	4	5	6	3	4	5	6
η_s	≤0.20	0.80	0.90	0.96	1.00	1.20	1.10	1.05	1.00
	0.40	0.80	0.90	0.96	1.00	1.20	1.10	1.05	1.00
	0.60	0.79	0.90	0.96	1.00	1.09	1.10	1.05	1.00
	0.80	0.73	0.85	0.94	1.00	0.93	0.97	1.03	1.00
	≥1.00	0.67	0.78	0.86	0.93	0.78	0.82	0.89	0.95
η_p	≤0.20	1.64	1.35	1.18	1.06	1.26	1.18	1.11	1.06
	0.40	1.68	1.40	1.23	1.11	1.32	1.25	1.20	1.15
	0.60	1.72	1.44	1.27	1.16	1.37	1.31	1.26	1.22
	0.80	1.75	1.48	1.31	1.20	1.41	1.36	1.32	1.28
	≥1.00	1.79	1.52	1.35	1.24	1.44	1.40	1.36	1.33
η_{sp}	≤0.20	0.93	0.97	0.99	1.01	1.21	1.11	1.06	1.01
	0.40	0.93	0.97	1.00	1.02	1.22	1.12	1.07	1.02
	0.60	0.93	0.98	1.01	1.02	1.13	1.13	1.08	1.03
	0.80	0.89	0.95	0.99	1.03	1.01	1.03	1.07	1.04
	≥1.00	0.84	0.89	0.94	0.97	0.88	0.91	0.96	1.00

注　1. B_c、l 分别为承台宽度和桩的入土长度，s_a 为桩的中心距。
2. 当 $s_a/d>6$ 时，取表中效应系数等于 1，两向桩距 s_a 不等时，s_a/d 取均值。
3. 当桩侧为成层土时，η_s 可按主要土层或分别按各土层类别取值。
4. 对于孔隙比 $e>0.8$ 的非饱和黏性土和松散粉土、砂类土中的挤土群桩，表中系数可提高 5%，对于密实粉土、砂类土中的群桩，表中系数宜降低 5%。

当根据静载荷试验确定单桩竖向极限承载力标准值时，其复合基桩的竖向承载力设计值为

$$R = \eta_{sp}\frac{Q_{uk}}{\gamma_{sp}} + \eta_c \frac{Q_{ck}}{\gamma_c} \tag{8.5}$$

$$Q_{ck} = q_{ck}\frac{A_c}{n} \tag{8.6}$$

式中　η_{sp}——桩侧阻端阻综合群桩效应系数，按表 8.2 确定；

q_{ck}——承台底 1/2 承台宽度深度范围内（≤5m）内地基土极限阻力标准值；

A_c——承台底地基土净面积；

n——桩数。

当承台底面以下存在可液化土、湿陷性黄土、高灵敏度软土、欠固结土、新填土，或可能出现震陷、降水、沉桩过程产生高孔隙水压和土体隆起时，不考虑承台效应，而应按非复合基桩计算，即取 $\eta_c=0$，η_s、η_p、η_{sp} 取表 8.2 中 $B_c/l=0.2$ 一栏的对应值。

8.3　桩基础设计

桩基础的设计与浅基础一样，应力求做到选型恰当、安全适用、经济合理。桩基础设计应满足下列基本条件：单桩承受的竖向荷载不宜超过单桩竖向承载力特征值，桩基础的沉降不得超过建筑物的沉降允许值，对位于坡地岸边的桩基应进行桩基稳定性验算。此外，对软土、湿陷性黄土、膨胀土、季节性冻土和岩溶等地区的桩基，应按有关规范的规定考虑特殊性土对桩基的影响，并在桩基设计中采取有效措施。

建筑桩基采用以概率理论为基础的极限状态设计法进行设计，以可靠指标度量桩基的可靠度，采用以分项系数表达的极限状态设计表达式进行计算。

与上部结构比较，桩基工程属于隐蔽工程，地质勘察一般也难以详尽、准确地反映实际情况，设计、施工中不确定因素较多，具体设计时应对所有可能的方案进行技术经济的定性、定量的比较、分析，即使对同一种桩型，也应从桩径、桩距、桩长、施工技术等方面进行多方案的比较分析，在技术可行的前提下，以造价的高低取舍方案，使设计尽可能的合理。

桩基础设计之前必须具备各种基本资料，包括建筑物及其规模、岩土工程勘察资料、施工设备和技术条件、当地以往桩基工程的实践经验等。

8.3.1　桩的类型及几何尺寸的选择

1. 桩型的选择

桩型应根据各种桩型的特点，就工程地质条件、荷载大小和性质、建筑结构特点、工期要求、施工设备、施工环境、施工经验、制桩材料供应条件等进行综合分析比较后，按因地制宜、经济合理的原则确定。各种类型的桩都有其适用性和局限性。

地质条件是选择桩型时首先要考虑的因素，如土层中存在大孤石、废金属、花岗岩残积层中有未风化的石英脉或土层分布很不均匀时，不宜采用预制桩。在层厚较大的高灵敏度流塑黏性土（如我国东南沿海的淤泥和淤泥质土）中，不宜采用大片密集（间距小而桩

数多）的有挤土效应的桩基，宜采用承载力高而桩数较少的桩基。当土中有孤石、废金属残渣、古旧码头和未风化岩脉而不宜选用其他桩型时，可考虑选用冲孔桩，因为它穿越障碍物的能力比较强。大直径灌注桩可穿过岩基强风化带进入中风化或微风化带而发挥其高承载力的优势。预应力管桩最适合在具有一定厚度的残积层和强风化岩层的场地使用，但不宜在障碍物多的地层中使用，更不宜在覆盖层软弱、下部缺乏残积层和强风化岩层而立即碰到低风化硬质基岩的情况下使用，否则桩身将容易发生断裂。

一般，建筑体量较小、荷载相对较小、允许产生一定沉降的建筑物或构筑物可选择施工较简单、投资较省、工期又较短的桩型，并与地基处理方案进行比较分析，如深厚软土地区的多层建筑物可考虑选择普通预制桩、沉管灌注桩、水泥搅拌桩等。对建筑体量较大、荷载较大的建筑物或构筑物可选择大直径灌注桩、大边长钢筋混凝土预制桩、高强空心预应力管桩、钢管桩等。

沉桩对环境的影响主要有振动、噪声、污水、泥浆、地面隆起、土体水平位移对周围建筑物、地下管线设施等的不良影响，如锤击沉桩有振动、噪声、挤土等问题，钻孔灌注桩有泥浆护壁、泥浆排泄等问题，选择桩型时要考虑这些影响。

所选择的桩型还必须在施工技术力量、施工机械设备、材料供应等方面具有可行性。在工期可能的前提下，最后由经济性决定桩型。

2. 桩截面尺寸的确定

应考虑的主要因素是成桩工艺和结构的荷载情况，从楼层数和荷载大小来看（工业厂房可将荷载折算为相应的楼层数），10 层以下的建筑桩基，可考虑直径 500mm 左右的灌注桩、边长 400mm 的预制桩和直径 300mm 的预应力管桩；10～20 层的可采用直径 800～1000mm 的灌注桩、直径 400mm 的预应力管桩、边长 450mm、500mm 的预制桩；20～30 层的可用直径 1000～1200mm 的钻（冲、挖）孔灌注桩和边长或直径大于 500mm 的预制桩；30～40 层的可用直径大于 1200mm 的钻（冲、挖）孔灌注桩或外径 550mm、600mm 的预应力混凝土管桩和大直径钢管桩。楼层更多的高层建筑可用直径更大的灌注桩，目前，国内所采用的人工挖孔桩的直径可达 5m 以上。

3. 桩端持力层和桩长的确定

确定桩长的关键，在于桩端持力层的选择。桩端最好进入承载力高、压缩性低的坚实土层或岩层，采用嵌岩桩或端承桩；在施工条件容许的深度内没有坚实土层或岩层存在时，对于楼层数为 10 层以下的建筑桩基，可考虑选择低压缩性、中等强度的土层作为持力层，宜采用摩擦桩。软土中的桩基宜选择中、低压缩性的黏性土、粉土、中密和密实的砂类土以及碎石类土作为桩端持力层。对于沉桩深度大、单桩承载力高的超长桩（钻孔灌注桩），传递到桩端的端阻并不太大，桩端一般只要置于中风化或强风化的砂砾石层即可，而不一定要置于微风化或新鲜基岩上。对于一级建筑桩基，不宜采用桩端置于软弱土层上的摩擦桩。

为了提高桩的承载力和减少桩的沉降，对桩端全断面进入持力层的深度有一定的要求。对于黏性土、粉土，不宜小于 $2d$（d 为桩身直径），砂土不宜小于 $1.5d$，碎石类土不宜小于 $1d$。当存在软弱下卧层时，为保证端阻顺利发挥，桩基以下硬持力层厚度不宜小于 $4d$。当硬持力层较厚且施工条件许可时，桩端全截面进入持力层的深度宜达到桩端阻力的临界深度，以提高桩端阻力。研究表明，桩端阻力随进入持力层深度的增大而增大，至某一深度后，桩端阻力随深度增大不明显，该深度即为临界深度，对于砂、砾为 3～6d，对于粉土、黏性土为 5～10d。

端承桩嵌入微风化或中等风化岩体的最小深度为 0.5m。穿越软弱土层而支承于倾斜岩面的端承桩，当强风化岩层厚度小于 2d 时，桩端应嵌入微风化或未风化岩层内。对于沉桩深度大，单桩承载力高的超长桩，桩端一般只要置于中风化或强风化的砂砾石层即可。对于非嵌岩端承型桩，同一基础相邻桩的桩底标高差不宜超过相邻桩的中心距；对于摩擦型桩，在相同土层中相邻桩的桩底标高差不宜超过桩长的 1/10。持力层为岩石时，嵌岩桩或端承桩桩尖下 3d 范围内应无软弱夹层、洞穴、断裂破碎带分布，在桩底应力扩散范围内，应无岩体临空面存在。嵌岩灌注桩嵌入完整和较完整的未风化、微风化、中风化硬质岩体的最小深度，不宜小于 0.5m。

8.3.2　单桩承载力的确定

单桩竖向极限承载力指单桩在竖向荷载作用下达到破坏状态前或出现不适于继续承载的变形时所对应的最大荷载。在外荷载作用下，桩基础破坏大致可分为两类：桩身破坏和地基土对桩的支承阻力的不足，设计时分别按桩的自身材料强度和地基土对桩的支承阻力确定承载力后取其中的小值作为单桩承载力的特征值。确定单桩竖向承载力特征值的方法有静载荷试验、经验公式、动力分析法等。对地基基础设计等级为丙级的建筑物，可采用静力触探及标准贯入试验参数确定单桩竖向承载力特征值。

8.3.2.1　按桩身材料强度确定单桩竖向承载力

对混凝土低承台桩，《建筑地基基础设计规范》（GB 50007—2002）要求桩身混凝土强度应满足桩的承载力要求。可将桩视作轴心受压构件，且不考虑纵向压屈影响，这是由于桩周土存在土的约束作用。对于通过很厚的软黏土层而支承在岩层上的端承桩以及高承台桩基或承台底面以下存在可液化土层的桩则应考虑压屈影响。计算中应按桩的类型和成桩工艺的不同，将混凝土的轴心抗压强度设计值乘以工作条件系数。单桩的桩身材料强度应满足下式

$$Q \leqslant \psi_c f_c A_p \tag{8.7}$$

式中　Q——单桩竖向力设计值；

ψ_c——工作条件系数（与桩的类型和成桩工艺有关），由于灌注桩成孔和混凝土浇筑质量较难保证，预制桩在运输及沉桩过程中受振动和锤击的影响，所以对桩身混凝土轴心抗压强度设计值作一定的折减，预制桩取 0.75，灌注桩取 0.6～0.7（水下灌注或长桩时用低值）；

f_c——混凝土轴心抗压强度设计值；

A_p——桩身截面面积。

8.3.2.2　静载荷试验

桩的静载荷试验又称单桩竖向抗压静载试验，它是采用接近于竖向抗压桩的实际工作条件在施工现场进行试验，确定单桩竖向抗压极限承载力，作为设计依据或对工程桩的承载力进行抽样检验和评价，是评价单桩承载力可靠性较高的方法。《建筑地基基础设计规范》（GB 50007—2002）规定，在同一条件下的试桩数量不宜少于总桩数的 1%，且不应

小于 3 根。

1. 试验装置

试验装置主要由加载系统和量测系统组成。加载系统可采用油压千斤顶加载、压重平台反力装置或锚板压重联合反力装置。一般采用油压千斤顶加载，加载反力装置宜采用锚桩。锚桩可利用工程群桩，或根据地质条件，另设置 4～6 根，锚桩深度不小于试桩深度，并应对试验过程锚桩的上拔量进行监测。为了减少对试桩的影响，消除相互干扰，试桩、锚桩（压重平台支座）和基准桩之间的中心距离应符合一定的规定，一般大于 4 倍的桩直径（对压重平台反力装置应大于 2m）。荷载可用放置在千斤顶上的应力环、应变式压力传感器直接测定。试桩沉降一般采用百分表或电子位移计测量。

2. 从成桩到开始试验的间歇时间

对于打入式试验桩，由于打桩过程将引起桩周土孔隙水压力的增加和土的扰动，为使水压力充分消散和受扰动土的强度得到部分恢复，挤土桩设置后宜隔一段时间才开始静载荷试验，一般间隔时间是：在桩身强度达到设计要求的前提下，预制桩在砂土中入土 7d 后，黏性土不得少于 15d，饱和软黏土不得少于 25d。对灌注桩应在桩身混凝土达到设计强度后，才能进行试桩。

3. 试验加载方式

应采用慢速维持荷载法，即逐级加载，每级荷载达到相对稳定后测读其沉降，再加下一级荷载，直到试桩破坏，然后分级卸载到零。

4. 慢速维持荷载法的加卸载和沉降观测

（1）加载分级。为了保证测试结果的完整性，加荷分级不应小于 8 级，每级加载量宜为预估极限荷载的 1/10～1/8。

（2）测读试桩沉降量的间隔时间。每级加载后间隔 5min、10min、15min 各测读一次，以后每隔 15min 测读一次，累计 1h 后每隔 30min 测读一次。

（3）沉降相对稳定标准。在每级荷载作用下，桩的沉降量连续两次在每小时内小于 0.1mm，则认为已达到稳定。

（4）当出现下列情况之一时，即可终止加载。

1）当荷载—桩顶沉降曲线上有可判定极限承载力的陡降段，且桩顶总沉降量超过 40mm。

2）某级荷载作用下，桩的沉降量大于或等于前一级荷载下的 2 倍，且经 24h 尚未达到稳定。

3）25m 以上的非嵌岩桩，荷载—沉降曲线呈缓变型时，桩顶总沉降量大于 60～80mm。

4）在特殊条件下，可根据具体要求加载至桩顶总沉降量大于 100mm。

5）桩底支承在坚硬岩（土）层上，桩的沉降量很小时，最大加载量不应小于设计荷载的两倍。

终止加载后进行卸载，每级卸载值为加载值的两倍，每级卸载后隔 15min 测读一次残余沉降，读 2 次后，每隔 30min 再读一次，即可卸下一级荷载，全部卸载后，隔 3～4h 再读一次。

5. 单桩竖向极限承载力的确定

单桩竖向极限承载力一般应根据试验结果绘出的桩顶荷载—桩顶沉降（Q—s）曲线、沉降—时间对数（s—lg$t$）曲线以及其他辅助分析所需曲线，按下列方法综合分析确定。

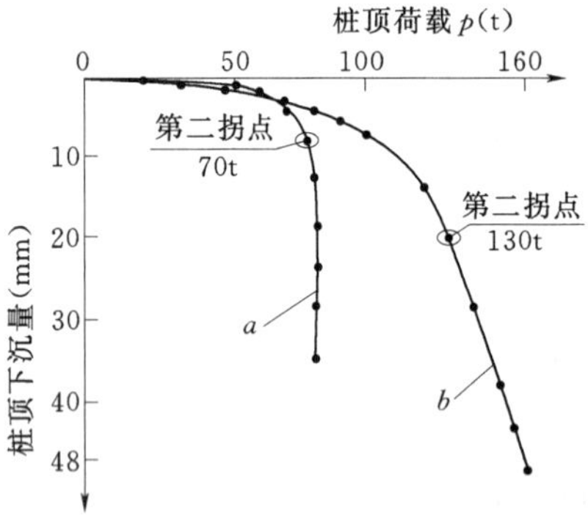

图 8.1　单桩荷载—桩顶沉降（Q—s）曲线

a—陡降型；b—缓变型

（1）当 Q—s 曲线陡降段明显时，取曲线上相应于陡降段起点的荷载值。

（2）对缓变型 Q—s 曲线可取桩顶总沉降量 $s=40$mm 所对应的荷载值，当桩长大于 40m 时，宜考虑桩身的弹性压缩。

（3）当出现终止加载的情况，取前一级荷载值。

（4）按上述方法判断有困难时，可结合其他辅助分析方法综合判定。对桩基沉降有特殊要求者，应根据具体情况选取。

参加统计的试桩，当满足其极差不超过平均值的 30%时，可取其平均值为单桩竖向极限承载力。极差超过平均值的 30%时，宜增加试桩数量并分析离差过大的原因，结合工程具体情况确定极限承载力。对桩数为 3 根及 3 根以下的柱下桩台，取最小值。

将单桩竖向极限承载力除以安全系数 2，即得单桩竖向承载力特征值。

8.3.2.3　经验公式法

《建筑地基基础设计规范》（GB 50007—2002）中给出了初步设计时确定单桩竖向承载力特征值的公式

$$R_a = q_{pa}A_p + u_p\sum q_{sia}l_i \tag{8.8}$$

式中　R_a——单桩竖向承载力特征值；

q_{sia}、q_{pa}——为第 i 层土的桩侧阻力、桩端阻力特征值，由当地静载荷试验结果统计分析算得，如无当地经验时，可按表 8.3、表 8.5 取值；

u_p——桩身周长；

l_i——第 i 层岩土的厚度；

A_p——桩底端横截面面积。

当桩端嵌入完整及较完整的硬质岩中时，可按下列公式估算单桩竖向承载力特征值

$$R_a = q_{pa}A_p \tag{8.9}$$

式中　q_{pa}——桩端岩石承载力特征值，可通过岩基载荷试验或根据室内岩石饱和单轴抗压强度标准值乘以折减系数确定。

用经验公式法确定单桩竖向承载力要比用静载荷试验法简便得多，但按土的物理特征查用各土层的侧阻力和端阻力，不一定能如实提供各项阻力值，因此，通常只用于初步设计时估算或等级较低的建筑物桩基设计中。

表 8.3　**桩的极限侧阻力标准值 q_{sik}**　单位：kPa

土的名称	土的状态	混凝土预制桩	水下钻(冲)孔桩	沉管灌注桩	干作业钻孔桩
填土		20～28	18～26	15～22	18～26
淤泥		11～17	10～16	9～13	10～16
淤泥质土		20～28	18～26	15～22	18～26
黏性土	$I_L>1$	21～36	20～34	16～28	20～34
	$0.75<I_L\leqslant1$	36～50	34～48	28～40	34～48
	$0.50<I_L\leqslant0.75$	50～66	48～64	40～52	48～62
	$0.25<I_L\leqslant0.5$	66～82	64～78	52～63	62～76
	$0<I_L\leqslant0.25$	82～91	78～88	63～72	76～86
	$I_L\leqslant0$	91～101	88～98	72～80	86～96
红黏土	$0.7<\alpha_w\leqslant1$	13～32	12～30	10～25	12～30
	$0.5<\alpha_w\leqslant0.7$	32～74	30～70	25～68	30～70
粉土	$e>0.9$	22～44	22～40	16～32	20～40
	$0.75\leqslant e\leqslant0.9$	42～64	40～60	32～50	40～60
	$e<0.75$	64～85	60～80	50～67	60～80
粉细砂	稍密	22～42	22～40	16～32	20～40
	中密	42～63	40～60	32～50	40～60
	密实	63～85	60～80	50～67	60～80
中砂	中密	54～74	50～72	42～58	50～70
	密实	74～95	72～90	58～75	70～90
粗砂	中密	74～95	74～95	58～75	70～90
	密实	95～116	95～116	75～92	90～110
砾砂	中密、密实	116～138	116～135	92～110	110～139

注　1. 对于尚未完成自重固结的填土和以生活垃圾为主的杂填土，不计算其侧阻力。

2. α_w 为含水比，$\alpha_w=\omega/\omega_L$。

3. 对于预制桩，根据土层埋深 h，将 q_{sik} 乘以表 8.4 修正系数。

表 8.4　**修　正　系　数**

土层埋深 h (m)	$\leqslant5$	10	20	$\geqslant30$
修正系数	0.8	1.0	1.1	1.2

8.3.3　确定桩数与平面布置

1. 桩的根数

初步估算桩数时，先不考虑群桩效应，根据单桩竖向承载力特征值进行估算。当桩基为轴心受压时，桩的根数应满足下式要求

表 8.5　　**桩的极限端阻力标准值 q_{pk}**　　单位：kPa

土名称	桩型 / 状态	预制桩入土深度（m）				水下钻（冲）孔桩入土深度（m）			
		$h\leqslant 9$	$9<h\leqslant 16$	$16<h\leqslant 30$	$h>30$	5	10	15	$h>30$
黏性土	$0.75<I_L\leqslant 1$	210～840	630～1300	1100～1700	1300～1900	100～150	150～250	250～300	300～450
	$0.50<I_L\leqslant 0.75$	840～1700	1500～2100	1900～2500	2300～3200	200～300	350～450	450～550	550～750
	$0.25<I_L\leqslant 0.50$	1500～2300	2300～3000	2700～3600	3600～4400	400～500	700～800	800～900	900～1000
	$0<I_L\leqslant 0.25$	2500～3800	3800～5100	5100～5900	5900～6800	750～850	1000～1200	1200～1400	1400～1600
粉土	$0.75<e\leqslant 0.9$	840～1700	1300～2100	1900～2700	2500～3400	250～350	300～500	450～650	650～850
	$e\leqslant 0.75$	1500～2300	2100～3000	2700～3600	3600～4400	550～800	650～900	750～1000	850～1000
粉砂	稍密	800～1600	1500～2100	1900～2500	2100～3000	200～400	350～500	450～600	600～700
	中密、密实	1400～2200	2100～3000	3000～3800	3800～4600	400～500	700～800	800～900	900～1100
细砂	中密、密实	2500～3800	3600～4800	4400～5700	5300～6500	550～650	900～1000	1000～1200	1200～1500
中砂		3600～5100	5100～6300	6300～7200	7000～8000	850～950	1300～1400	1600～1700	1700～1900
粗砂		5700～7400	7400～8400	8400～9500	9500～10300	1400～1500	2000～2200	2300～2400	2300～2500
砾砂	中密、密实	6300～10500				1500～2500			
角砾、圆砾		7400～11600				1800～2800			
碎石、卵石		8400～12700				2000～3000			

土名称	桩型 / 状态	沉管灌注桩入土深度（m）				干作业钻孔桩入土深度（m）		
		5	10	15	>15	5	10	15
黏性土	$0.75<I_L\leqslant 1$	400～600	600～750	750～1000	1000～1400	200～400	400～700	700～950
	$0.50<I_L\leqslant 0.75$	670～1100	1200～1500	1500～1800	1800～2000	420～630	740～950	950～1200
	$0.25<I_L\leqslant 0.50$	1300～2200	2300～2700	2700～3000	3000～3500	850～1100	1500～1700	1700～1900
	$0<I_L\leqslant 0.25$	2500～2900	3500～3900	4000～4500	4200～5000	1600～1800	2200～2400	2600～2800

续表

土名称	桩型 状态	沉管灌注桩入土深度（m）				干作业钻孔桩入土深度（m）		
		5	10	15	>15	5	10	15
粉土	$0.75<e\leqslant 0.9$	1200～1600	1600～1800	1800～2100	2100～2600	600～1000	1000～1400	1400～1600
粉土	$e\leqslant 0.75$	1800～2200	2200～2500	2500～3000	3000～3500	1200～1700	1400～1900	1600～2100
粉砂	稍密	800～1300	1300～1800	1800～2000	2000～2400	500～900	1000～1400	1500～1700
粉砂	中密、密实	1300～1700	1800～2400	2400～2800	2800～3600	850～1000	1500～1700	1700～1900
细砂	中密、密实	1800～2200	3000～3400	3500～3900	4000～4900	1200～1400	1900～2100	2200～2400
中砂	中密、密实	2800～3200	4400～5000	5200～5500	5500～7000	1800～2000	2800～3000	3300～3500
粗砂	中密、密实	4500～5000	6700～7200	7700～8200	8400～9000	2900～3200	4200～4600	4900～5200
砾砂	中密、密实	5000～8400				3200～5300		
角砾、圆砾	中密、密实	5900～9200						
碎石、卵石	中密、密实	6700～10000						

注　1. 砂土和碎石类土中桩的极限端阻力取值，要综合考虑土的密实度、桩端进入持力层的深度比 h_d/d；土愈密实，h_d/d 愈大，取值愈高。

2. 表中沉管灌注桩系指带预制桩尖沉管灌注桩。

$$n \geqslant \frac{F_k + G_k}{R_a} \tag{8.10}$$

式中　n——桩的根数；

F_k——相应于荷载效应标准组合时，上部结构传至承台顶面的竖向荷载；

G_k——承台及其上方填土的自重标准值，对地下水位以下部分应扣除水的浮力；

R_a——复合基桩或基桩的竖向承载力特征值。

偏心受压时，对偏心距固定的桩基，若桩的布置使群桩横截面的重心与荷载合力作用点重合，仍可按式（8.10）估算桩数，否则，桩数应增加 10%～20%。对桩数超过 3 根的非端承群桩基础，应求得基桩承载力设计值后重新估算桩数，如有必要，还要通过桩基软弱下卧层承载力和桩基沉降验算才能最终确定。承受水平荷载的桩基，在确定桩数时，还应满足对桩的水平承载力的要求。

2. 桩的平面布置

桩在平面内的布置（即布桩），通常有以下几种排列方式：方形或矩形网格的排列式，三角形网格的梅花式，也可采用不等距的排列式（图 8.2）。

工程实践中，桩群的常用平面布置形式为：柱下桩基多采用对称多边形，墙下桩基采

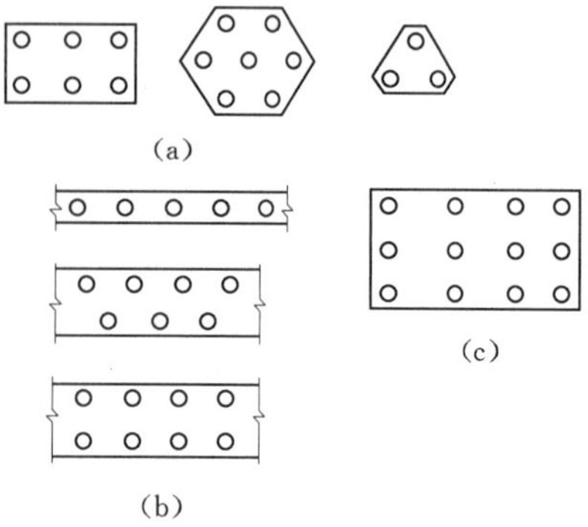

图 8.2　常见的布桩形式

用梅花式或行列式，筏形或箱形基础下宜尽量沿柱网、肋梁或隔墙的轴线布置。实践表明，桩的合理布置对桩承载力的充分发挥、减少沉降量，特别是不均匀沉降量具有相当重要的作用。

为了使桩基中各桩受力比较均匀，桩的布置应尽量使桩群承载力合力作用点与长期荷载重心重合，并使桩基受水平力方向和力矩较大方向有较大的截面模量。

柱下单独桩基础和整片式的桩基础，宜采用外密内疏不等间距的布置方式。条形基础通常布置成一字形，小型工程布置一排桩，大中型工程采用多排桩。烟囱、水塔基础通常为圆形，桩的平面可布置成圆环形。

在有门洞的墙下布桩时，应将桩设置在门洞的两侧；带梁（肋）桩筏基础宜将桩布置于梁（肋）下；大直径桩宜采用一柱一桩；同一结构单元宜避免采用不同类型的桩。宜考虑上部结构、承台、桩基础与地基土共同作用布桩，以各桩具有同样的承载力发挥程度出发，对建筑基础采用角位置桩加密，边其次，内部疏排的布桩方式比较合理。桩数较少而桩长较大的摩擦型桩基，比桩数多而桩长小的桩基优越。

为了节省承台用料和减少承台施工的工作量，在可能的情况下，墙下应尽量采用单排桩基，柱下的桩数也应尽量减少，若由于单桩承载力不足而造成桩数过多、布桩不合理时，宜重新选择桩的类型和几何尺寸。

桩距是指桩与桩的间距，即桩之间的中心距离，用 s 表示，桩的最小中心距应符合表 8.6 的规定。桩距太大会增加承台的工作量，桩距过小将引起桩之间应力的严重重叠，尚应考虑施工工艺中挤土等效应对桩间土的扰动及邻近桩的影响，此时，桩周围产生过高的超静孔隙水压力，造成地基隆起、桩体偏位，反而会增加桩基（摩擦型桩）的沉降量，影响桩承载力的充分发挥，且给施工造成困难，所以对于大面积桩，尤其是挤土桩，桩的最小中心距宜按表 8.6 中值适当增加。

表 8.6　　**桩的最小中心距**

土类与成桩工艺		排列不少于 3 排且桩数 $n \geq 9$ 根的摩擦型桩基	其他情况
非挤土和部分挤土灌注桩		3.0d	2.5d
挤土灌注桩	穿越非饱和土	3.5d	3.0d
	穿越饱和软土	4.0d	3.5d
挤土预制桩		3.5d	3.0d
打入式敞口管桩和 H 形钢桩		3.5d	3.0d

注　d 表示圆桩直径或方桩边长。

扩底灌注桩除应满足表 8.6 的要求外，尚应满足钻、挖孔灌注桩扩底端最小中心距不宜小于扩底直径的 1.5 倍，当扩底直径大于 2m 时，桩端净距不宜小于 1m，沉管夯扩灌注桩扩底端最小中心距 $2D$（D 为扩大端设计直径）的要求。桩的中心至承台边的距离称为桩的边距，一般不小于桩的直径，且不得小于 300mm。

8.3.4 桩基验算

1. 单桩承载力验算

在初步确定桩数和桩的平面布置后，应验算桩基中各单桩所受的荷载是否超过单桩承载力。对于一般建筑物和受水平力较小的高大建筑物，当桩基中桩径相同时，可按下列公式计算

（1）轴心竖向力作用下

$$Q_k = \frac{F_k + G_k}{n} \leqslant R_a \tag{8.11}$$

式中 Q_k——相应于荷载效应标准组合，轴心竖向力作用下任一单桩的竖向力；

F_k——相应于荷载效应标准组合，作用于桩基承台顶面的竖向力；

G_k——桩基承台和承台上土的自重标准值；

n——桩基中的桩数；

R_a——复合基桩或基桩的竖向承载力特征值。

（2）偏心竖向力作用下

$$Q_{ik} = \frac{F_k + G_k}{n} \pm \frac{M_{xk} y_i}{\sum y_i^2} \pm \frac{M_{yk} x_i}{\sum x_i^2} \tag{8.12a}$$

$$Q_{k\max} = \frac{F_k + G_k}{n} \pm \frac{M_{xk} y_{\max}}{\sum y_i^2} \pm \frac{M_{yk} x_{\max}}{\sum x_i^2} \tag{8.12b}$$

式中 Q_{ik}——相应于荷载效应标准组合，偏心竖向力作用下第 i 单桩的竖向力；

$Q_{k\max}$——各单桩中所受的最大竖向力；

M_{xk}、M_{yk}——相应于荷载效应标准组合，作用于承台底面通过桩群形心的 x、y 轴的弯矩；

x_i、y_i——桩 i 至桩群形心的 y 轴、x 轴的距离。

偏心竖向力作用下，除满足式（8.11）外，还应满足下式要求

$$Q_{k\max} \leqslant 1.2R_a \tag{8.13}$$

2. 桩基软弱下卧层验算

群桩地基的持力层承载力一般不要求验算，但当桩端平面以下受力层范围内存在软弱下卧层，尤其是当桩基的平面尺寸较大、桩基持力层的厚度相对较薄时，应考虑软弱下卧层发生强度破坏的可能性，分为整体冲剪破坏和基桩冲剪破坏两种情况（图 8.3），按规定进行软弱下卧层的承载力验算。桩基软弱下卧层承载力验算常将桩与桩间土整体视作实体深基础，实体深基础的底面位于桩端平面处，但作用于桩基承台顶面的竖向力应按荷载效应标准组合计算，公式如下

$$\sigma_z + \gamma_i z \leqslant \frac{q_{uk}^w}{\gamma_q} \tag{8.14}$$

式中 γ_i——软弱下卧层顶面以上各土层重度按土层厚度计算的加权平均值；

z——地面至软弱下卧层顶面的深度；

q_{uk}^w——软弱下卧层经深度修正的地基极限承载力标准值；

γ_q——地基承载力分项系数，取 $\gamma_q=1.65$；

σ_z——作用于软弱下卧层顶面的附加应力，分以下两种情况计算。

（1）对于桩距 $s_a\leqslant 6d$ 的群桩基础，一般可按整体冲剪破坏考虑，如图 8.3（a）所示，按下式计算 σ_z。

$$\sigma_z=\frac{\gamma_0(F+G)-2(A_0+B_0)\sum q_{sik}l_i}{(A_0+2t\tan\theta)(B_0+2t\tan\theta)} \tag{8.15}$$

式中　A_0、B_0——桩群外缘矩形的长、短边边长；

q_{sik}——桩侧第 i 层土的极限侧阻力标准值；

l_i——桩穿越第 i 层土的厚度；

t——持力层厚度；

θ——桩端硬持力层压力扩散角，按表 8.7 取值。

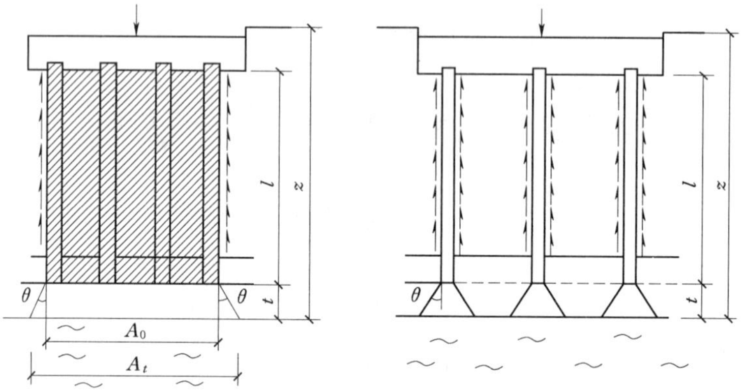

（a）　　　　（b）

图 8.3　桩基软弱下卧层承载力验算

（a）整体冲剪破坏；（b）基桩冲剪破坏

表 8.7　　**桩端硬持力层压力扩散角 θ**

E_{s1}/E_{s2}	$t=0.25B_0$	$t\geqslant 0.50B_0$	E_{s1}/E_{s2}	$t=0.25B_0$	$t\geqslant 0.50B_0$
1	4°	12°	5	10°	25°
3	6°	23°	10	20°	30°

注　1. E_{s1}、E_{s2} 为硬持力层、软弱下卧层的压缩模量。

2. 当 $t<0.25B_0$ 时，θ 降低取值。

（2）对桩距 $s_a>6d$，且各桩端的压力扩散线不相交于硬持力层中时，即硬持力层厚度 $t<(s_a-D_e)\cot\theta/2$ 的群桩基础和单桩基础，其 σ_z 按式（8.16）计算

$$\sigma_z=\frac{4(\gamma_0 N-u\sum q_{sik}l_i)}{\pi(D_e+2t\tan\theta)^2} \tag{8.16}$$

式中　u——桩身周长；

N——桩顶轴向压力设计值；

D_e——桩端等代直径，对圆形桩端，$D_e=D$；方形桩，$D_e=1.13b$（b 为桩的边长）；按表 8.7 确定 θ 时，$B_0=D_e$。

3. 桩基沉降计算

《建筑地基基础设计规范》(GB 50007—2002) 规定，对地基基础设计等级为甲级的建筑物桩基，体型复杂、荷载不均匀或桩端以下存在软弱土层的设计等级为乙级的建筑物桩基以及摩擦型桩基应进行沉降验算。桩基础的沉降不得超过《建筑地基基础设计规范》(GB 50007—2002) 规定的建筑物的沉降允许值。

嵌岩桩、设计等级为丙级的建筑物桩基、对沉降无特殊要求的条形基础下不超过两排桩的桩基、吊车工作级别 A5 及 A5 以下的单层工业厂房桩基（桩端为密实土层），可不进行沉降验算。当有可靠地区经验时，对地质条件不复杂、荷载均匀、对沉降无特殊要求的端承型桩基也可不进行沉降验算。

对于桩中心距小于或等于 6 倍桩径的桩基，不考虑桩间土的压缩变形对沉降的影响，其最终沉降量计算可采用等效作用单向压缩分层总和法计算出桩端下压缩层厚度内的变形值，作为桩基的沉降量，其计算步骤与浅基础的沉降计算相同。

桩基内任意点的最终沉降量可用单向压缩分层总和法按下式计算

$$s = \psi\psi_e s' \tag{8.17}$$

式中 s——桩基最终沉降量，mm；

s'——按单向压缩分层总和法计算出的桩基沉降量，mm；

ψ_e——桩基等效沉降系数，确定过程详见《建筑桩基技术规范》(JGJ 94—94)；

ψ——桩基沉降计算经验系数，当无当地经验时，在非软土地区和软土地区桩端有良好持力层时取 1；在软土地区桩端无良好持力层且桩长 $l \leqslant 25$m 时，取 1.7，桩长 $l > 25$m 时，取(5.91～20)/(71～100)。

计算桩基沉降时应考虑相邻基础的影响，采用叠加原理计算，桩基等效沉降系数可按独立基础计算。

8.3.5 桩身结构设计

桩身结构设计包括桩身构造要求、配筋要求等。

8.3.5.1 混凝土预制桩

混凝土预制桩在预制、起吊、运输、吊立和打桩等环节中对桩身结构强度有相应的要求，需作相应的设计计算。桩身配筋一般按吊运、打桩和桩在建筑物中受力等条件确定。

混凝土预制桩的截面边长不应小于 200mm，预应力混凝土预制桩的截面边长不宜小于 350mm，预应力混凝土离心管桩的外径不宜小于 300mm。

混凝土强度等级不宜低于 C30，静压法沉桩时可适当降低，但不宜低于 C20，预应力混凝土桩不宜低于 C40。预制桩纵向钢筋的混凝土保护层厚度不宜小于 30mm，一般取 35mm。

预制桩的纵向主筋不宜小于 ϕ14，最小配筋率不宜小于 0.8%，静压法沉桩时其最小配筋率不宜小于 0.4%，打入桩桩顶 2～3d 长度范围内箍筋应加密，并设置钢筋网片。

预制桩箍筋 ϕ6～8，间距小于 200mm，在桩顶 2～3d 长度内和桩端处适当加密，并设置钢筋网片。预制桩的分节长度应根据施工条件和运输条件确定，接头不宜超过两个，预应力管桩接头数量不宜超过四个。

预制桩的桩尖可将主筋合拢焊在桩尖辅助钢筋上，在密实砂和碎石类土中施工时，可在桩尖处包钢板桩靴，加强桩尖。

预制桩的沉桩方法主要有静力压桩法和锤击法。静力压桩法在正常压桩过程中的桩身应力一般小于吊运过程和使用阶段的应力，故不必计算。锤击法沉桩使桩身受到锤击压应力和拉应力的反复作用，桩身上段或中部常产生环向裂缝，需要进行桩身结构的动应力计算。预应力混凝土桩的主筋常取决于锤击拉应力，锤击拉应力应小于桩身材料的抗拉强度设计值。

8.3.5.2　混凝土灌注桩

1. 长径比

为防止桩身的压屈失稳，对穿越一般黏性土、砂土的端承型桩，长径比宜小于 60，对穿越淤泥、自重湿限性黄土的端承桩，长径比宜小于 40，对摩擦型桩则不限。

2. 桩身配筋

(1) 构造配筋要求。符合一定条件的灌注桩，其桩身可按构造要求配筋，《建筑桩基技术规范》(JGJ 94—94) 规定：可按构造要求配筋的灌注桩，桩身构造配筋的要求如下。

1) 一级建筑桩基，应配置桩顶与承台的连接钢筋笼，其主筋采用 6～10 根 ϕ12～14，配筋率不小于 0.2%，锚入承台 30 倍主筋直径，伸入桩身长度不小于 10 倍桩身直径，且不小于承台下软弱土层层底深度。

2) 二级建筑桩基，根据桩径大小配置 4～8 根 ϕ10～12 的桩顶与承台连接钢筋，锚入承台至少 30 倍主筋直径且伸入桩身长度不小于 $5d$，对于沉管灌注桩，配筋长度不应小于承台软弱土层层底深度；三级建筑桩基可不配构造钢筋。

(2) 其他情况的配筋要求。不符合构造配筋要求的灌注桩，应按下列规定配筋。

1) 配筋长度。①端承桩宜沿桩身通长配筋；②受水平荷载的摩擦型桩（包括受地震作用的桩基），钢筋可配至弯矩零点，配筋长度宜采用 $4/\alpha$($\alpha=\sqrt[5]{mb_0/EI}$，α 为桩的特征系数，m 为桩侧土水平抗力系数的比例系数，b_0 为桩身计算宽度)，当近桩长 $4/\alpha$ 以下存在软弱下卧层时，宜将桩身钢筋适当加长伸入较坚实土层中，对特别重要的需抗震设防的高、重建筑物，除桩长 $4/\alpha$ 范围内配置受力筋外，在下部宜配构造纵向钢筋，对于单桩竖向承载力较高的摩擦端承桩，宜沿深度分段变截面配通长或局部长度筋，对承受负摩阻力和位于坡地岸边的基桩应通长配筋，对高承台桩基，配筋长度要相应加长，加长部分为桩露出地面的长度；③专用抗拔桩应通长配筋，因地震作用、冻胀或膨胀力作用而受拔力的桩，按计算配置通长或局部长度的抗拉筋。

《建筑地基基础设计规范》(GB 50007—2002) 规定。

a. 受水平荷载和弯矩较大的桩，配筋长度应通过计算确定。

b. 桩基承台下存在淤泥、淤泥质土或液化土层时，配筋长度应穿过淤泥、淤泥质土或液化土层。

c. 坡地岸边的桩、裂度 8 度及 8 度以上地震区的桩、抗拔桩、嵌岩端承桩应通长配筋。

d. 桩径大于 600mm 的钻孔灌注桩，构造钢筋的长度不宜小于桩长的 2/3。

2) 主筋、箍筋及其配筋率。对于受水平荷载的桩，主筋不宜小于 8ϕ10。对抗压桩和抗拔桩，主筋不应小于 6ϕ10，纵向主筋应沿桩身周边均匀布置，其净距不应小于 60mm，并尽量减少钢筋接头。箍筋采用 ϕ6～8@200～300mm，宜采用螺旋式箍筋；当钢筋笼长度超过 4m 时，应每隔 2m 左右设一道 ϕ12～18 焊接加劲箍筋；受水平荷载较大的桩基和抗震桩基，桩顶 3～5d 范围内箍筋应适当加密。当桩身直径为 300～2000mm 时，灌注桩最小配筋率可取 0.20%～0.65%（小桩径取高值，大桩径取低值）；对受水平荷载特别大的桩、抗拔桩和嵌岩端承桩应根据计算确定配筋率。桩和柱的连接要求柱纵筋插入桩身的长度应满足锚固长度的要求。

3）混凝土强度及混凝土保护层厚度。桩身混凝土强度等级不得低于 C15，水下灌注混凝土时不得低于 C20，混凝土预制桩尖不得低于 C30。主筋的混凝土保护层厚度不应小于 35mm，水下灌注混凝土时不得小于 50mm。

8.3.6 承台设计

桩基承台的主要作用是把多根桩联结成整体，将上部结构荷载传递到各桩的顶部。常用的承台类型有柱下独立承台、墙下或柱下条形承台、井格形（十字交叉条形）承台、筏式承台、箱形承台和环形承台等。承台的剖面形状可做成锥形、台阶形或平板形。

桩基承台的设计计算包括确定承台的材料、底面标高、平面形状及尺寸、承台的厚度及与桩的联结，进行承台内力计算、正截面受弯、斜截面受剪、受冲切和局部受压承载力计算等，对承台进行配筋，并应符合构造要求，必要时还要对承台的抗裂性、变形进行验算。

8.3.6.1 承台的计算

下面主要介绍承台内力计算分析方法，当内力确定后，可按《混凝土结构设计规范》（GB 50010—2002）进行受弯、受剪、受冲切、局部受压的强度计算，并进行配筋，防止桩承台破坏，保证工程的安全。

1. 承台受弯计算

受弯计算的实质是配筋计算，将承台看成反力作用下的受弯构件进行计算。根据承台模型试验资料，柱下独立桩基承台在配筋不足的情况下将产生弯曲破坏，利用极限平衡原理可导得两个方向的承台正截面弯矩计算式，根据承台截面最大弯矩按《混凝土结构设计规范》（GB 50010—2002）计算其正截面受弯承载力和配筋。柱下桩基承台的弯矩可按以下简化计算方法确定。

（1）柱下多桩矩形承台（图 8.4），弯矩计算截面取在柱边和承台高度变化处（杯口外侧或台阶边缘），按下式计算弯矩

$$M_x = \sum N_i y_i \tag{8.18}$$

$$M_y = \sum N_i x_i \tag{8.19}$$

式中 M_x、M_y——分别为垂直 Y 轴和 X 轴方向计算截面处的弯矩设计值；

x_i、y_i——分别为垂直 Y 轴和 X 轴方向自桩轴线到相应计算截面的距离；

N_i——扣除承台和承台上填土自重后相应于荷载效应基本组合时第 i 桩竖向净反力设计值，当不考虑承台效应时，则为第 i 桩竖向总反力设计值。

根据计算的柱边截面和截面高度变化处的弯矩，分别计算同一方向各截面的配筋量后，取各方向的最大值分别按均布配筋。

（2）柱下三桩三角形承台（图 8.5），弯矩计算截面取在桩边，对等边三桩承台，按

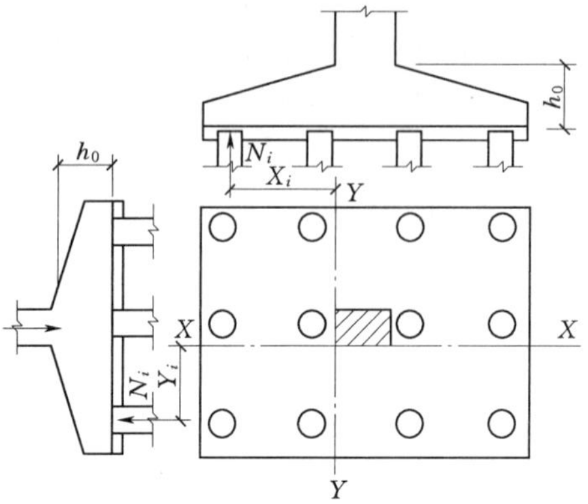

图 8.4　矩形承台弯矩计算

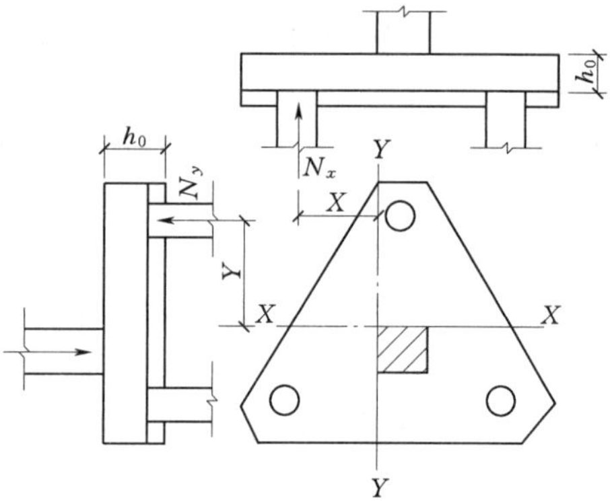

图 8.5　三桩三角形承台弯矩计算

式（8.20）计算弯矩；对等腰三桩承台，按式（8.21）和式（8.22）计算弯矩。

$$M=\frac{N_{\max}}{3}\left(s-\frac{\sqrt{3}}{4}c\right) \tag{8.20}$$

$$M_1=\frac{N_{\max}}{3}\left(s-\frac{0.75}{\sqrt{4-\alpha^2}}c_1\right) \tag{8.21}$$

$$M_2=\frac{N_{\max}}{3}\left(s\alpha-\frac{0.75}{\sqrt{4-\alpha^2}}c_2\right) \tag{8.22}$$

式中　M——由承台形心至承台边缘距离范围内板带的弯矩设计值；

M_1、M_2——承台形心到承台两腰和底边的距离范围内板带的弯矩设计值；

$N_{\max}$——扣除承台和其上填土自重后的三桩中相应于荷载效应基本组合时最大的单桩竖向力设计值；

s——长向桩距；

α——短向桩距与长向桩距之比，当 $\alpha<0.5$ 时，应按变截面的二桩承台计算；

c——方柱边长或圆柱直径，圆柱时 $c=0.866d$（d 为圆柱直径）；

c_1、c_2——分别为垂直于、平行于承台底边的柱截面边长。

2. 承台受冲切计算

当桩基承台的有效高度不足时，承台将产生冲切破坏，主要有两种形式：①由柱边或承台变阶处沿大于等于 45°斜面拉裂形成冲切锥体破坏（图 8.6），②在角桩顶部对承台边缘形成大于等于 45°的冲切破坏锥体（图 8.6）。承台的受冲切承载力与冲切锥角有关，采用冲跨比表示，表达式为

$$\lambda=\frac{a_0}{h_0} \tag{8.23}$$

式中　λ——冲跨比，在 0.2～1.0 之间；

h_0——承台冲切破坏锥体的有效高度；

a_0——冲跨，即柱（墙）边或承台变阶处到桩边的水平距离，当 $a_0<0.2h_0$ 时，取 $a_0=0.2h_0$，当 $a_0>h_0$ 时取 $a_0=h_0$。

根据《建筑地基基础设计规范》（GB 50007—2002），柱下矩形独立承台受柱冲切时

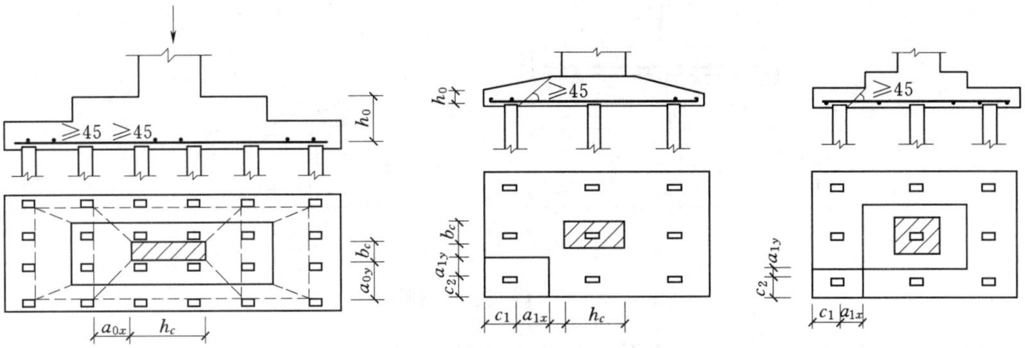

图 8.6 承台的冲切破坏

承载力可按下列公式计算

$$F_l \leqslant 2[\beta_{0x}(b_c + a_{0y}) + \beta_{0y}(h_c + a_{0x})]\beta_{hp} f_t h_0 \tag{8.24}$$

$$F_l = F - \sum N_i \tag{8.25}$$

$$\beta_{0x} = 0.84/(\lambda_{0x} + 0.2) \tag{8.26}$$

$$\beta_{0y} = 0.84/(\lambda_{0y} + 0.2) \tag{8.27}$$

式中 F_l——扣除承台及其上填土自重，作用在冲切破坏锥体上的冲切力设计值，冲切破坏锥体应采用自柱边或承台变阶处至相应桩顶边缘连线构成的锥体，锥体与承台底面的夹角不小于45°；

β_{hp}——受冲切承载力截面高度影响系数；

β_{0x}、β_{0y}——冲切系数；

f_t——承台混凝土抗拉强度设计值；

λ_{0x}、λ_{0y}——冲跨比，$\lambda_{0x}=a_{0x}/h_0$、$\lambda_{0y}=a_{0y}/h_0$，a_{0x}、a_{0y}分别为柱边或变阶处至桩边的水平距离；

F——作用于柱根部的轴力设计值；

h_0——承台冲切破坏锥体的有效高度；

$\sum N_i$——冲切破坏锥体范围内各桩的净反力（不计承台和承台上土自重）设计值之和。

对位于柱冲切破坏锥体以外的基桩，尚应考虑单桩对承台的冲切作用，并按四桩承台、三桩承台等不同情况计算受冲切承载力。

对中、低压缩性土上的承台，当承台与地基土之间没有脱空现象时，可根据地区经验适当减小柱下桩基独立承台受冲切计算的承台厚度。

3. 承台斜截面受剪计算

桩基承台的抗剪计算，在小剪跨比的条件下具有深梁的特征。对于柱下桩基独立承台应分别对柱边和桩边、变阶处和桩边连线形成的斜截面进行受剪计算（图 8.7）。当柱边（墙边）外有多排桩形成多个剪切斜截面时，对每一个斜截面都应进行受剪承载力计算。对于柱下矩形独立承台，在验算承台斜截面的抗剪承载力时，应分别对柱的纵、横两个方向进行计算。对锥边承台需在承台顶斜面与平面交接位置进行斜截面受剪计算。

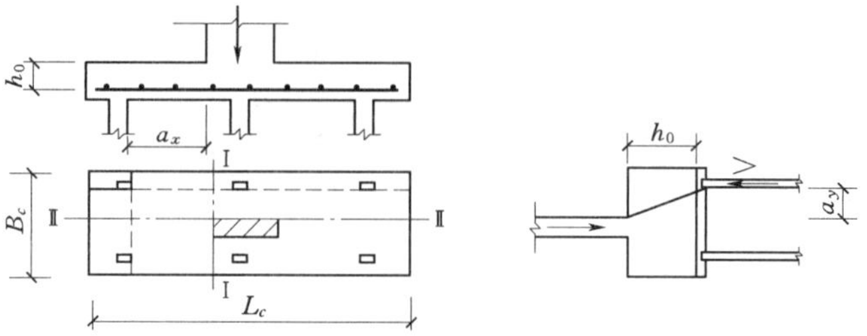

图8.7　承台斜截面受剪计算

柱下等厚度承台斜截面受剪承载力可按下列公式计算

$$\gamma_0 V \leqslant \beta_{hs}\beta f_t b_0 h_0 \tag{8.28}$$

式中　V——扣除承台及其上填土自重后相应于荷载效应基本组合时斜截面的最大剪力设计值；

f_t——混凝土轴心抗拉强度设计值；

b_0、h_0——分别为承台计算截面处的计算宽度和计算宽度处的有效高度，见有关资料；

β——剪切系数。

β的表达式为

当$0.3 \leqslant \lambda < 1.4$时　$$\beta = \frac{0.12}{\lambda + 0.3} \tag{8.29}$$

当$1.4 \leqslant \lambda < 3.0$时　$$\beta = \frac{0.2}{\lambda + 1.5} \tag{8.30}$$

计算截面的剪跨比，$\lambda=0.3 \sim 3.0$；当$\lambda<0.3$时，取$\lambda=0.3$；当$\lambda>3$时，取$\lambda=3$。x、y方向剪跨比分别为$\lambda_x=\dfrac{a_x}{h_0}$、$\lambda_y=\dfrac{a_y}{h_0}$，其中$a_x$、$a_y$分别为柱（墙）边或承台变阶处至$x$、$y$方向计算一排桩的桩边的水平距离。

受剪切承载力截面高度影响系数。

$\beta_{hs} = \left(\dfrac{800}{h_0}\right)^{1/4}$，当$h_0 < 800\text{mm}$取800mm，$h_0 > 2000\text{mm}$时，取2000mm。

4. 承台局部受压计算

对于柱下桩基承台，当承台的混凝土强度等级低于柱或桩的混凝土强度等级时，应按《混凝土结构设计规范》（GB 50010—2002）的规定验算承台的局部受压承载力。

当进行承台的抗震验算时，应根据现行《建筑抗震设计规范》（GB 50011—2001）的规定对承台的受弯、受剪承载力进行抗震调整。

8.3.6.2　承台的构造要求

桩基承台除满足上述抗冲切、抗剪切、抗弯、局部受压承载力和上部结构的要求外，尚应符合下列构造要求。

（1）承台宽度不应小于500mm，承台边缘至边桩中心的距离不宜小于桩的直径或边长，且桩的外边缘至承台边缘的距离不应小于150mm，这主要是为了满足桩顶嵌固和抗冲切的需要。对于条形承台梁，桩的外边缘至承台梁边缘的距离不应小于75mm，这主要是考虑到墙体与承台梁共同工作可增强承台梁的整体刚度，并不至于产生桩顶对承台梁的冲切破坏。为了满足承台的基本刚度、桩与承台的连接等构造需要，条形承台和柱下独立桩基承台的厚度不应小于 300mm；筏形、箱形承台板的厚度应满足整体刚度、施工条件及防水要求。对于桩布置于墙下或基础梁下的情况，承台板厚度不宜小于 250mm，且板厚与计算区段最小跨度之比不宜小于 1/20。桩承台的厚度要保证桩顶嵌入承台，并防止桩的集中荷载造成承台的冲切破坏，对大中型工程承台厚度应进行抗冲切计算确定。

(2) 桩与承台的连接宜符合下列要求：桩顶嵌入承台的长度，对于大直径桩，不宜小于 100mm；对于中等直径桩不宜小于 50mm。混凝土桩的桩顶主筋应伸入承台内，其锚固长度不宜小于 30 倍主筋直径（HPB235 级钢筋）和钢筋直径的 35 倍（HRB335 级钢筋），对于抗拔桩基不应小于 40 倍主筋直径。对预应力混凝土桩可采用钢筋与桩头钢板焊接连接，钢桩则采用在桩头焊锅型板或钢筋与承台连接。

(3) 承台混凝土强度等级不宜小于 C15，采用 HRB335 级钢筋时，混凝土强度等级不宜低于 C20。承台底面钢筋的混凝土保护层厚度不宜小于 70mm，当有素混凝土垫层时，不应小于 40mm。垫层厚度宜为 100mm，强度等级宜为 C7.5。

(4) 承台的钢筋配置除满足计算要求外，尚应符合下列规定。

1) 承台梁的纵向主筋直径不宜小于 ϕ12，架立筋直径不宜小于 ϕ10，箍筋直径不宜小于 ϕ6。

2) 柱下独立桩基承台的受力钢筋应通长配置。矩形承台板宜按双向均匀配筋，钢筋直径不宜小于 ϕ10，间距不大于 200mm。对于三桩承台，应按三向板带均匀配筋，且最里面三根钢筋相交围成的三角形应位于柱截面范围以内。承台梁的主筋除满足计算要求外，尚应符合《混凝土结构设计规范》(GB 50010—2002) 关于最小配筋率的规定。

3) 筏形承台板的分布构造钢筋可采用 ϕ10～12，间距 150～200mm。当仅考虑局部弯曲作用按倒楼盖法计算内力时，考虑到整体弯矩的影响，纵横两方向的支座钢筋尚应有 1/3～1/2 且配筋率不小于 0.15%，贯通全跨配置，跨中钢筋应按计算配筋率全部连通。

(5) 承台之间的连接。

1) 柱下单桩承台宜在桩顶两个互相垂直的方向上设置连系梁。当桩柱截面直径之比较大（一般大于 2）且桩底剪力和弯矩较小时可不设连系梁；

2) 两桩桩基的承台宜在其短向设置连系梁，当短向的柱底剪力和弯矩较小时可不设连系梁；

3) 有抗震要求的柱下独立桩基承台，宜在纵横方向设置连系梁；

4) 连系梁顶面宜与承台位于同一标高，以利于直接传递柱底剪力、弯矩。连系梁宽度不应小于 250mm，其高度可取承台中心距的 1/15～1/10；

5) 连系梁的主筋应按计算确定，不宜小于 4ϕ12，并应按受拉要求锚入承台。

(6) 承台的埋深应不小于 600mm，在满足要求前提下，承台应尽量浅埋，底面应埋置在地基土的冻结深度和水流冲刷深度以下，并在地下水位以上。在季节性冻土及膨胀土地区，承台埋深及处理措施，应按现行《建筑地基基础设计规范》(GB 50007—2002) 和《膨胀土地区建筑技术规范》(GBJ 112—87) 等有关规定执行。

8.4　其他深基础

深基础的种类很多，除桩基外，还有墩基、沉井、沉箱、地下连续墙、锚杆静压桩和树根桩等。深基础往往需要采用特殊的施工方法。

8.4.1　沉井

沉井是一种以现场浇筑、挖土下沉方式沉入地基中的井筒形结构物，由井筒、刃脚、内隔墙、封底底板及顶盖等部分组成。井筒外壁可以是竖直的，也可做成台阶形。井壁的厚度根据强度要求和沉井自重下沉要求，经计算确定。一般大中型沉井井壁厚度为 0.5～1.0m，一些小型沉井如水泵房等，井壁厚度可用 0.3～0.4m。刃脚位于井壁的最下端，其底面称踏面，作用是在沉井下沉时切土。内隔墙能增加沉井的刚度，控制下沉和纠偏，其底面标高应比刃脚踏面高 0.5m，以利沉井下沉。为保证沉井能顺利下沉，沉井的自重必须大于或等于沉井外侧总摩阻力的 1.15～1.25 倍。沉井还应满足地基承载力的要求，即作用在沉井顶面上的设计荷载与沉井自重之和应小于或等于沉井外侧总摩阻力与沉井底面地基总承载力。

沉井按其材料分，有砖石沉井、混凝土沉井、钢筋混凝土沉井，其中，钢筋混凝土沉井是最常用的。按沉井水平截面形状分，有圆形、方形、矩形或椭圆形等形状。根据井孔的布置方式又有单孔、单排孔、双孔及多排孔之分。沉井的竖直平面有柱形、阶梯形、锥形等。

沉井一般分数节制作。施工时，需先将场地平整夯实，在基坑上铺设一定厚度的砂层，在刃脚位置再铺设垫木，在垫木上制作刃脚和第一节筒身，等筒身材料达到设计要求的强度后，才可拆除垫木，将井筒内土挖出，沉井失去支承，在自重作用下克服井壁摩阻力逐渐下沉。当浇好的筒身大部分沉入土中后，逐节接长筒身，再继续挖土下沉，直到到达设计标高，然后在其下端浇筑混凝土封底。如果需要利用井筒内的空间作为地下结构使用，则只要密封井底，做成空心沉井，顶部浇筑钢筋混凝土顶盖，即可在其上建造上部结构。

沉井基础适用于地基深层土的承载力大，而上部土层比较松软、易于开挖的地层。除作为基础外，还可作为地下结构使用，如用于重型设备基础、烟囱、污水泵房、矿山竖井、地下油库等。有时由于施工上的原因，如要在已有的浅基础邻近修建深埋的基础时，为了避免开挖基坑对已有基础的影响，也采用沉井方法施工。

沉井在下沉过程中，常会发生各种问题：如遇到大块石、残留基础或大树根等障碍物，或因沉井外壁摩擦阻力太大导致沉井不下沉；穿过地下水位以下的细、粉砂层时，大量砂土涌入井内，使沉井倾斜；井筒外壁上的摩擦阻力很小，当刃脚附近的土体被挖除后，沉井失去支承而剧烈下沉等，这些都会给施工造成很大困难。因此，对于准备采用沉井基础的场地，必须预先做好地质勘探工作，并对可能发生的问题加以预防。当问题发生时，要及时采取措施进行处理，如采取调整挖土顺序，排除施工障碍，借助卷扬机进行纠偏等措施。

8.4.2 地下连续墙

地下连续墙就是采用专用的成槽机械，在泥浆护壁的情况下，在地面下分段开挖出一个具有一定宽度与深度的槽（孔）来，然后在槽（孔）中安放钢筋笼，浇筑混凝土，形成一个单元槽段，再在下一个单元槽段依次施工，两个槽段之间以各种特定的接头方式相互联结，形成一道连续的地下钢筋混凝土墙。

1950年意大利米兰的水利工程大坝首次建成地下连续防渗墙，我国从20世纪70年代开始在水利、港口和建筑工程中应用地下连续墙。由于地下连续墙具有防渗、截水、承重、挡土、抗滑、防爆等多种功能，已广泛应用于水库大坝地基防渗、竖井开挖、工业厂房设备基础、城市地下铁道、高层建筑深基础、船坞、船闸、码头、地下油罐、地下沉渣池等各类永久性工程。

地下连续墙的施工大致需要经过6个环节，即导墙、成槽、制备泥浆、分段与接头、制作与吊放钢筋笼、浇筑水下混凝土等。

1. 导墙

导墙是为开挖槽段竖直作导向，防止机械上下运行时碰坏槽壁，导墙位于地下连续墙墙面线的两侧，深度一般为1～2m，顶面略高于施工地面。

2. 开挖槽段

施工时沿地下连续墙长度分段开挖槽孔，对于不同土质条件和槽壁深度应采用不同的成槽机具开挖槽段，若采用多头钻机开槽，每段槽孔长度可取6～8m，采用抓斗或冲击钻机成槽，每段长度可更大，墙体深度也可更大。

3. 制备泥浆

泥浆可用膨润土或细粒土在现场加水搅拌制成，用来平衡槽段内侧向水压力和土压力，保护槽壁不坍塌，并起到携渣、防渗等作用。泥浆液面应保持高出地下水位0.5～1.0m，泥浆的相对密度应大于地下水的相对密度。泥浆经处理后，大部分可重复使用。

4. 分段与接头

地下连续墙分段施工，标准槽段为6m长，最大不超过8m，两段之间的接头可采用圆形或凸形接头管，使相邻槽段紧密相接，还可放置竖直塑料止水带防止渗漏。接头管应能承受混凝土的压力，在浇筑混凝土过程中，需经常转动及提动接头管，以防止接头管与一侧混凝土固结在一起，当混凝土凝固，不会发生流动或坍落时，即可拔出接头管。

5. 钢筋笼制作与吊放

钢筋笼的尺寸应根据单元槽段的规格与接头形式等确定，应采取措施使钢筋笼在吊运过程中具有足够的刚度，不致发生巨大的钢筋笼变形而影响入槽。钢筋笼应在清槽换浆合格后立即安装，用起重机整段吊起，对准槽孔，徐徐下放，安放在槽段的准确位置。

6. 浇筑混凝土

在槽段内的接头管和钢筋笼就位后，用导管法浇筑混凝土，要求槽段内混凝土面的上升速度不应小于2m/h，一个单元槽段应一次连续浇筑混凝土，直至混凝土顶面高于设计标高300～500mm为止，凿去浮浆层后的墙顶标高应符合设计要求。

重复步骤 2～步骤 6，完成全部地下连续墙的施工。

地下连续墙的设计，一般要进行侧向土压力、墙体内力、强度、稳定性和变形等方面的计算，地下连续墙的强度必须满足施工阶段和使用期间的强度和构造要求。

地下连续墙的优点是墙体刚度大，整体性好，适用各种地质条件，在施工期间无噪音、无振动，不用设置井点降低地下水位，施工速度快，把施工护坡和永久性工程融为一体，缩短工期，降低造价。尤其在城市与密集建筑群中修建深基础时，为防止对邻近建筑物安全稳定的影响，地下连续墙更显示出它的优越性。

但是，地下连续墙施工工序多，技术要求高，如果施工掌握不当，槽壁会坍塌，引起邻近地面沉降，危害邻近工程结构和地下管线的安全；或墙体厚薄不均等，造成浪费和质量达不到要求；对废泥浆的处理会增加工程费用，还会造成新的环境污染。地下连续墙若用作施工期间的临时挡土结构，造价可能较高，不够经济。

一般，当在软土层中基坑开挖深度大于 10m，周围相邻建筑或地下管线对沉降与位移要求较高，或用作主体结构的一部分，或采用逆作法施工时，可采用地下连续墙。

小　　结

本章主要介绍了桩基础的作用、类型、单桩和群桩竖向承载力及其确定、单桩水平承载力、桩基础的设计（包括桩的类型及几何尺寸的选择、单桩承载力的确定、确定桩数与平面布置、桩基验算、桩身结构设计、承台设计等）、桩基础的构造、其他深基础等内容。围绕现行规范，重点介绍了桩基础的类型、单桩竖向承载力的确定、群桩效应、桩数确定与桩位布置、桩身结构设计、多桩矩形承台和三桩三角形承台的设计与构造要求。通过本章的学习，要求熟悉现行规范关于桩基础的有关规定，重点掌握桩基础的一般设计与计算方法，并熟悉有关的构造要求，能够进行单桩和复合基桩竖向承载力的计算、桩基础的设计验算等。

思　考　题

8.1　在哪些情况下可以考虑采用桩基础？

8.2　如何对桩基础进行分类？

8.3　什么是单桩竖向承载力？有哪些确定方法？

8.4　什么是桩的负摩阻力？在哪些情况下要考虑桩的负摩阻力？

8.5　什么是群桩效应？什么是群桩效应系数？群桩承载力、沉降与单桩承载力、沉降之间有何差别？

8.6　桩的平面布置有哪些形式？如何布桩？如何确定桩的持力层？

8.7　在工程实践中，如何选择桩的直径（或边长）、桩长及桩的类型？

8.8　桩身结构设计的内容有哪些？

8.9　承台有什么作用？承台有哪些形式和构造要求？要进行哪些计算？

8.10　桩基础的设计有哪些步骤？

8.11　什么是沉井基础、地下连续墙？在施工中会遇到哪些问题？如何处理？

习 题

某场地土层分布（自上而下）为：第一层粉质黏土，厚度 $l_1=4\text{m}$，含水量 $\omega_1=30\%$，塑限 $\omega_p=18\%$，液限 $\omega_L=35\%$；第二层粉土，厚度 $l_2=5\text{m}$，孔隙比 $e=0.9$；第三层为中密的中砂，为桩端持力层。采用截面边长为 400mm×400mm 的预制桩，承台底面在天然地面以下 1m，桩入土深度 10m，桩端进入中密中砂的深度为 1m，确定单桩承载力设计值。

第9章 地 基 处 理

学习目标：理解地基处理的基本概念，掌握各种常见地基处理方法的原理、设计与施工、质量检验方法，能根据各种地基处理方法的适用范围、选用原则及具体地基条件，综合考虑选择地基处理方法。

9.1 概 述

人们常将不能满足建（构）筑物对地基要求的天然地基称为软弱地基或不良地基。软弱地基通常需要经过人工处理后才能修建建（构）筑物，这种地基加固方法称为地基处理，有的国家称为地基加固。

地基处理方法的分类有多种。按时间可分临时处理和永久处理；按处理深度可分浅层处理和深层处理；按土性对象分为砂性土处理和黏性土处理，饱和土处理和非饱和土处理；按性质可分物理处理、化学处理、生物处理；按加固机理可分为置换、排水固结、灌入固化物、振密或挤密、加筋、托换、纠倾等。

选用地基处理方法的原则是，坚持技术先进、经济合理、安全适用、确保质量。对某一具体工程来讲，应该从地基条件、处理要求、工程费用以及材料、机具来源等各方面进行综合考虑，因地制宜确定合适的地基处理方法。

9.2 软土及其工程特性

9.2.1 软土的基本概念

近代水下沉积、天然含水量大于其液限的黏土、粉质黏土，当其天然孔隙比大于1.5时，称为淤泥；而当其天然孔隙比小于1.5但大于1.0时，则称其为淤泥质黏土或淤泥质粉质黏土，简称淤泥质土。软土主要是指这些淤泥和淤泥质土，但工程性质很差的其他黏性土，如泥炭土、混有大颗粒的淤泥土以及含水量较大的粉土等也属于软土的范畴。

9.2.2 软土的主要工程特性

软土在我国沿海一带分布很广，如渤海湾沿海地区、长江三角洲地区、浙江沿海地区、珠江三角洲地区及福建省的沿海地区等，都分布有大面积的海相或湖相沉积的软土。此外，贵州、云南等我国内陆省份的某些地区也有零星的山地型软土分布。我国软土的物理力学性质指标一般具有以下主要工程特性。

（1）多属于中液限与高液限无机黏土，其液限值大部分在34%～43%之间，塑性指数大部分在20左右，在塑性图上主要位于A线以上、C线以外。

（2）含水率w为34%～89%，个别地区的泥炭质软土含水更高达299%，多数大于土的液限，属于流动状态；天然孔隙比$e=1.0\sim2.45$，最高达7.0，都是淤泥和淤泥质土，以淤泥质土为主。

(3) 压缩系数 $a_{1-2}=0.51\sim2.33\text{MPa}^{-1}$，属高压缩性土。

(4) 抗剪强度低，无侧限抗压强度 $q_u=5\sim48\text{kPa}$，最大不超过 80kPa，快剪的黏聚力 $c_q=5\sim13\text{kPa}$，内摩擦角 $\varphi_q<5°$，固结快剪的内摩擦角 φ_{cq} 一般为 15°左右。有效内摩擦角中 $\varphi'=24°\sim34°$。

(5) 渗透性小，渗透系数 $K=10^{-8}\sim10^{-6}\text{cm/s}$，所以直接在荷载作用下难以固结。但多数淤泥质粉质黏土具有薄层黏土与粉砂互层的微层理构造，具有这种构造的软土，其水平渗透系数远大于垂直渗透系数。这为人工创造排水出路，加速地基土的排水固结提供了条件。

(6) 灵敏度一般为 3～5，即完全扰动后其强度可降低 60%～80%，属于灵敏性土。因此这类地基土场地施工时应尽量减小对基底土的扰动，以发挥土的天然强度。

(7) 具有吸附力。建于软土地基上的可移动式建筑物，如活动式钻井平台等，升离时必须克服这种吸附力。试验证明，软土对建筑物的吸附力由三部分组成：土与建筑物底面的黏聚力、基础侧面的摩阻力和真空吸力，其中真空吸力是主要吸附力。向建筑物底面通水或通气后、软土对建筑物的吸附力将大大降低。

(8) 在剪应力的长期作用下，软土具有明显的流变特性。在一定的条件下，流变可导致地基土的破坏。经长期变形而破坏的土体，其强度仅为一般抗剪强度的 40%～50%，此强度称为长期强度。土的塑性越大，长期强度降低就越多。但是必须指出，荷载作用下土体的强度又会随着土体固结程度的提高而有所增大。地基中任意点的总抗剪强度 s 按式 (9.1) 计算。

$$s = c_u + \Delta c \tag{9.1}$$

$$\Delta c = \Delta\sigma'_1 K_1 = \Delta\sigma_1 K_1 U$$

式中 c_u——土的天然抗剪强度；

Δc——随固结程度的提高，地基土抗剪强度的增长值；

$\Delta\sigma'_1$——最大有效主应力增量，$\Delta\sigma'_1=\Delta\sigma_1 U$；

$\Delta\sigma_1$——最大主应力增量；

U——地基土的平均固结度；

K_1——荷载作用下地基土抗剪强度的增长率。

工程实践表明，软土地基的天然抗剪强度宜用十字板剪切仪测定。

9.3 机械压实法

土的含水率在适宜范围内，可通过机械压实或重锤夯实的方法将其压实，达到减小孔隙比，增大密实度，提高强度，降低压缩性的目的。本节分别介绍重锤夯实，机械碾压、振动压实等，这些方法统称机械压实法。

9.3.1 机械碾压法

机械碾压法是采用机械压实松软土的方法，常用的机械有平碾、羊足碾、振动压实机、压路机等。这些方法通常用于大面积填土地基的压实。

黏性土压实前，被碾压的土料应先进行含水率测定，只有含水率在合适范围内的土料才允许进场。每层铺土厚度一般约为30cm。碾压后地基的质量常以压实系数λ_c控制，λ_c为实测的干密度ρ_d与击实试验得出的最大干密度ρ_{dmax}之比。在有些工程中也常用ρ_d作为填土压实的质量控制指标。不同类别的土要求也不同，λ_c的一般取值范围为0.93～0.97，在主要受力层范围内一般要求$\lambda_c \geq 0.96$。

机械碾压法的地基承载力一般通过现场测试取值，在无试验的情况下，亦可按表9.1取值。

表9.1　　地基承载力取值

填 土 类 型	压实系数λ_c	承载力特征值f_k（kPa）
碎石、卵石	0.94～0.97	200～300
砂夹石（其中碎石、卵石占全重30%～50%）		200～250
土夹石（其中碎石、卵石占全重30%～50%）		150～200
粉质黏土、粉土（$8<I_p<14$）		130～180

9.3.2 振动压实法

振动压实是一种在地基表面施加振动把浅层松散土振密的方法，主要的机具是振动压实机。这种方法主要应用于处理杂填土、湿陷性黄土、炉渣、细砂、碎石等类土，振动压实的效果与被压实土的成分和振压时间有关。且在开始时振密作用较为显著、随时间推移变形渐趋于稳定。在施工时应先进行现场试验测试，根据振实的要求确定振压的时间。

9.3.3 重锤夯实法

重锤夯实法是利用起重机械将重锤提到一定高度后，让其自由下落，不断重复夯击，使地基形成一层较密实的土层。这种方法可用于处理地下水距地表0.8m以上的非饱和黏性土或杂填土。

9.4 换土垫层法

9.4.1 换土垫层法的原理及适用范围

当软弱土层地基的承载力和变形不能满足建筑物的要求，且软弱土层的厚度又不很大时，可将基础底面以下持力层范围内的软弱土层的部分或全部挖去，然后分层回填砂石、素土、灰土、工业废渣等材料，经压实或夯实使之达到所要求的密实度，形成良好的人工地基。这种地基处理的方法也称为换填法或开挖置换法。

换土垫层法适用于淤泥、淤泥质土、湿陷性黄土、素填土、杂填土地基及暗沟、暗塘等的浅层处理。不同的垫层有其不同的适用范围，见表9.2。

9.4.2 垫层设计

垫层的设计不但需要满足建筑物对地基变形及稳定的要求，而且也应该符合经济合理的原则。设计的主要内容是合理确定垫层厚度和宽度。现以砂（或砂石、碎石）垫层设计为例介绍如下。

表 9.2　　垫层的适用范围

垫层种类		适用范围
砂（砂砾、碎石）垫层		多用于中小型建筑工程的浜、塘、沟等局部处理。适用于一般饱和、非饱和的软弱土和水下黄土地基处理，不宜用于湿陷性黄土地基，也不适宜用于大面积堆载、密集基础和动力基础的软土地基处理，砂垫层不宜用于有地下水，且流速快，流量大的地基处理。不宜采用粉细砂做垫层
土垫层	素土垫层	适用于中小型工程及大面积回填、湿陷性黄土地基的处理
	灰土垫层	适用于中小型工程，尤其适用于湿陷性黄土地基的处理
粉煤灰垫层		用于厂房、机场、港区陆域和堆场等大、中、小工程的大面积填筑，粉煤灰垫层在地下水位以下时，其强度降低幅度在30%左右
矿渣垫层		用于中小型建筑工程，尤其适用于地坪、堆场等工程大面积的地基处理和场地平整、铁路地基、道路地基等。但对于受酸性或碱性废水影响的地基不得用矿渣作垫层

1. 垫层厚度的确定

垫层厚度如图 9.1 所示，依据下卧土层的承载力确定，即垫层底面处土的自重应力与附加应力之和不大于同一标高处软弱土层的容许承载力。其表达式为

$$p_z + p_{cz} \leqslant f_z \tag{9.2}$$

式中　f_z——垫层底面处土层的地基承载力，kPa；

p_z——垫层底面处的附加压力，kPa；

p_{cz}——垫层底面处土的自重压力，kPa。

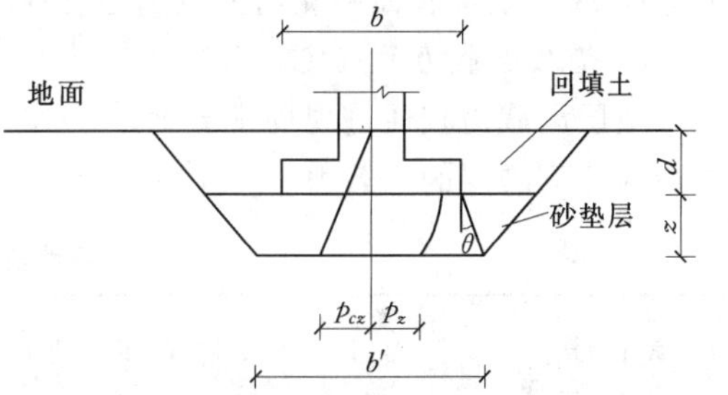

图 9.1　垫层内压力分布

具体计算时，一般可根据垫层的容许承载力确定基础宽度，再根据下卧土层的承载力确定垫层的厚度。垫层厚度一般不宜大于3m。太厚造价太高，且施工困难；太薄（<0.5m）则垫层作用不明显。通常砂垫层厚度为1～2m左右。

垫层底面处的附加压力值 p_z，可分别按式（9.3）和式（9.4）简化计算

条形基础

$$p_z = \frac{b(p - p_c)}{b + 2z\tan\theta} \tag{9.3}$$

矩形基础

$$p_z = \frac{bl(p - p_c)}{(b + 2z\tan\theta)(l + 2z\tan\theta)} \tag{9.4}$$

式中　p——基础底面压力，kPa；

p_c——基础底面处土的自重压力，kPa；

l、b——基础底面的长度和宽度，m；

z——基础底面下垫层的厚度，m；

θ——垫层的压力扩散角，可按表 9.3 采用。

表 9.3 **压力扩散角 θ (°)**

换填材料 / z/b	中砂、粗砂、砾砂、圆砾、角砾、卵石、碎石	黏性土和粉土（$8<I_P<14$）	灰土
0.25	20	6	30
≥0.50	30	23	

注 1. 当 $z/b<0.25$ 时，除灰土仍取 $\theta=30°$外，其余材料均取 $\theta=0°$。
2. 当 $0.25<z/b<0.50$ 时，θ 值可内插求得。

2. 垫层宽度的确定

垫层的宽度应满足基础底面应力扩散的要求，并要防止垫层向两侧挤出。一般可按式（9.5）计算或根据当地经验确定。

$$b' \geqslant b + 2z\tan\theta \tag{9.5}$$

式中 b'——垫层底面宽度，m；

θ——垫层压力扩散角，可按表 9.3 采用；当 $z/b<0.25$ 时，仍按表中 $z/b=0.25$ 取值。

整片垫层的宽度可根据施工的要求适当加宽。垫层顶面每边宜超出基础底边不小于 0.3m，或从垫层底面两侧向上按当地开挖基坑经验的要求放坡。

3. 垫层承载力的确定

垫层承载力宜通过现场试验确定，对一般工程，当无试验资料时，可按表 9.4 选用，并应验算下卧层的承载力。

表 9.4 **各种垫层的承载力**

施工方法	换填材料类别	压实系数 λ_c	承载力特征值 f_k（kPa）
碾压或振密	碎石、卵石	0.9～0.97	200～300
	砂夹石（其中碎石、卵石占全重的 30%～50%）		200～250
	土夹石（其中碎石、卵石占全重的 30%～50%）		150～200
	中砂、粗砂、砾砂		150～200
	黏性土和粉土（$8<I_P<14$）		130～180
	灰土	0.9～0.95	200～250
重锤夯实	土或灰土	0.9～0.95	150～200

4. 沉降计算

对于重要建筑或垫层下存在软弱下卧层的建筑，还应进行地基变形计算。建筑物基础沉降等于垫层自身的变形量 S_1 与下卧土层的变形量 S_2 之和。

9.4.3 垫层施工

1. 垫层材料的选择

不同垫层材料有不同的要求。砂垫层材料应选用级配良好的中粗砂，含泥量不超过 3%，不含动植物残体、垃圾等杂质。素土垫层的土料中有机质含量不得超过 5%，亦不得有冻土或膨胀土，不得夹有砖、瓦等渗水材料。当含有碎石时，其粒径不宜大于

50mm。灰土垫层宜采用 2∶8 或 3∶7（体积比）的灰土。矿渣垫层其矿渣应质地坚硬、性能稳定和无侵蚀性。

2. 垫层压实方法的确定

垫层压实方法见 9.3 节介绍的机械压实方法。

3. 分层铺填并压实

除接触下卧软土层的垫层底层应根据施工机械设备及下卧层土质条件的要求具有足够的厚度外，垫层的分层铺填厚度可取 200～300mm，一般情况下，虚铺 300mm，压实后 200mm。

4. 含水率控制

为获得最佳夯压效果，宜采用垫层材料的最优含水率 w_{0p} 作为施工控制含水率。对于素土和灰土，现场可控制在最优含水率（$w_{0p}\pm2\%$）的范围内。最优含水率可通过击实试验确定，也可按当地经验取用。

5. 铺筑前应先行验槽

坑底浮土应清除干净，边坡必须稳定，防止塌土、滑坡。基坑底部及两侧附近如有古井、古墓、洞穴、旧基础、暗塘等软硬不均的部位时，应根据要求先行处理，并经检验合格后，方可铺填垫层。

6. 避免软弱土层结构扰动

垫层下卧层为淤泥或淤泥质土时，因其有一定的结构强度，一旦被扰动则强度大大降低，影响建筑的安全。通常的做法是：开挖基坑时预留厚约 300mm 的保护层，待做好铺填垫层的准备后，对保护层挖一段随即用换填材料铺填一段，直到完成全部垫层，以保护下卧软土层的不被扰动。

7. 垫层底面要求

垫层底面宜设在同一标高上，如深度不同，基坑底土面应挖成阶梯或斜坡搭接，并按先深后浅的顺序进行垫层施工，搭接处应夯压密实。素土及灰土垫层分段施工时，不得在柱基、墙角及承重窗间墙下接缝。上下两层的缝距不得小于 500mm。接缝处应夯压密实。灰土应拌和均匀并应均匀铺填夯压。灰土夯实后 3d 内不得受水浸泡。

垫层竣工后，应及时进行基础施工与基坑回填。

9.4.4 质量检验

垫层质量检验包括：分层施工质量检查（跟踪检测）和工程质量验收。

9.5 预 压 法

9.5.1 预压法的原理及适用范围

预压法是指在建（构）筑物建造前，先在拟建场地上一次性施加或分级施加荷载，使土体中孔隙水逐渐排出，土体固结，孔隙体积变小，土体的抗剪强度增长，地基承载力和稳定性提高，土体的压缩性减小，经过一段时间后，地基基本完成或大部分完成固结沉降，再将预压荷载卸去，建造建（构）筑物。

预压法是处理软黏土地基的有效方法之一，适用于淤泥、淤泥质土和冲填土等饱和黏性土的地基处理，也可用于高压缩性粉土，有机质黏土和泥炭土地基等。预压法已成功地应用于码头、堆场、道路、机场跑道、房屋建筑等对沉降和稳定性要求比较高的建（构）筑物地基。

9.5.2 砂井预压法

砂井预压法是在软弱地基中设置砂井作为竖向排水通道，并在砂井顶部设置砂垫层作为水平排水通道，砂井作为竖向排水通道的同时，可起缩短软弱地基水平向排水距离的作用，在砂垫层上部施加预压荷载以产生超静水压力，使土体中孔隙水较快地通过砂井砂垫层排出，以达到加速土体固结，提高地基土承载力、减小基础沉降量的目的。

9.5.2.1 砂井的构造和布置

1. 砂井的直径和间距

砂井的直径和间距，主要取决于黏性土层的固结特性和工期要求。因缩小井距要比增大砂井直径更有利于加速土层的固结，原则上以“细而密”布置方案为好。井径不宜过大或过小，过大不经济，过小施工易造成灌砂率不足、缩颈甚至砂井不连续等质量问题。工程上常用的普通砂井直径为 30～50cm；袋装砂井直径为 7～10cm；塑料排水带可按式（9.6）进行当量换算直径。

$$d_p = \alpha \frac{2(b+\delta)}{\pi} \tag{9.6}$$

式中 d_p——塑料排水带当量换算直径；

α——换算系数，无试验资料时可取 $\alpha=0.75\sim1.00$；

b——塑料排水带宽度；

δ——塑料排水带厚度。

砂井的间距通常可按井径比 n（$n=d_e/d_w$，d_w 为砂井直径，d_e 为每个砂井的有效影响范围的直径）确定，普通砂井的间距可按 $n=6\sim8$ 选用，一般取 2～4m；袋装砂井或塑料排水带的间距可按 $n=15\sim20$ 选用，一般取 1～1.5m。

2. 砂井的长度

砂井长度的选择和土层分布、地基变形和稳定性要求以及工期等因素有关。当软黏土层不厚时，排水井应贯穿软黏土层；软黏土层较厚但间有砂层或砂透镜体时，排水井应尽可能打至砂层或砂透镜体。当黏土层很厚又无砂透水层时可按建筑物对地基变形及稳定性要求来决定。对以地基抗滑稳定性控制的工程，如路堤、土坝、岸坡、堆料场等，砂井深度至少应超过最危险滑动面 2m。从沉降考虑，砂井长度应穿过主要的压缩层。工程应用中，砂井长度一般为 10～20m。

3. 砂井的平面布置

砂井在平面上可布置成梅花形（正三角形）或正方形，以梅花形排列较为紧凑和有效，如图 9.2 所示。

一根砂井的有效排水圆柱体的直径 d_e 和砂井间距 s 的关系如下

梅花形布置　　　　$d_e=1.05s$

正方形布置　　　　$d_e=1.13s$

砂井的布置范围，一般比建筑物基础范围稍大为好，因为基础以外一定范围内地基中

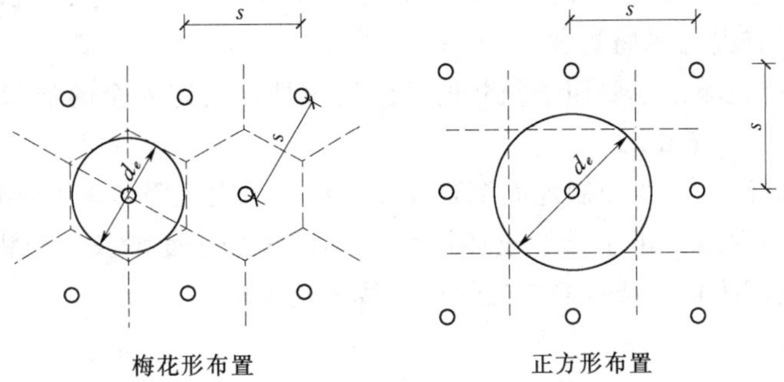

图 9.2 砂井平面布置及影响范围土柱体示意

仍然存在由于建筑物荷载所引起的应力，如果能使基础范围外的地基土固结，对提高地基的稳定性和减小侧向变形以及由此引起的沉降均有好处。

4. 砂井顶面砂垫层

在砂井顶面应铺设排水砂垫层，以连通各个砂井，形成通畅的排水通道，将水排到场地以外。

9.5.2.2 施工要点

1. 砂井施工工艺

砂井施工工艺如图 9.3 所示。

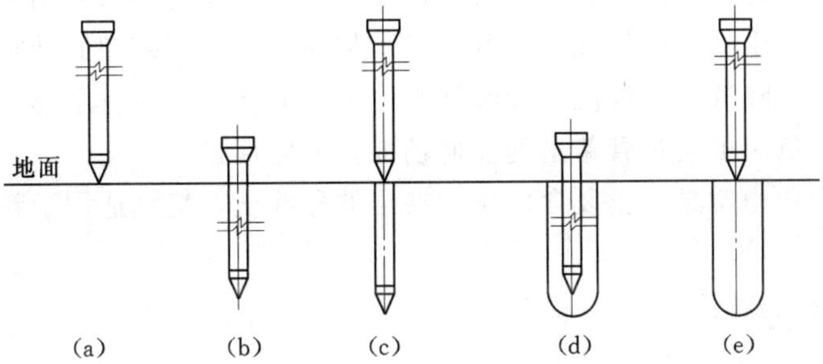

图 9.3 砂井施工工艺图

(a) 桩机就位；(b) 打设到设计深度；灌砂；(c) 提起状管；活瓣桩尖张开；砂留在桩孔中；
(d) 将桩管再次打到设计深度，灌砂；(e) 拔起桩管完成扩大砂井

2. 砂料的选择

砂井的砂料应尽可能选用渗透性好的砂料，以减小砂井对水流的阻力。一般宜选用含泥量小于 3%的中粗砂或矿渣，但渗透系数不得小于 10^{-2}cm/s。

砂垫层的砂料宜采用透水性好的中砂，其含泥量不得大于 4%，砂垫层的干密度宜大于 1.5t/m^3，其渗透系数不宜小于 10^{-2}cm/s。

3. 质量控制

(1) 应保证达到设计要求的灌砂密实度，自上而下保持连续，避免出现缩径现象，且尽可能减小对砂井周围土结构的扰动；砂井的长度、直径和间距应满足设计要求；砂井位置的允许偏差为该井的直径，垂直度的允许偏差为 1.5%；其实际灌砂量不得小于计算的

95%。对灌砂量未达到设计要求的砂井，应在原位将砂井复打、复灌一次。

(2) 施工期间应进行现场测试。

1) 边桩水平位观测：主要用于判断地基的稳定性，决定安全的加荷速率，要求边桩位移速率应控制在 3～5mm/d。

2) 地面沉降观测：主要控制地面沉降速度，要求最大沉降速率不宜超过 10mm/d。

3) 孔隙水压力观测：用于计算土体固结度、强度及强度增长，分析地基的稳定性，从而控制堆载速度，防止堆载过多、过快而导致地基破坏。

9.5.3 真空预压法

真空预压法是在需要加固的软土地基表面铺设砂垫层，然后埋设垂直排水管道，再用不透气的塑料膜使其与大气隔绝，通过砂垫层内埋设的吸水（气）滤管，用抽真空装置进行抽气，并保持较高的真空度，在封闭膜下形成负压，使土体内部与排水通道、垫层之间形成压力差，将土体中的孔隙水和空气逐渐排出，使土体固结。真空预压法是以大气压力作为预压荷载的。

9.5.3.1 真空预压法的特点及适用范围

(1) 设备及施工工艺简单，省略了加载、卸载工序，缩短了预压时间，节省大量原材料、能源和运输能力，无噪声，无振动，无污染，技术经济效果显著。

(2) 在真空预压进程中，加固体内外大气压差，孔隙水的渗透方向，渗透力引起的附加应力等均指向被加固土体，所引起的侧向变形，亦指向被加固土体。真空预压可一次施加，地基不会发生剪切破坏而引起地基失稳，可有效缩短总的排水固结时间。

(3) 真空法所产生的负压使地基土的孔隙水加速排出，可缩短固结时间；同时由于孔隙水排出，地下水位降低，由渗流力和降低水位引起的土中有效自重应力也随之增大，提高了加固效果；且负压可通过管路送到任何场地，适应性强。

(4) 适用于饱和均质黏性土及含薄层砂夹层的黏性土，特别适用于新淤填土、超软土地基的加固。

9.5.3.2 真空预压法施工

1. 工艺流程

为保证地基在较短的预压时间内达到加固效果，一般真空预压和竖向排水体联合使用，其工艺流程如下。

地质调查→排水体设计→排水砂垫层施工→设打竖向排水体→观测设备埋设→埋设真空分布管→铺设密封膜→真空泵安装管路连接→抽真空→观测→效果检验。

2. 水平向分布滤管的埋设

水平向分布滤管一般采用条形或鱼刺形两种排列方法，如图 9.4 所示。滤管铺设间距要适当，使真空度分布均匀，滤管上部应覆盖 100～200mm 厚的砂层。

3. 密封膜的施工

密封膜的施工是真空预压法成败的关键之一。一般采用 2～3 层密封膜，按先后顺序同时铺设，并在加固区四周，离基坑线外缘 2m 开挖深 0.8～1.0m 的沟槽，将膜的周边放入沟槽内，用黏土或粉质黏土回填压实，要求密封不漏气。密封膜上全面覆水，既可增强密封效果又可减缓膜的老化。

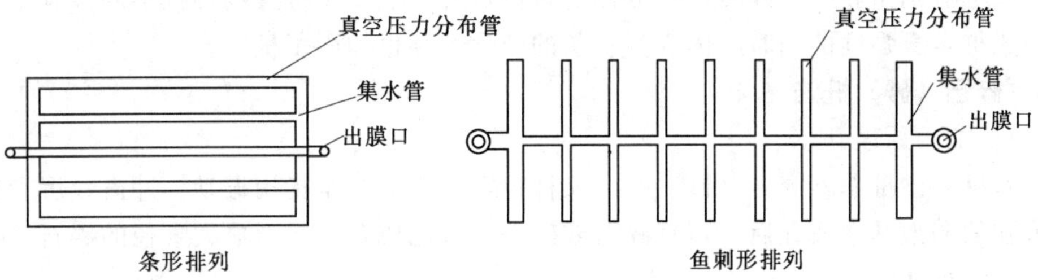

图 9.4 真空分布滤管排列示意图

4. 质量控制

真空分布滤管的距离要适当，使真空度分布均匀，包管滤膜渗透系数不小于 10^{-2}cm/s；真空泵及膜内真空度应达到 96kPa 和 73kPa 以上的技术要求；地表沉降的控制标准与堆载预压时的沉降规律一致，如发现异常，应及时采取措施，以免影响加固效果。

9.5.4 其他预压法

1. 降水预压法

降水预压法是通过降低地下水位，使降水范围内土的自重由浮重度变为饱和重度，由此增加了土的有效固结应力，使土层固结变形，强度增加，土的性质得到改善。

2. 电渗法

在土中插入金属电极并通以直流电，由于直流电场作用，土中水会从阳极流向阴极，这种现象叫电渗。如果将水从阴极排除而在阳极不予补充，借助电渗作用可逐渐排除土中水，引起土层的固结沉降。

9.6 挤 密 桩 法

挤密桩法是以冲击、振动或采用沉管等方法成孔，然后向孔中填入砂、碎石、土或灰土、石灰、渣土或其他材料，再振实成桩，同时挤密桩间土的方法。其加固原理一方面是施工过程中挤、振密桩间土，另一方面桩体与桩间土形成复合地基。挤密桩按填料类别可分为土桩或灰土桩、石灰桩、碎石（砂）桩、渣土桩等；按施工方法可分为振冲挤密桩、沉管振动挤密桩、爆破挤密桩等。

9.6.1 土或灰土挤密桩法

土桩或灰土桩是采用沉管、冲击或爆炸等方法在地基中挤土，形成一定直径的桩孔（一般直径为 28～60cm），然后向孔内夯填素土或灰土形成土桩或灰土桩。成孔过程中，桩孔部位的土被挤向桩孔四周，从而使桩间土得到挤密。另一方面，对灰土桩而言，桩体材料石灰和土之间产生一系列物理化学反应，凝结成具有一定强度的桩体；而土桩在成桩过程中因受到夯实作用也具有一定强度，因此桩体和桩间挤密土共同组成人工复合地基。

9.6.2 石灰桩法

石灰桩是指采用机械或人工在地基中成孔，然后灌入生石灰块或按一定比例加入粉煤灰、炉渣、火山灰等掺合料及少量外加剂进行振密或夯实而形成的桩体，石灰桩与经改良的桩周土共同组成石灰桩复合地基。

石灰桩有别于砂桩、碎石桩等散体材料桩，又与混凝土桩等刚性桩不同。其主要特点是在形成桩自身强度的同时，因为生石灰的硬化特性也加固了桩间土。

9.6.3 碎石（砂）桩法

9.6.3.1 加固原理

碎石桩和砂桩总称碎石（砂）桩，又称粗颗粒土桩，是指用振动、冲击、沉管或水冲等方式在软弱地基中成孔后，再将碎石或砂挤压入已成孔中，形成大直径的碎石（砂）所构成的密实桩体。

9.6.3.2 设计要点

1. 地基加固范围

地基加固范围应根据建筑物的重要性和场地条件及基础形式而定，通常要大于基底面积。一般基础外缘以外应有1～2排碎石（砂）桩；可液化地基，基础外缘外应有2～4排碎石（砂）桩。

2. 桩位布置

对大面积伐板基础，宜采用梅花形（等边三角形）布置；对独立基础或条形基础，宜采用正方形、矩形或等腰三角形布置；对于圆形或环形基础宜用放射形布置。如图9.5所示。

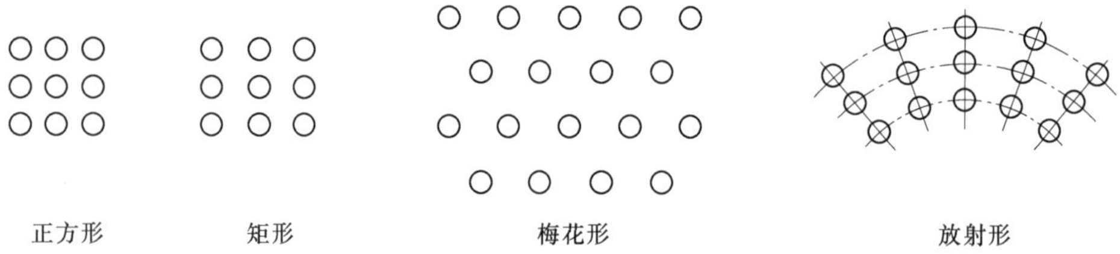

图9.5 桩位布置示意图

3. 桩长的确定

当相对硬层的埋藏深度不大时，应按相对硬层埋藏深度确定；当相对硬层的埋藏深度较大时，按建筑物地基的变形允许值确定。桩长不宜短于4m。在可液化的地基中，桩长应按要求的抗震处理深度确定。

4. 桩径的确定

桩径应根据地基土质情况和成桩设备等因素确定。当采用振冲器成桩时，一般桩径为70～100cm；采用沉管法成桩时，一般桩径30～70cm，对饱和黏性土地基宜选用较大的直径。

5. 桩体材料

桩体材料可用中粗混合砂、碎石、卵石、砂砾石等，含泥量不大于5%。对于碎石，常用粒径为2～5cm，一般不大于8cm。

6. 碎石（砂）垫层

碎石（砂）桩施工完毕，基础底面应铺设20～50cm厚度的碎石（砂）垫层。

7. 桩距的计算

松散砂土中打入碎石（砂）桩，假定能起到100%的挤密效果，则根据式（9.7）～

式（9.9）确定桩距。

梅花形（等边三角形）布置时

$$L = 0.95d\sqrt{\frac{1+e_0}{e_0-e_1}} \tag{9.7}$$

正方形布置时

$$L = 0.90d\sqrt{\frac{1+e_0}{e_0-e_1}} \tag{9.8}$$

$$e_1 = e_{\max} - D_{r1}(e_{\max} - e_{\min}) \tag{9.9}$$

式中 L——碎石（砂）桩距；

d——碎石（砂）桩直径；

e_0——地基处理前砂土的孔隙比；

e_1——地基处理后要求砂土达到的孔隙比；

$e_{\max}$、$e_{\min}$——砂土的最大、最小孔隙比；

D_{r1}——地基挤密后要求砂土达到的相对密实度，可取 0.70～0.85。

黏性土地基，可根据式（9.10）～式（9.12）计算。

梅花形（等边三角形）布置

$$L = 1.08\sqrt{A_e} \tag{9.10}$$

正方形布置

$$L = \sqrt{A_e} \tag{9.11}$$

$$A_e = \frac{A_p}{m} \tag{9.12}$$

式中 A_e——每根碎石（砂）桩承担的处理面积；

A_p——碎石（砂）桩的截面积；

m——面积置换率。

8. 承载力计算

由于碎石（砂）桩桩体由散体颗粒组成，其桩体的承载力主要取决于桩间土的侧向约束能力，对这类桩最可能的破坏形式为桩体的鼓胀破坏。如图 9.6 所示。

可采用式（9.13）估算单桩极限承载力

$$[p_p]_{\max} = 20C_u \tag{9.13}$$

式中 $[p_p]_{\max}$——单桩极限承载力，kPa；

C_u——地基土的不排水抗剪强度，kPa。

在黏性土和碎石（砂）桩所构成的复合地基上，当作用荷载为 p 时，设作用于桩的应力为 p_p 和作用于黏性土的应力为 p_s，则复合地基的承载力可用式（9.14）、式（9.15）求得。

$$p = [1 + m(n-1)]p_s \tag{9.14}$$

$$p = [1 + m(n-1)]p_s\frac{1}{n} \tag{9.15}$$

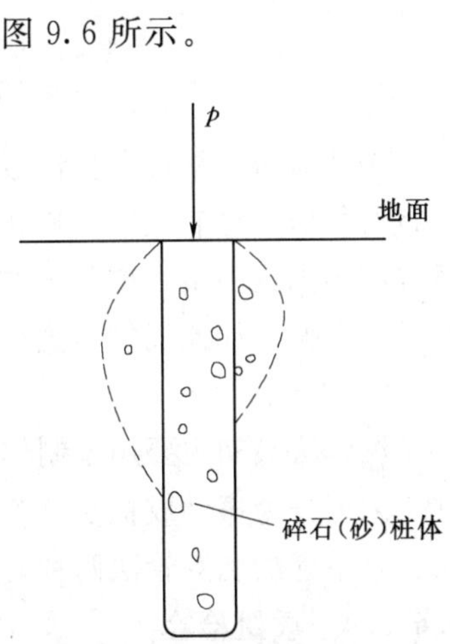

图 9.6 桩体的鼓胀破坏形式

式中 n——桩土应力比，$n=p_p/p_s$，由实测获得；无实测值时，一般取2.0～4.0，天然地基为黏性土时取最大值，为砂性土时取最小值；

m——面积置换率。

9. 沉降计算

复合地基的压缩模量可按式（9.16）计算

$$E_{sp}=[1+m(n-1)]E_S \tag{9.16}$$

式中 E_{sp}——复合地基的压缩模量，MPa；

E_S——桩间土的压缩模量，MPa；

9.6.3.3 施工方法

目前，碎石（砂）桩施工方法多种多样，本书仅介绍振冲法和沉管法。

1. 振冲法

振冲法以起重机吊起振冲器，启动潜水电动机后，带动偏心块，使振冲器产生高频振动，同时开动水泵，使高压水通过喷嘴喷射高压水流，在边振边冲的联合作用下，将振冲器沉到土中的设计深度。经过清孔后，就可以从地面向孔中逐段填入碎石，每段填料均在振动作用下被振挤密实，达到所要求的密实度后提升振冲器，如此重复填料和振密，直至地面，从而在地基中形成一根大直径的、密实桩体。

振冲挤密一般施工过程如下（图9.7）。

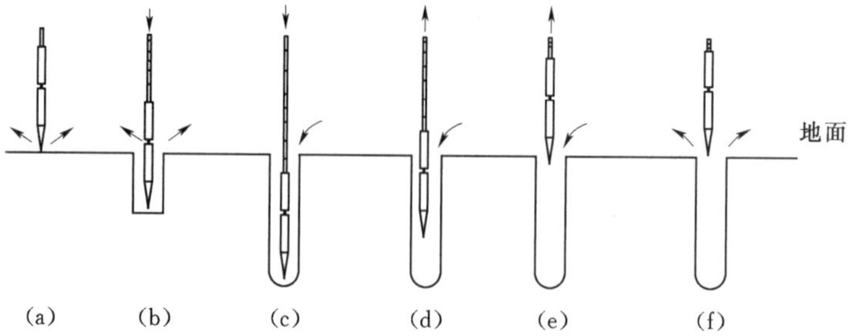

图9.7 振冲法施工过程示意图

(a) 定位；(b) 振冲成孔；(c) 振冲至桩底开始填料；(d) 振动成桩；(e) 将振冲器上提，振动成桩；(f) 完成

振冲器对准桩位—振冲成孔—将振冲器提出孔口，向桩孔内填料—将振冲器再放入孔内将石料压入桩底振密—连续不断向孔内填料，边填边振，达到“密实电流”（桩体的松密程度不同反映出的电流不同）后，将振冲器缓慢上提，继续振冲，达到“密实电流”后，再上振。如此反复，直至整根桩完成。

2. 沉管法

沉管法最初主要用于制作砂桩，近年开始用于制作碎石桩，这是一种干法施工。按成桩工艺可分为振动成桩法（含一次拔管法、逐步拔管法、重复压拔管法三种）、冲击成桩法（含单管法和双管法两种）和静压成桩法三类。

9.6.3.4 质量检验

碎石（砂）桩施工结束后，为了使桩周被扰动的土体强度得到恢复，除砂土地基外，均应间隔一定时间才能进行质量检验。对黏性土地基，间隔时间为 3～4 周；对粉土地基间隔时间为 2～3 周。

工程中常用的质量检验方法有单桩载荷试验和动力触探试验。单桩载荷试验，可按每 200～400 根桩随机抽取 1 根进行检验，但总数不得少于 3 根。对大型、重要或场地复杂的碎石（砂）桩工程应进行复合地基处理的效果检验，检验点数量可按处理面积大小取 2～4组。

9.6.4 渣土桩法

渣土桩是指用建筑垃圾和工业废料形成的无黏结强度的桩。此项技术既可消纳建筑垃圾和工业废料，又可加固地基，具有显著的社会和经济效益。

9.6.5 水泥粉煤灰碎石桩（CFG 桩）法

水泥粉煤灰碎石桩简称 CFG 桩，是由碎石、石屑、砂石和粉煤灰掺适量水泥，加水拌和制成的一种具有一定结构强度的桩。水泥掺量及配比不同，桩体强度等级一般在 C5～C20 之间。

1. CFG 桩桩体材料

CFG 桩的骨料为碎石，掺入石屑用来填充碎石的孔隙，使其级配良好，对桩体强度起重要作用。相同的碎石和水泥掺量，由于掺入石屑改善了骨料的级配，可使桩体强度增加 50%左右。碎石粒径一般为 20～50mm；石屑的粒径一般为 2.5～10mm。

粉煤灰是燃煤发电厂排弃的一种工业废料，既是 CFG 桩中的细骨料，又有低标号水泥作用，可使桩体具有明显的后期强度。

水泥一般采用 425 号普通硅酸盐水泥即可。

2. CFG 桩加固机理

CFG 桩加固软弱地基，桩和桩间土一起通过褥垫层形成 CFG 桩复合地基，如图 9.18 所示。CFG 桩加固软弱地基主要有三种作用。

（1）桩体作用：CFG 桩桩体具有一定结构强度，在荷载作用下桩体的压缩性明显比其周围软土小，基础传给复合地基的应力随地基的变形增加逐渐集中到桩体上，出现明显的应力集中现象，复合地基的 CFG 桩起到了桩体的作用。

（2）挤密作用：施工时，由于振动和挤压作用，使桩间土得到挤密，加固前后桩间土的物理力学性质明显改善。

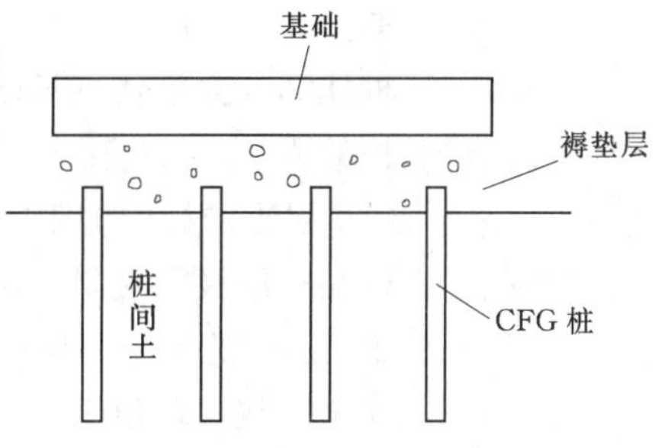

图 9.8 CFG 桩复合地基示意图

（3）褥垫层作用：CFG 桩复合地基的许多特性都与褥垫层有关，因此褥垫层技术是 CFG 桩复合地基的一个核心技术。由级配砂石、粗砂、碎石等散体材料组成的褥垫层可保证桩、土共同承担上部荷载，并有效调整桩、土荷载分担比，减小基础底面的应力集中。通过褥垫层厚度的调整，可以调整桩、土水平荷载的分担比。结合大量的工程实践，考虑到技术上可靠，经济上合理，褥垫层厚度取10～30cm 为宜。

3. 设计要点

CFG 桩常采用振动沉管法施工，其桩径根据桩管大小而定，一般为 350～400mm。桩距的选用需考虑承载力、土性与施工机具等因素，一般为 3～6 倍桩径。若设计要求承载力大时，桩距取小值，但须考虑施工时新打桩对已打桩的扰动影响，就施工而言希望采用大桩距大桩长，但桩长过大，因桩体强度较低桩体下部不能发挥作用，会降低复合地基的性价比，故桩距、桩长大小应综合考虑。

桩长可根据复合地基承载力的要求进行预估，CFG 桩复合地基承载力可用式（9.17）或式（9.18）估算。

$$f_{sp,k} = m\frac{R_k^d}{A_p} + \alpha\beta(1-m)f_{s,k} \tag{9.17}$$

$$f_{sp,k} = [1+m(n-1)]\alpha\beta f_{s,k} \tag{9.18}$$

$$R_k^d = \eta R_{28} A_p \tag{9.19}$$

$$R_k^d = (U_p \sum q_{si} L_i + q_p A_p)/k \tag{9.20}$$

式中 $f_{sp,k}$——复合地基承载力标准值，kPa；

m——面积置换率；

n——桩、土应力比；

A_p——桩的截面面积；

$f_{s,k}$——天然地基承载力标准值，kPa；

α——桩间土强度提高系数，$\alpha=\frac{f'_{s,k}}{f_{s,k}}$（$f'_{s,k}$为加固后桩间土承载力标准值）；

β——桩间土强度发挥度，对一般工程 β=0.9～0.95；对重要工程或变形要求高的建筑物 β=0.75～0.9；

R_k^d——自由单桩承载力标准值，可按式（9.19）和式（9.20）计算，并取其中较小值。

η——取 0.3～0.33；

R_{28}——桩体 28d 立方体（15cm×15cm×15cm）试块强度，kPa；

U_p——桩的周长，m；

q_{si}——第 i 层土的极限侧阻力，kPa，按建筑桩基技术规范有关规定取值；

q_p——桩端土的极限端阻力，kPa，按建筑桩基技术规范有关规定取值；

L_i——第 i 层土的土层厚度，m；

k——安全系数，取值 1.5～1.75。

在进行复合地基设计时，天然地基承力 $f_{s,k}$是已知的，设计要求复合地基承载力 $f_{sp,k}$ 也为已知的。桩径和桩距确定后，置换率 m 和桩的截面面积 A_p 均为已知。

桩间土强度提高系数 α 可根据经验预估或实测确定。没有经验和无实测资料时，对一般黏性土可取 1；对灵敏度较高的土和结构性较强的土，采用对桩间土产生扰动的施工工艺且施工速率很快时，α 宜取小于 1 的数值。

将以上数值代入式（9.17）即可求得 R_k^d。再由式（9.20）求得桩长。

桩体配比一般按桩体标号控制，最低标号按 3 倍桩顶应力 σ_p 确定。σ_p 按式（9.21）

确定。

$$\sigma_p = \frac{R_k^d}{A_p} \tag{9.21}$$

通常情况下，桩都在基础范围内，桩的数量可按式（9.22）确定。

$$n_p = \frac{mA}{A_p} \tag{9.22}$$

式中 m——面积置换率；

A——基础面积；

A_p——桩的截面面积；

n_p——理论布桩数。

实际布桩时受基础尺寸大小及形状等影响，布桩数会有一定的增减。

在软土地区采用CFG桩复合地基方案时，桩端一般应落在较好土层上。

9.7 强 夯 法

9.7.1 强夯法的原理及运用范围

强夯法又称动力固结法，由法国 Menard 技术公司于1969创立并应用。这种方法是将重锤（一般10～40t）提升到一定高处使其自由落下（落距一般为10～40m）给地基以反复冲击和振动，从而提高地基的强度并降低其压缩性。它是在垂锤夯实法的基础上发展起来的，但加固原理不同。

1. 强夯法加固原理

夯锤自由下落产生巨大的冲击能量，使土中产生很大的应力和冲击波，致使土中孔隙压缩，土体局部液化，夯击点周围产生放射性裂隙形成良好的排水通道，使土中的孔隙水（气）溢出，土体固结，从而降低土的压缩性，提高地基承载力，避免了重锤夯实产生“橡皮土”的情况。

2. 强夯法适用范围

应用强夯法处理的工程范围广泛，各类工业民用建筑、仓库、油罐、贮仓、公路、铁路路基、飞机场跑道、码头以及大型设备基础等地基处理均取得了成功，由于该方法冲击力大、震动强烈，城市市区不宜使用。

9.7.2 强夯法的设计要点

强夯法设计的主要参数为：有效加固深度、夯击能、夯击次数、夯击遍数、间隔时间、夯击点布置和处理范围等。

1. 有效加固深度

强夯法的有效加固深度应根据现场试夯或当地经验确定。也可用式（9.23）估算。

$$H = K\sqrt{\frac{Wh}{10}} \tag{9.23}$$

式中 H——有效加固深度，m；

K——修正系数，一般为0.34～0.8，例如黄土为0.34～0.50；

W——锤重，kN；

h——落距，m。

2. 夯击能

单击夯击能是表示每击能量大小的参数，其值等于锤重和落距的乘积。目前我国采用的最大单击夯击能为8000kN·m，国际上采用的最大单击夯击能为50000kN·m，加固深度达40m。

单位夯击能指在单位面积上所施加的夯击能。根据我国的工程实践，一般情况下，对于粗颗粒土单位夯击能可取1000～3000kN·m/m^2，细颗粒土为1500～4000kN·m/m^2。

3. 夯击次数

不同地基土所采用的夯击次数也应不同，一般通过现场试夯确定，以夯坑的压缩量最大、夯坑周围土体隆起量最小为原则。可从现场试夯得到的锤击数和夯沉量关系曲线确定。但要满足最后两击的平均夯沉量不大于50mm，当单击夯击能量较大时不大于100mm，且夯坑周围地面不发生过大的隆起。此外还要考虑施工方便，不能因夯坑过深而发生起锤困难的情况。

4. 夯击遍数与间歇时间

夯击遍数与地基土的性质有关。由粗颗粒土组成的渗透性强的地基，夯击遍数可少些；由细颗粒土组成的渗透性低的地基，夯击遍数要求多些。根据我国工程实践，一般做法是，夯击2～3遍，最后再以低能量满夯一遍。

两遍夯击之间应有一定的时间间隔，以利于土中超孔隙水压力的消散。所以间隔时间取决于地基土的渗透性。当缺少实测资料时，对于渗透性较差的黏性土地基的间隔时间，一般不少于3～4周；对于渗透性特别好的地基则可连续夯击。

5. 夯击点布置形式及范围

夯击点布置可根据建筑结构及基础类型，采用梅花形（等边三角形）、等腰三角形或正方形布置。对于某些基础面积较大的建（构）筑物，可按梅花形（等边三角形）或正方形布置夯点；对于办公楼、民用住宅，则根据承重墙以及纵墙和横墙交接处墙基下均有夯击点的原则布置；对于工业厂房也可按柱网设置夯击点。

强夯处理的范围应大于建筑物基础范围，具体尺寸可根据建筑结构类型及重要性等因素确定。对于一般建筑物，每边超出基础外缘的宽度宜为设计处理深度的2/3～1/2，并不小于3m。

9.7.3 强夯法的质量检验

（1）检验数量。强夯地基检验的数量应根据场地的复杂程度和建筑物的重要性来决定。简单场地上的一般建筑物，每个建筑物地基的检验点不小于3处。复杂场地，应根据场地变化类型，每个类型不少于3处。强夯面积超出1000m^{2}应增加1处。

（2）检验时间。经强夯处理的地基，其强度是随着时间增长而逐步恢复和提高的。因此，在强夯施工结束后应间隔一定时间才能对地基质量进行检验，其间隔时间可根据土的性质而定，时间越长，强度增长越高。一般对于碎石和砂土地基，其间隔时间可取1～2周，对于低饱和度的粉土和黏性土地基可取2～4周。对于其他高饱和度的土，测试间隔时间可以适当延长。

(3) 检验方法。应根据土的性质选用原位测试和室内土工试验方法。一般工程应采用两种或两种以上的方法进行检验，对于重要工程应增加检验项目。

(4) 检查强夯施工过程中的各种测试数据和施工记录以及施工后的质量检验报告，不符合设计要求的，应补夯或采用其他有效处理措施。

9.8 化学加固法

化学加固法是指利用黏土、水泥或化学浆液，通过灌注压入、高压喷射或机械搅拌的方法，使浆液与土颗粒胶结起来，改善土的物理、力学性质的一种地基处理方法。本节介绍几种工程中常用的化学加固方法。

9.8.1 灌浆法

灌浆法是指利用液压、气压或电动化学原理，通过注浆管把浆液均匀地注入地层中，浆液以填充、渗透和挤密等方式，挤走土颗粒间或岩石裂隙中的水分和空气后占据其位置，经一定时间后，浆液将原来松散的土粒或裂隙周围的岩石胶结成一个整体，形成一个结构、强度、防水性能和化学稳定性良好的结合体。

9.8.2 深层搅拌法

1. 深层搅拌法的加固机理及适用范围

深层搅拌法是通过特制的深层搅拌机械，沿深度将固化剂（水泥浆、水泥粉或石灰粉等，外加一定的掺合剂）与地基土强制搅拌，利用固化剂和软土之间所产生的一系列物理、化学反应，使软土硬结成具有整体性、水稳定性和一定强度的地基。深层搅拌法适用于处理淤泥、淤泥质土、粉土和含水率较高且承载力特征值小于120kPa的黏性土地基，并可根据工程需要将地基加固成块状、柱状、壁状、格栅状等形状的水泥土。

2. 深层搅拌法的设计要点

水泥土中水泥含量通常用水泥掺入比 a_w 表示。

$$a_w = \frac{\text{掺入的水泥质量}}{\text{被拌和的黏土质量}} \times 100\%$$

试验表明，影响水泥土强度的主要因素有：水泥掺入比 a_w、水泥标号、养护龄期、土样含水率、土中有机质含量、外掺剂及土体围压等。工程实践中，水泥掺入比一般为7%～15%。

搅拌桩复合地基承载力特征值应通过现场复合地基载荷试验确定，也可按式 (9.24) 计算。

$$f_{sp,k} = m\frac{R_k^d}{A_p} + \beta(1-m)f_{s,k} \tag{9.24}$$

式中 $f_{sp,k}$——复合地基承载力特征值；

m——面积置换率；

R_k^d——单桩竖向承载力特征值，应通过现场单桩载荷试验确定；

A_p——桩的截面面积；

$f_{s,k}$——桩间天然地基土承载力特征值；

β——桩间土承载力折减系数，当桩端土为软土时，可取0.5～1.0，当桩端土为硬土时，可取0.1～0.4，当不考虑桩间软土的作用时，可取零。

3. 深层搅拌法施工机具及施工工艺

深层搅拌机械分为喷浆型和喷粉型两种类型。目前国内较为常用的有深层双轴搅拌机、深层单轴搅拌机等。

4. 深层搅拌法施工工艺

喷浆型和喷粉型的深层搅拌施工工艺不同。现简介喷浆型深层搅拌的施工工艺（图9.9）。

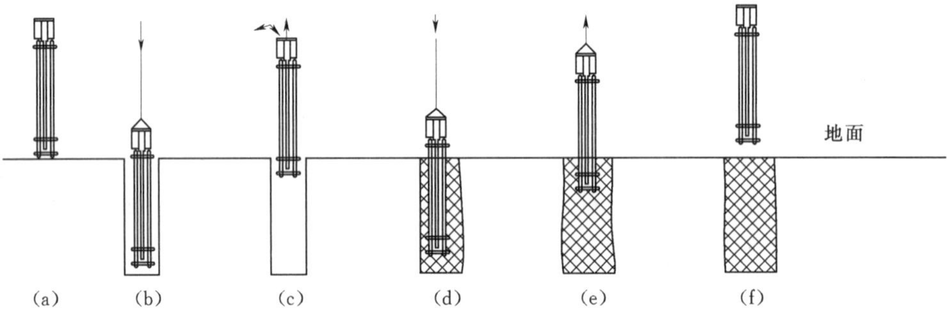

图9.9 喷浆型深层搅拌施工顺序

(a) 定位；(b) 预搅下沉；(c) 喷浆搅拌上升；(d) 重复搅拌下沉；(e) 重复搅拌上升；(f) 完毕

(1) 就位。起重机（或塔架）悬吊深层搅拌机到达指定桩位，调整水平，使中心管（双搅拌机型）或钻头（单轴型）中心对准设计桩位。

(2) 预搅下沉。待深层搅拌机的冷却水循环正常后，启动搅拌电机，放松起重机钢丝绳，使搅拌机在自重作用下沿导向架搅拌切土下沉，下沉的速度可由电机的电流监测表控制，工作电流不应大于70A。如果下沉速度太慢，可从输浆系统补给清水以利钻进。

(3) 制备水泥浆。待深层搅拌机下沉到一定深度时，开始按设计确定的配合比拌制水泥浆，压浆前将水泥浆倒入集料斗中。

(4) 提升喷浆搅拌。搅拌机下沉到设计深度后，开启灰浆泵将水泥浆压入搅拌疏松的地基中，并且边喷浆、边旋转搅拌钻头，同时按照设计确定的提升速度提升搅拌机。

(5) 重复搅拌下沉、提升。搅拌机提升到设计加固的顶面标高时，集料斗中的水泥浆正好排空。为使软土和水泥浆搅拌均匀，可再次将搅拌机边旋转边沉入土中，至设计加固深度后再将搅拌机边旋转边提升出地面。

(6) 清洗。向集料斗中注入适量的清水，开启灰浆泵，清洗全部管路中残余的水泥浆，直至干净，并将黏附在搅拌头上的软土清除干净。

(7) 移位。深层搅拌机移位，重复上述步骤（1）～步骤（6），进行下一根桩的施工。

9.8.3 高压喷射注浆法

高压喷射注浆法就是利用钻机把带有喷嘴的注浆管钻入（或置入）土层预定深度，以20～40MPa的压力把浆液从喷嘴中喷射出来，形成高压喷射流冲击破坏土层，形成预定形状的空间。

高压喷射注浆法的基本工艺类型有：单管法、二重管法、三重管法、多重管法、多孔管法等多种方法。

小　结

本章仅介绍了目前国内外常用的几种地基处理方法，对其基本概念、适用范围、加固机理、设计要点、施工工艺和地基处理效果检验有侧重的进行了阐述。国内外地基处理方法很多，并且还在不断发展和完善中，新方法、新工艺、新材料还在不断涌现，工作中必须借鉴、学习已有地基处理的成功经验，针对地基具体情况选用技术科学、经济合理的地基处理方法，开发、应用新的地基处理技术。

思　考　题

9.1　地基处理的意义和作用是什么？

9.2　何为复合地基？并举例说明。

9.3　地基处理有哪些主要的方法

9.4　换土垫层法的基本原理及作用是什么？

9.5　加载预压法与真空预压法有何异同？

9.6　强夯法加固地基的机理是什么？它与重锤夯实法有何不同？

9.7　排水砂井与挤密砂桩有何区别？

9.8　化学加固法有哪几种？加固机理是什么？

习　题

某房屋为 4 层砖混结构，承重墙传至±0.00 处的荷载 $F=196\text{kN/m}$。地基土为淤泥质土，重度 $\gamma=16.7\text{kN/m}^3$，承载力特征值 $f_a=62\text{kPa}$，地下水位深 1m。试设计墙基及砂垫层（砂垫层承载力特征值取 $f_a=115\text{kPa}$，扩散角 $\theta=23°$）。

参 考 文 献

[1] 杨进良. 土力学. 第二版 [M]. 北京：中国水利水电出版社，2000.
[2] 龚晓南. 土力学 [M]. 北京：中国建筑工业出版社，2002.
[3] 东南大学，等. 土力学 [M]. 北京：中国建筑工业出版社，2001.
[4] 秦植海. 土力学与地基基础 [M]. 北京：中国水利水电出版社，1998.
[5] 张力霆. 土力学与地基基础 [M]. 北京：高等教育出版社，2002.
[6] 秦植海. 土质学与土力学 [M]. 北京：科学出版社，2004.
[7] 《地基处理手册》编写委员会. 地基处理手册. 第二版 [M]. 北京：中国建筑工业出版社，2000.
[8] 《岩土工程手册》编写委员会. 岩土工程手册 [M]. 北京：中国建筑工业出版社，1994.
[9] 南京水利科学研究院. 土工试验方法标准（GB/T 50123—1999） [S]. 北京：中国计划出版社，1999.
[10] 中国建筑科学研究院. 建筑地基基础设计规范（GB 50007—2002）[S]. 北京：中国建筑工业出版社，2002.
[11] 建设部综合勘察研究设计院. 岩土工程勘察规范（GB 50021—2001）[S]. 北京：中国建筑工业出版社，2002.
[12] 中国建筑科学研究院. 建筑地基处理技术规范（JGJ 79—91） [S]. 北京：中国计划出版社，2000.
[13] 中国建筑科学研究院. 建筑桩基技术规范（JGJ 94—94） [S]. 北京：中国建筑工业出版社，1995.
[14] 雍景荣，朱凡，胡岱文. 土力学与基础工程 [M]. 成都：成都科技大学出版社，1995.
[15] 王晓天，姚熊亮. 土力学与基础工程 [M]. 哈尔滨：哈尔滨工程大学出版社，1997.
[16] 华南理工大学等四校. 地基及基础. 第三版 [M]. 北京：中国建筑工业出版社，1998.
[17] 钱玉林，洪家宝，等. 土力学与基础工程 [M]. 北京：中国水利水电出版社，2002.
[18] 孙维东，等. 土力学与地基基础 [M]. 北京：机械工业出版社，2004.
[19] 孔军，等. 土力学与地基基础 [M]. 北京：中国电力出版社，2005.
[20] 刘晓立，等. 土力学与地基基础 [M]. 北京：科学出版社，2005.
[21] 邵光辉，等. 土力学与地基基础 [M]. 北京：人民交通出版社，2007.
[22] 杨小平，等. 建筑地基基础 [M]. 广州：华南理工大学出版社，2007.